普通高等教育计算机系列规划教材

Visual FoxPro 程序设计基础

（第二版）

齐苏敏　主　编

齐邦强　王　蓓　王　抒　黄宝贵　朱　荣　副主编

科学出版社

北　京

内 容 简 介

本书根据全国计算机等级考试二级 Visual FoxPro 数据库程序设计考试大纲要求，结合目前高等院校计算机程序设计课程教学的情况，系统、全面地介绍了 Visual FoxPro 数据库程序设计的基础知识。

本书以一个简单数据库应用系统——学生成绩管理系统的开发过程为主线组织内容，将理论讲解融于实例中，使读者对数据库应用系统的开发过程有整体了解，便于读者掌握基本的计算机程序设计方法，有利于培养学生利用计算机分析问题和解决问题的能力。本书语言简洁、内容紧凑、可读性强，读者可以在从易到难、边学边练的学习过程中，轻松、快速地掌握知识点。本书共 9 章，包括了数据库应用系统开发每个阶段的内容，每一章的后面提供了习题。为了方便教学与自学，本书配有实验教材《Visual FoxPro 程序设计实验指导与习题解析》（齐邦强主编，科学出版社）。

本书可作为高等院校计算机程序设计课程的普及教材，也可作为计算机等级考试辅导教材。

图书在版编目(CIP)数据

Visual FoxPro 程序设计基础/齐苏敏主编. —2 版. —北京：科学出版社，2014

（普通高等教育计算机系列规划教材）

ISBN 978-7-03-041532-5

Ⅰ. ①V… Ⅱ. ①齐… Ⅲ. ①关系数据库-数据库管理系统，Visual FoxPro-程序设计-高等学校-教材 Ⅳ. ①TP311.138

中国版本图书馆 CIP 数据核字（2014）第 177336 号

责任编辑：李太铧 / 责任校对：马英菊

责任印制：吕春珉 / 封面设计：耕者设计工作室

科学出版社 出版

北京东黄城根北街 16 号

邮政编码：100717

http://www.sciencep.com

北京鑫丰华彩印有限公司印刷

科学出版社发行　各地新华书店经销

*

2010 年 9 月第 一 版　开本：787×1092 1/16

2014 年 9 月第 二 版　印张：16

2020 年 1 月第十九次印刷　字数：360 000

定价：42.00 元

（如有印装质量问题，我社负责调换〈鑫丰华〉）

销售部电话 010-62134988　编辑部电话 010-62130874（HP03）

前　　言

21 世纪人类社会全面进入信息时代，信息处理是计算机技术最广泛的应用领域之一，而数据库管理系统是进行信息处理的最佳工具。Visual FoxPro 是当今使用最广泛的桌面数据库管理系统之一，是计算机领域客户/服务器（client/server）结构重要的前端开发工具，也是非计算机专业计算机等级考试（二级）最为普及的课程之一。

随着信息化程度的深入，社会对高校毕业生的计算机能力提出了越来越高的要求。本书由多年讲授 Visual FoxPro 程序设计课程、具有丰富教学经验的一线任课教师编写，读者能在系统掌握计算机基本操作的基础上，进一步学习基本的计算机程序设计方法，在更高的层次上理解计算机系统的工作原理，理解信息系统的基本运行模式和设计方法，培养初步的程序设计能力。

本书以一个简单数据库应用系统——学生成绩管理系统的开发过程为主线组织内容，共分为 9 章，主要包括 Visual FoxPro 基础知识、Visual FoxPro 数据与数据计算、Visual FoxPro 中的关系数据库标准语言、Visual FoxPro 程序设计（面向过程程序设计与面向对象程序设计）、表单设计、报表设计、菜单设计、应用系统开发等，内容安排合理，讲解简明扼要、通俗易懂，初学者可以轻松地理解与掌握数据库应用系统的开发过程。

为了方便教学和读者上机操作练习，本书还配有相应的实验教材《Visual FoxPro 程序设计实验指导与习题解析》（齐邦强主编，科学出版社）。实验教材设计了配套的实验项目，并对本书的课后习题做了详细解析。

本书第 1、2、3、8 章由齐苏敏编写，第 4、7 章由王抒编写，第 5 章由王蓓编写，第 6、9 章由齐邦强编写。全书由齐苏敏、王蓓统稿，由齐苏敏、王蓓、黄宝贵、朱荣校稿。本书的课件及所有例题的演示程序均可在网站下载，网址为 http://qfjsj.qfnu.edu.cn/vfp/index.html。

曹宝香教授审阅了全书，并提出了许多宝贵意见，在此表示衷心的感谢。

由于时间仓促且水平有限，不足之处在所难免，恳请广大读者提出宝贵意见。

目　录

第 1 章

Visual FoxPro 基础

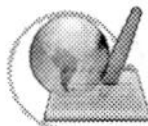

本章要点

- 数据库系统基础知识
- Visual FoxPro 集成环境及项目管理器的使用

学习目标

- 了解 Visual FoxPro 语言的历史、特点
- 掌握 Visual FoxPro 语言的运行环境
- 理解数据库相关的术语
- 掌握关系运算

Visual FoxPro 是数据库和程序设计语言的紧密结合体，是目前优秀的计算机桌面型关系数据库管理系统软件之一，并由于易操作、功能较强等优点而得到迅速推广。它采用可视化、面向对象的程序设计方法，大大简化了用户数据库的管理，使应用系统的开发更加快捷，并提高了系统的模块性和紧凑性。

1.1 数据库基础知识

在数据库系统中，人们首先遇到的基本概念就是什么是数据？数据从哪里来？什么是数据库？数据如何管理？本节将对这些最基本的问题作出回答。

1.1.1 数据库的基本概念

1. 数据

数据（data）是存储在某一种媒体上能够识别的物理符号。例如，某学生的姓名：林萍，性别：女，出生日期：1997 年 2 月 1 日。其中，林萍，女，1997 年 2 月 1 日就是数据。数据的概念包括两个方面：描述事物特性的数据内容以及存储在媒体上的数据形式。数据形式可以是多种多样的，例如，出生日期可以表示为“1997-02-01”、“02/01/1997”等多种形式。

数据的概念在数据处理领域中已经大大地拓宽了。数据不仅指数字，还可以指文字、图形、图像或声音等多种类型。现代的计算机可以接收几乎所有类型的数据。

数据处理是指将数据加工成信息的过程。例如，一个人的出生日期的原始数据，经过与当前年份的相减可以得出年龄的二次数据，根据年龄和规定我们可以判断出此人的退休年份。

自 1946 年电子计算机诞生后，从 20 世纪 50 年代初期，人们即开始用计算机进行数据处理与管理。多年来，数据处理与管理技术随着计算机技术的发展而不断地得到发展，大致经历了三个发展阶段。

（1）人工管理阶段

这是计算机用于数据处理的初级阶段，时间为 20 世纪 50 年代前。在该阶段，应用程序中除了要规定数据的逻辑结构外，还要考虑数据在计算机中如何存储和组织，并为数据分配空间、决定存取方法。应用程序完全依赖于数据，应用程序和数据一一对应，数据和处理它的应用程序混为一个整体。

由于数据的物理组织是由程序员根据应用的要求设计的，故很难实现多个应用程序共享数据资源，缺点是显而易见的：数据独立性差、冗余度很高等，从而造成数据的处理效率低，维护困难，数据分散。这一时期数据的处理主要是手工性质的。在该阶段，数据与程序的关系如图 1.1 所示。

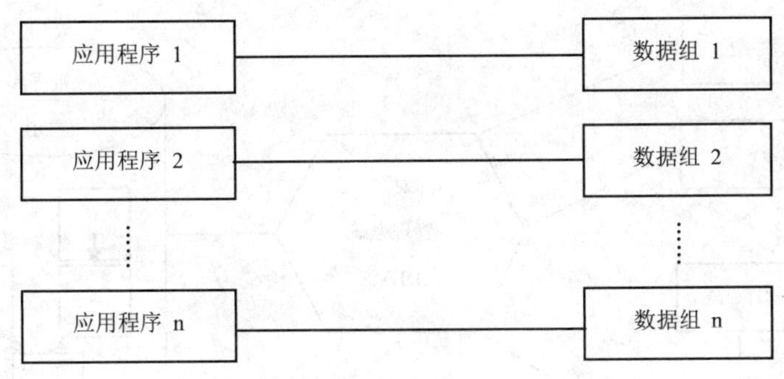

图 1.1　人工管理阶段数据与程序的关系

（2）文件系统管理阶段

20 世纪 50 年代后期至 60 年代中后期，计算机操作系统包含文件管理系统后，数据被组织在文件中，可以按名引用，应用程序通过文件管理系统与数据文件发生联系，数据的物理结构和逻辑结构间实现了转换，从而提高了数据的物理独立性。

在这一阶段，实现了以文件为单位的数据共享，但未能实现以记录或数据项为单位的数据共享，数据仍然是分散的，是面向应用的，所以数据还存在大量的冗余，应用程序和数据结构之间相互依赖程度高，数据的完整性和安全性等无法得到保证。在该阶段，数据与程序的关系如图 1.2 所示。

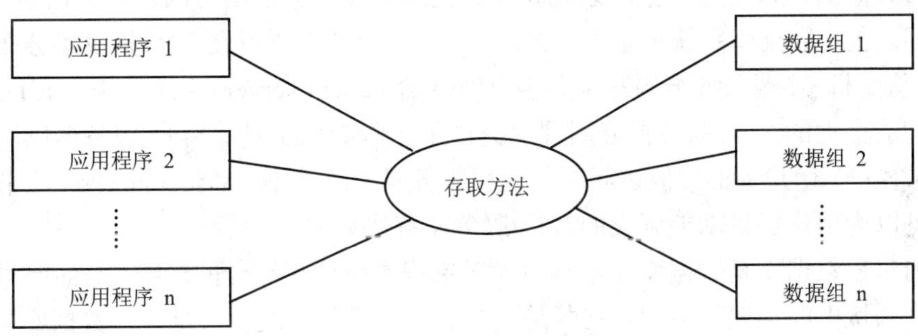

图 1.2　文件管理阶段数据与程序的关系

（3）数据库系统管理阶段

20 世纪 60 年代后期开始，随着计算机工业的迅速发展，大容量和快速存取的磁盘设备开始进入市场，给数据库系统的研究提供了良好的物质基础。

数据库系统是在文件系统的基础上发展起来的新技术。它克服了文件系统的缺点，解决了冗余和数据依赖问题，提供了更广泛的数据共享，为应用程序提供了更高的独立性，保证了数据的完整性和安全性，并为用户提供了方便的用户接口。

数据库管理系统利用了操作系统提供的输入/输出控制和文件访问功能，因此它需要在操作系统的支持下运行。Visual FoxPro 就是一种在计算机上运行的数据库管理系统软件。在数据库管理系统支持下，数据与程序的关系如图 1.3 所示。

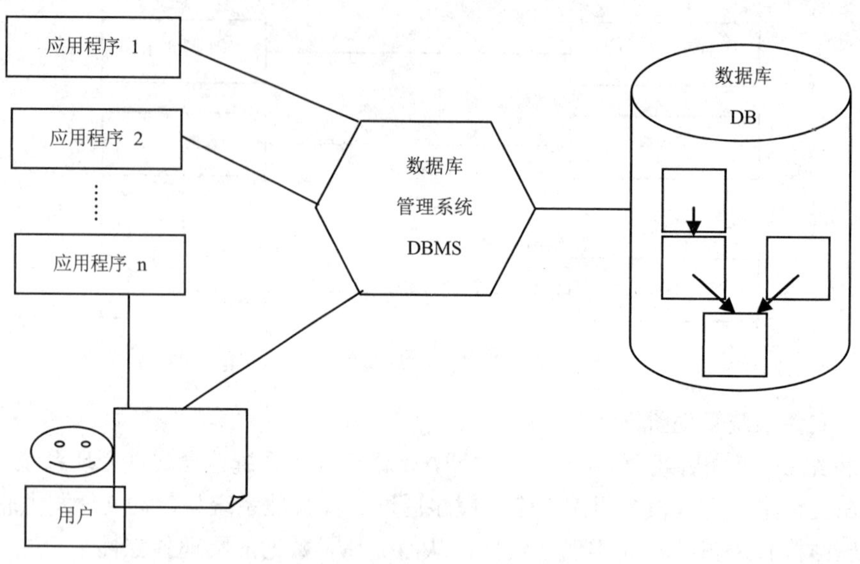

图 1.3　数据库系统中数据与程序的关系

随着计算机技术的发展，数据库系统也以新的形式出现，其中典型的两种系统是分布式数据库系统和面向对象数据库系统。

分布式数据库系统是数据库系统和计算机网络技术紧密结合的产物。在 20 世纪 70 年代后期之前，数据库系统多是集中式的。网络技术的进步为数据库提供了分布式的运行环境，从主机-终端系统结构发展到客户/服务器（client/server）系统结构。Visual FoxPro 为创建功能强大的客户/服务器应用程序提供了一些专用工具。客户/服务器应用程序具有本地（客户）用户界面，但访问的是远程服务器上的数据。Visual FoxPro 服务器之间的协作可以为用户提供功能强大的客户/服务器解决方案。

面向对象数据库是数据库技术与面向对象程序设计相结合的产物，是面向对象方法在数据库领域中的实现和应用。它既是一个面向对象的系统，又是一个数据库系统。面向对象方法是一种认识、描述事物的方法论，它起源于程序设计语言，是 20 世纪 80 年代引入计算机科学领域的一种新的程序设计技术和范畴。Visual FoxPro 不但支持标准的过程化的程序设计，而且在语言上进行了扩展，提供了面向对象程序设计的强大功能和更大的灵活性。

2. 数据库

数据库（database，DB）是存储在计算机存储设备上，结构化的相关数据集合，它包括描述事物的数据本身和相关事物之间的联系。

数据库中的数据面向多种应用，可以被多个用户、多个应用程序共享。例如，某个企业、组织或行业所涉及的全部数据的汇集，其结构是独立于使用数据的程序的，而对于数据库的数据增删、修改、检索等操作是由系统软件进行统一控制的。

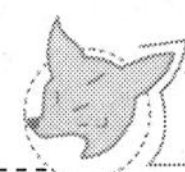

3. 数据库管理系统

为数据库的建立、使用和维护而配置的软件称为数据库管理系统（database management system，DBMS）。用户对数据库进行的各种操作——数据库的建立、使用和维护，都是在 DBMS 的统一管理和控制下进行的。因为有了 DBMS 负责处理数据库和用户程序间的接口，所以用户不必注重数据的逻辑和物理表达细节，只需注意数据的内容就可以了，保证了数据与程序之间较高的独立性。Visual FoxPro 便是这样的数据库管理系统。

数据库管理系统通常由三部分组成，包括数据库描述语言（DDL）及其翻译程序、数据操纵语言（DML）及其翻译程序、数据库管理和控制程序。

4. 数据库应用系统

数据库应用系统是指系统开发人员利用数据库系统资源开发出来的，面向某一类实际应用的应用软件系统，如财务管理系统、人事管理系统等。数据库应用系统就其实现技术而言，是以数据库为基础和核心的计算机应用系统，其核心问题是数据库设计。

5. 数据库系统

数据库系统（database system，DBS）是指计算机系统引入数据库之后组成的系统，是用来组织和存取大量数据的管理系统。它由四部分组成，包括硬件系统、数据库集合、数据库管理系统及相关软件、有关人员（包括数据库管理员、最终用户等）。其中数据库管理员（database administrator，DBA）是负责全面管理和实施数据库控制和维护的技术人员。图 1.4 描述了数据库系统各个层次之间的关系，其中数据库管理系统是数据库系统的核心。

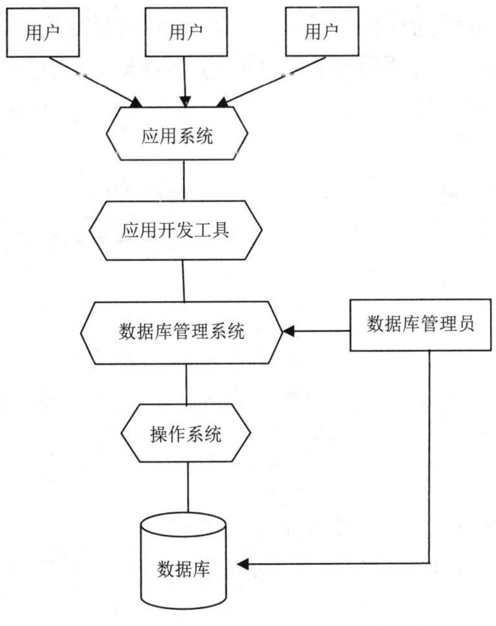

图 1.4　数据库系统层次示意图

1.1.2 数据模型

现实世界中，事物和事物之间是存在联系的。为了反映事物本身及事物之间的各种联系，数据库中的数据必须有一定的结构，这种结构用数据模型来表示。

1. 实体

客观存在并且可以相互区别的事物称为实体。实体可以是实际的事物，如学生、职工、单位等；也可以是抽象的事件，如选课、订阅图书、比赛等。

实体所具有的某一特性称为属性。一个实体可以由若干个属性来描述。例如，学生实体可以用（学号，姓名，性别，出生日期，入学时间）等属性来描述，图书实体可以用（编号，书名，作者，出版社，定价）等属性来描述。

唯一标识实体的属性或属性的组合称为码。在 Visual FoxPro 中对应的概念是关键字。例如，学号是学生实体的码，编号是图书实体的码。

属性的取值范围称为域。不同的属性有不同的取值范围，即不同的域。例如，试卷满分为 100 分，那么成绩的取值范围就是 0 到 100。

同一类型实体的集合称为实体集。例如，某个学校所有学生的集合可以被定义为实体集 students。

具有相同属性的实体必然具有共同的特征和性质。用实体名及其属性名集合来抽象和刻画同类实体称为实体型。例如，学生（学号，姓名，性别，出生日期，院系）就是一个实体型。

2. 实体之间的联系

实体之间的对应关系称为联系，它反映现实世界事物之间的相互关系。例如，一个学生可以选修多门课程，一门课程可以有多个学生选修。

实体间的联系一般有三种形式，即一对一联系、一对多联系和多对多联系。

（1）一对一联系（1∶1）

若两个不同型实体集中，甲方的一个实体只与乙方的一个实体相对应，称这种联系为一对一联系。例如，在班长与班级的联系中，一个班级只有一个班长，一个班长对应一个班级。

（2）一对多联系（1∶n）

若两个不同型实体集中，甲方的一个实体对应乙方若干个实体，而乙方的一个实体只对应甲方一个实体，称这种联系为一对多联系。如班长与学生的联系，一个班长对应多个学生，而每个学生只对应一个班长。

（3）多对多联系（m∶n）

若两个不同型实体集中，两实体集中任一实体均与另一实体集中若干个实体对应，称这种联系为多对多联系。如教师与学生的联系，一个教师为多个学生授课，每个学生也有多个任课教师。

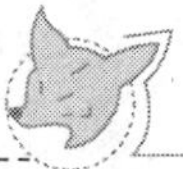

3. 数据模型

数据模型是数据库管理系统用来表示实体及实体间联系的方法。任何一个数据库管理系统都是基于某种数据模型的。数据库管理系统所支持的数据模型分为三种，即层次模型、网状模型和关系模型。

（1）层次模型

用树形结构表示实体及其之间联系的模型称为层次模型。现实世界中许多实体之间的联系本来就呈现出一种很自然的层次关系，如行政机构、家族关系等。

在层次模型中，树的结点表示实体类型，树枝表示实体间的联系，每个实体由根开始沿着不同的分支放在不同的层次上。如果不再向下分支，那么此分支序列中最后的结点称为"叶"。上级结点与下级结点之间为一对多的联系。图 1.5 给出一个层次模型的例子。层次模型不能表示两个以上的实体类型之间的复杂联系和实体类型之间的多对多的联系。

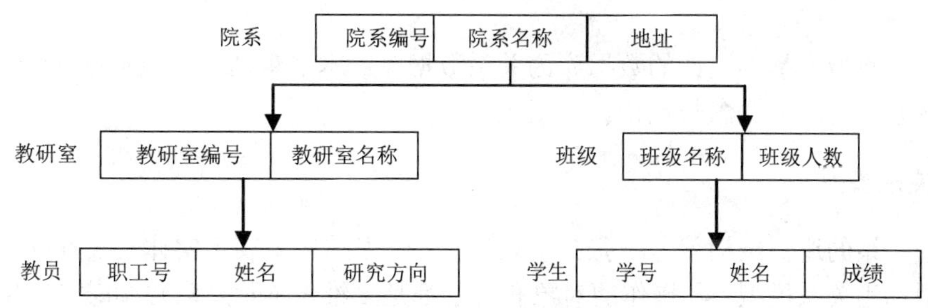

图 1.5　层次模型示例

支持层次模型的数据库管理系统称为层次数据库管理系统，在这种关系中建立的数据库是层次数据库。

（2）网状模型

用网状结构表示实体之间联系的模型称为网状模型。在网状模型中，每个结点代表一个实体类型，并且允许结点有多于一个的父结点。每一个联系都代表实体之间一对多的联系。图 1.6 给出一个网状模型的例子。网状模型能表示多对多联系，但是数据结构复杂。

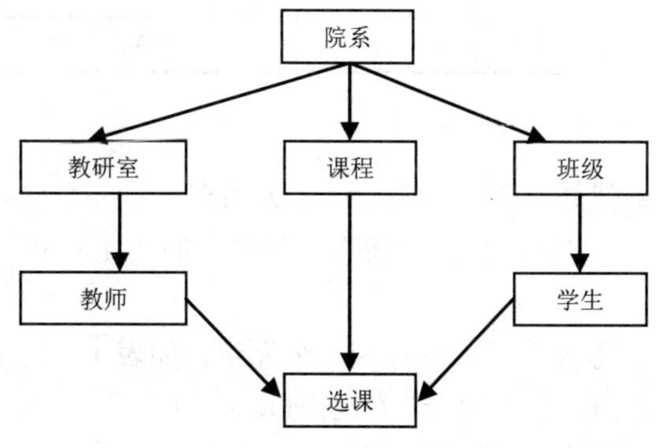

图 1.6　网状模型示例

支持网状模型的数据库管理系统称为网状数据库管理系统，在这种关系中建立的数据库是网状数据库。

（3）关系模型

用二维表结构来表示实体以及实体之间联系的模型称为关系模型。在关系模型中，操作的对象和结果都是二维表（即关系）。

关系模型运用数学方法研究数据库的结构和定义对数据的操作，它具有模型结构简单、语言一体化、数据独立性高、有较坚实的理论基础等特点。自 20 世纪 80 年代以来，新推出的数据库管理系统集合都支持关系模型。以数据的关系模型为基础设计的数据库管理系统称为关系型数据库管理系统。例如，DB2、Oracle、Informix 以及 Visual FoxPro、Paradox 等都是关系型数据库管理系统，具体内容将在 1.2 节讲述。

1.2 关系数据库

以关系模型为基础设计的数据库为关系数据库。本节将结合 Visual FoxPro 介绍关系数据库系统的相关概念与理论。

1.2.1 关系模型

一个关系的逻辑结构就是一张二维表。用二维表结构来表示实体及实体间的联系的数据模型称为关系模型，其操作的对象和结果都是二维表（即关系）。如表 1.1 所示为一张简单的二维表。

表 1.1 学生表

学号	姓名	性别	出生日期	院系
2014414001	林萍	女	02/01/97	生科学院
2014414002	张爱国	男	01/12/96	生科学院
2014414006	徐敏	女	09/01/94	生科学院
2014413002	邓成钢	男	04/04/94	历史学院
2014413001	张激扬	男	04/13/95	历史学院

1. 关系术语

1）关系：一个关系就是一张二维表，每个关系有一个关系名。在 Visual FoxPro 中，一个关系可以存储为一个文件，称为“表”（table）。如表 1.1 中，可以命名其关系名为学生。

2）元组：表中的行称为元组。一行为一个元组。如表 1.1 共有 5 个元组。在 Visual FoxPro 中，一个元组称为一条“记录”（record）。

3）属性：表中的列称为属性，每一列有一个属性名。如表 1.1 共有 5 个属性，分别为“学号”、“姓名”、“性别”、“出生日期”与“院系”。在 Visual FoxPro 中，一个属性称为一个“字段”(field)，属性名也叫字段名。

4）域：属性的取值范围，即不同元组对同一个属性的取值所限定的范围。如表 1.1 中属性“性别”域为：男或女。

5）关键字：属性或属性组合，其值能唯一标识一个元组。在表 1.1 中，“学号”为其关键字之一，而“姓名”不能作为起唯一标识作用的关键字，因为具有同一姓名的可能不止一个人。在 Visual FoxPro 中，主关键字和候选关键字都起唯一标识一个元组的作用。

6）外部关键字：如表中的一个字段不是本表的主关键字或候选关键字，而是另外一个表的主关键字或候选关键字，这个属性就称为本表的外部关键字。在表 1.1 中，如果属性“院系”是另一张表的关键字，则它可被称为“学生”表的外部关键字。

7）关系模式：对关系的描述称为关系模式，格式为：关系名（属性名 1，属性名 2，…，属性名 n），在 Visual FoxPro 中表示为表结构：表名（字段 1，字段 2，…，字段 n）。表 1.1 可被描述为：学生（学号，姓名，性别，出生日期，院系）。

一个具体的关系模型由若干个关系模式组成，如学生成绩管理系统存在关系：

学生（学号，姓名，性别，出生日期，院系）；

课程（课程号，课程名称，学时）；

选课（学号，课程号，成绩）。

“学号”是“学生”关系模式的主关键字；“课程号”是“课程”关系模式的主关键字；（学号，课程号）是“选课”关系模式的主关键字；“学号”和“课程号”是“选课”关系模式的外部关键字。

在关系数据库中，基本的数据结构是二维表，表之间的联系常通过不同表之间的公共字段来体现。例如，要查询某个学生张三所选修的课程，首先可以在学生表找到他的学号，再到选课表中找到所选修的全部课程。

在 Visual FoxPro 中，把相互之间存在联系的表放到一个数据库中统一管理。例如，在学生成绩管理数据库中可加入“学生”表、“课程”表与“选课”表，因为这三个表之间存在联系。

2. 关系的性质

在表中，以二维表表示的关系有如下的性质：

1）每一列中的数据均不可再分，即表中不能再包含表，如表 1.2 所示的复合关系是不规范的。

2）同一个关系中不能有相同的属性名，Visual FoxPro 不允许同一个表中有相同的字段。

3）同一个关系中不能有完全相同的元组，Visual FoxPro 不允许同一个表中有相同的记录。

4）同一个关系中行和列的排列次序是无关紧要的。

表 1.2　复合关系

编号	姓名	应发部分			扣除		实发金额
		基本工资	津贴	奖金	水电	公积金	

1.2.2　关系运算

对关系数据库进行查询时，需要找到用户感兴趣的数据，这就需要对关系进行特定的运算操作。关系的基本运算有两类：一类是传统的集合运算（并、差、交等）；另一类是专门的关系运算（选择、投影、连接等）。有些查询需要几个基本运算的组合。

1. 传统的集合运算

（1）并

两个相同结构关系 R 和 S 的并是由属于 R 或者属于 S 的元组组成的集合。

（2）差

两个相同结构关系 R 和 S 的差是由属于 R 但不属于 S 的元组组成的集合。

（3）交

两个相同结构关系 R 和 S 的交是由既属于 R 又属于 S 的元组组成的集合。

2. 专门的关系运算

（1）选择

选择运算是从关系中选取满足一定条件的元组，其运算结果是一个新的关系。选择运算实际上是对表中的记录进行筛选，使操作只对选中的记录有效。选择运算是在一个关系中进行水平方向的选择，选取的是满足条件的整个元组，如图 1.7 所示。

成绩

学号	姓名	计算机	英语
20140232	王红	98	91
20140104	李小明	89	84
20140321	张潇	91	78

S1

学号	姓名	计算机	英语
20140232	王红	98	91
20140321	张潇	91	78

图 1.7　选择运算示例

（2）投影

投影运算是从关系中选取所需要的属性组成一个新的关系，即根据用户的要求选择表中的某些字段作为操作对象。投影运算是在一个关系中进行垂直选择，选取关系中元组的某几列的值，如图 1.8 所示。

成绩

学号	姓名	计算机	英语
20140232	王红	98	91
20140104	李小明	89	84
20140321	张潇	91	78

S2

学号	姓名	英语
20140232	王红	91
20140104	李小明	84
20140321	张潇	78

图 1.8 投影运算示例

（3）连接

连接运算是从两个关系中选取满足一定连接条件的元组集合。在表中就是根据用户的指定，将两个表中的某些或全部字段，按照关键字段连接生成一个新的数据表文件，如图 1.9 所示。

成绩 1

学号	姓名	计算机	英语
20140232	王红	98	91
20140104	李小明	89	84
20140321	张潇	91	78

成绩 2

学号	姓名	高等数学
20140232	王红	78
20140104	李小明	86
20140122	宋刚	93

S3

学号	姓名	计算机	英语	高等数学
20140232	王红	98	91	78
20140104	李小明	89	84	86

图 1.9 连接运算示例

对连接运算进行简化可称为自然连接。自然连接是去掉重复属性的等值连接。自然连接属于连接运算的一个特例，是最常用的连接运算。

1.3 数据库设计

设计数据库的目的是设计出满足实际应用需求的数据模型，使之能够有效地存储和管理数据。设计出合理的数据库，会节省日后整理数据库所需要的时间。数据库设计的过程包括需求分析、概念设计、逻辑设计和物理设计等几个阶段。本节以设计学生成绩管理数据库系统为例介绍关系数据库设计的具体过程。

1.3.1 需求分析

需求分析是整个设计过程的基础，在这一阶段要准确了解与分析用户的需求（包括数据与处理）。用户需求主要包括以下三个方面。

1）信息需求：用户要从数据库中获得的信息内容。由这些信息可以确定数据库中需要存储哪些数据以及数据类型。

2）处理需求：需要对数据完成什么处理功能及处理方式。

3）安全性和完整性要求：在定义信息需求和处理需求的同时必须相应确定安全性和完整性约束。

【例 1.1】学生成绩管理系统实例：简要需求分析。

在学生成绩管理数据库系统中，用户可以查询学生、课程的基本信息和学生选课的情况，具有特殊权限的用户可以录入、修改学生信息、课程信息与选课信息。

1.3.2 概念设计

概念设计是整个设计的关键步骤，在这一阶段要对用户需求进行综合、归纳与抽象，形成一个独立于具体 DBMS 的概念模型。描述概念模型的得力工具是 E–R 模型。E–R 模型也称 E–R 方法，该方法用 E–R 图来描述现实世界的概念模型。

E–R 图给出了实体型、属性和联系的表示方法。

1）实体型：用矩形表示，矩形框内写明实体名。

2）属性：用椭圆形表示，并用无向边将其与相应的实体型连接起来。

3）联系：用菱形表示，菱形框内写明联系名，并用无向边分别与有关实体型连接起来，同时在无向边旁标上联系的类型（1∶1，1∶n 或 m∶n 分别表示一对一，一对多或多对多联系）。

需要注意的是，如果一个联系具有属性，则这些属性也要用无向边与该联系连接起来。

【例 1.2】学生成绩管理数据库系统实例：概念设计。

假设例 1.1 提到的学生成绩管理系统中涉及的实体有：

1）学生（学号，姓名，性别，出生日期，院系）；

2）课程（课程号，课程名称，学时）。

这些实体之间的联系为“一个学生可以选多门课程”，而每门课程可以被多个学生选，因此课程和学生之间是多对多的联系，联系名可以定为“选课”。

学生成绩管理系统数据库概念模型用 E-R 图表示如图 1.10 所示。

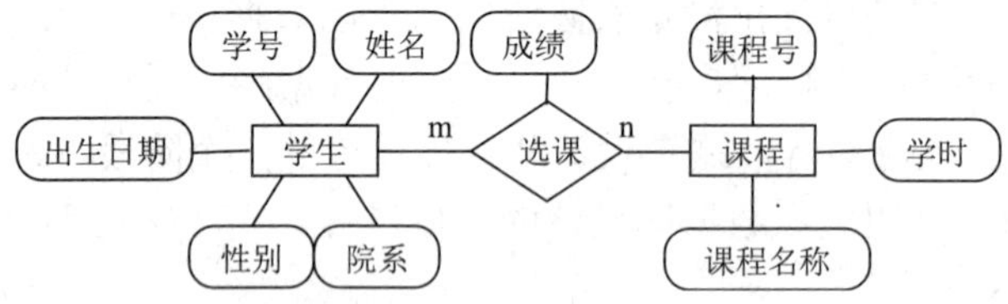

图 1.10　学生成绩管理系统数据库概念模型 E-R 图

1.3.3 逻辑设计

逻辑设计是将概念设计阶段设计好的 E–R 图转换为某个 DBMS 所支持的数据模型，并对其进行优化。在上面的例子中就是将 E–R 图转换为关系模型，转换应遵循如下原则。

（1）一个实体型转换为一个关系模式

实体的属性就是关系的属性，实体的码就是关系的码。

（2）实体间的联系

实体间联系的转换分为以下几种情况：

1）一个 1∶1 联系可以转换为一个独立的关系模式，也可以与任意一端对应的关系模式合并。若是前者，则与该联系相连的各实体的码以及联系本身的属性均转换为关系的属性；若是后者，则需要在该关系模式的属性中加入另一个关系模式的码和联系本身的属性。

2）一个 1∶n 联系可以转换为一个独立的关系模式，也可以与 n 端对应的关系模式合并。若是前者，则与该联系相连的各实体的码以及联系本身的属性均转换为关系的属性，而关系的码是 n 端实体的码。若是后者，则需要在"多方"关系模式的属性中加入"一方"关系模式的码和联系本身的属性。

3）一个 m∶n 联系转换为一个关系模式。与该联系相连的各实体的码以及联系本身的属性均转换为关系的属性，各实体的码组成关系的码或关系码的一部分。

【例 1.3】 学生成绩管理系统实例：逻辑设计。

学生成绩管理系统 E-R 图中，学生和课程两个实体分别转换为三个关系模式：

1）学生（学号，姓名，性别，出生日期，院系），该关系的码为"学号"。

2）课程（课程号，课程名称，学时），该关系的码为"课程号"。

3）E-R 图中的多对多联系"选课"单独转换为一个关系模式，名为"选课"，表示为：选课（学号，课程号，成绩），该关系的码由"学号"和"课程号"组成。

1.3.4　物理设计

物理设计是为逻辑数据模型选取一个最适合应用环境的物理结构。在 Visual FoxPro 中进行设计的具体表现就是建立相关的数据库和表文件，并存放在磁盘中。

【例 1.4】 学生成绩管理系统实例：以 Visual FoxPro 为设计环境的物理设计。

在 Visual FoxPro 系统中，建立数据库"成绩管理"，以及"学生"表、"课程"表和"选课"表，并建立表间的一对多联系。

1.4　Visual FoxPro 概述

1.4.1　Visual FoxPro 6.0 开发环境

1. Visual FoxPro 6.0 的主界面

启动 Visual FoxPro 6.0 系统后，首先进入的是 Visual FoxPro 6.0 主窗口，如图 1.11 所示。

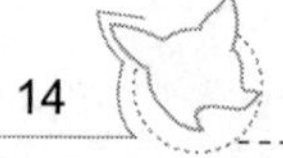

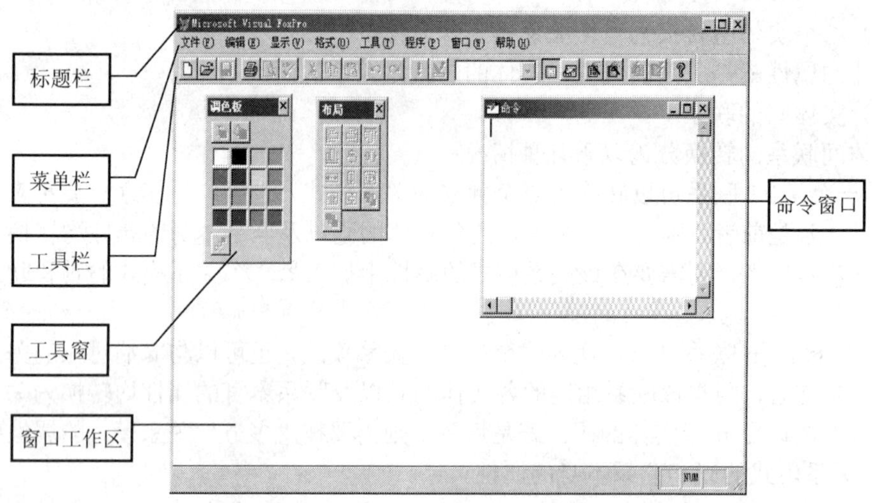

图 1.11 Visual FoxPro 系统的主窗口

Visual FoxPro 6.0 主窗口主要有如下一些部分组成：标题栏、菜单栏、工具栏、状态栏、命令窗口和工作区域等。

通过标题栏下面的菜单条，可以完成绝大部分操作。Visual FoxPro 6.0 的菜单系统共有八个菜单项，即“文件”、“编辑”、“显示”、“格式”、“工具”、“程序”、“窗口”和“帮助”。每个菜单项包含若干个菜单命令，执行不同的操作。至于不同运行环境下出现的不同的菜单项，将在相应的章节中介绍。

Visual FoxPro 6.0 有很多不同类型的工具栏，可以通过“显示”菜单的“工具栏”选项打开或关闭，用户可根据自己的任务创建、编辑、修改和定制工具栏。系统默认打开的只是“常用”工具栏。

命令窗口是专门用来输入各种命令的区域。对于新用户来说，通过菜单和对话框可以很容易地使用 Visual FoxPro 的功能而不需记忆各种命令。不过有时使用命令窗口却是更为简捷的操作方法。当使用命令操作时，所有的 Visual FoxPro 命令都可以在命令窗口中键入后，接着按 Enter 键立即执行。在“窗口”菜单下，选择“隐藏”，可以关闭命令窗口；选择“命令窗口”，可以显示命令窗口。

在工具栏下面的空白区域是工作区域，也称系统桌面，在这里用户可以打开各种窗口，使用各种向导，也可以直接在桌面上输出结果。

2. Visual FoxPro 6.0 的配置

安装完 Visual FoxPro 6.0 后，可能需要对其运行环境进行配置，使系统满足个人的要求。环境设置包括主窗口标题、默认目录、项目、编辑器、调试器及表单工具选项、临时文件存储位置等。

启动 Visual FoxPro 6.0 后，选择“工具”菜单中的“选项”命令，即可打开图 1.12 所示的“选项”对话框，从中即可对环境进行设置。

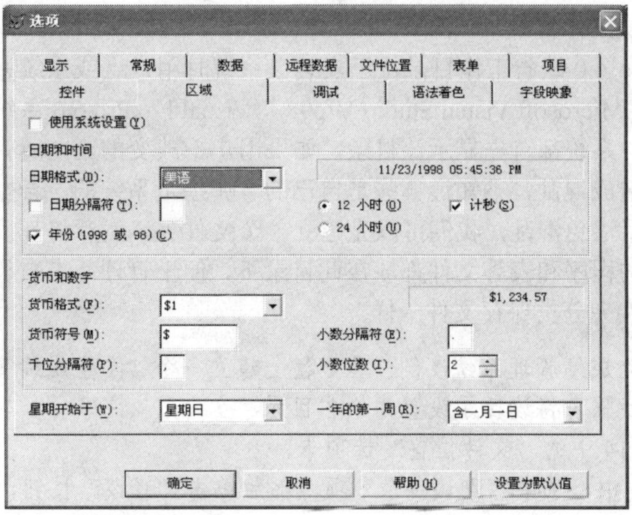

图 1.12 “选项”对话框

在图 1.12 所示的“选项”对话框中，具有一系列代表不同类别环境选项的选项卡，单击相应的选项卡，可以访问这些特性。例如，通过“显示”选项卡，可以控制是否显示状态栏、时钟、命令结果或系统信息；使用“常规”选项卡，可以设置在改写文件之前是否警告等；使用“文件位置”选项卡，可以设置系统默认目录位置等；使用“区域”选项卡，可以设置日期、时间、货币及数字格式等。在未弄清各项意义之前应该取其默认值，不要随便更改，以免系统出错。

（1）更改表单的默认大小

如图 1.13 所示，使用“表单”选项卡，可以设置网格面积、所用度量单位、最大设计区域等。较常用的是从“最大设计区”列表框中选择尺寸，更改表单的默认大小。

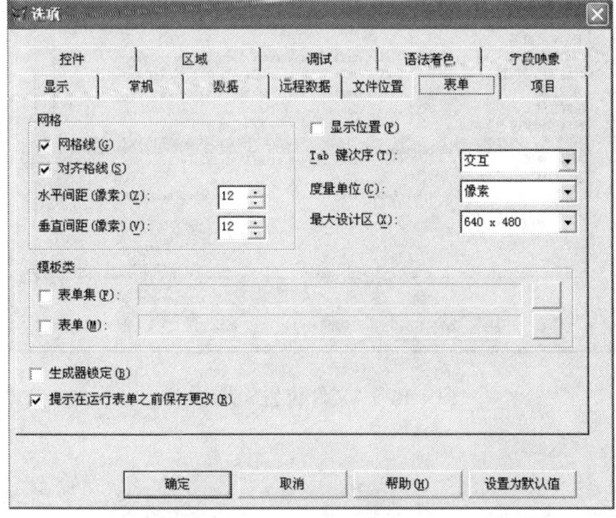

图 1.13 “表单”选项卡

（2）设置默认工作目录

Visual FoxPro 6.0 缺省工作目录位于安装该系统时用户（或系统）确定的目录，如“c:\Program Files \Microsoft Visual Studio\Vfp98”，Visual FoxPro 6.0 系统就安装在该目录上，每次存盘时，系统都首先显示该目录。如果用户不改变的话，所有用户文件也存在这里。这样将会造成混乱，不知道哪些是自己的、哪些是系统的，若操作错误还可能误删系统文件。为了避免混乱，我们可以先建立一个文件夹，然后将其设定为自己的工作目录，将所开发的程序和表等文件都放在此目录下，便于管理所有自行开发的文件，像在办公室里用文件夹分类保存文件一样。

【例 1.5】 学生成绩管理系统实例：在 e 盘上建立一个“学生成绩管理系统”的文件夹，通过下面的步骤可将该目录设置为缺省目录。

1）单击图 1.14 中的“文件位置”选项卡。

2）在图 1.14 中，选中“默认目录”项，然后单击“修改”按钮，系统出现“更改文件位置”对话框，在其中输入自己的工作目录“e:\学生成绩管理系统”，并选中“使用默认目录”复选框，如图 1.15 所示。

在图 1.15 中，通过单击文本输入框右侧的“...”按钮，可以打开一个“选择目录”对话框，从中可以选择默认的工作目录。

3）在图 1.15 中，设定默认的工作目录后，单击“确定”按钮，系统就会返回到图 1.14 所示的“文件位置”选项卡对话框，对话框中的“默认目录”后面的目录即改为“e:\学生成绩管理系统”。

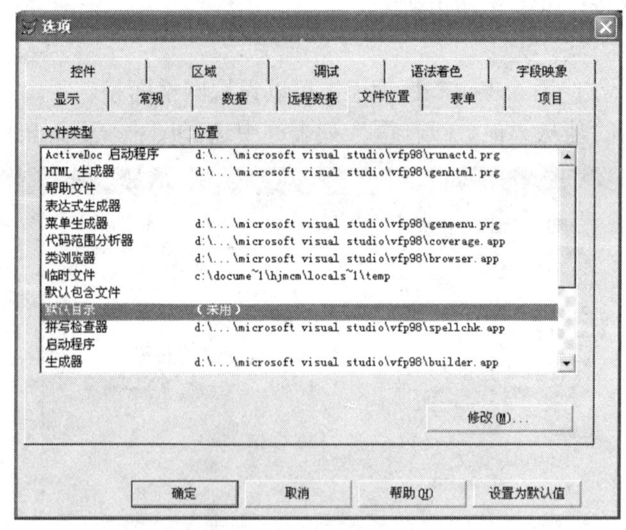

图 1.14 “文件位置”选项卡

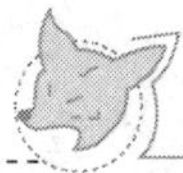

图 1.15 “更改文件位置”对话框

4）在“文件位置”对话框中依次单击“设置为默认值”、“确定”按钮，默认工作目录设定即告完成。若设置完后未单击“设置为默认值”按钮而只是单击“确定”按钮，则只对本次运行 Visual FoxPro 6.0 有效，退出 Visual FoxPro 6.0 后，所作的设置就会恢复为原来的值。

3. Visual FoxPro 的三种工作方式

（1）菜单工作方式

用户通过选择菜单，进入窗口和对话框来完成工作的工作方式称为菜单工作方式。菜单工作方式主要用于对表的操作和数据处理。

（2）命令工作方式

在命令窗口中输入命令，通过执行这些命令来完成操作和数据处理，这种方式称为命令工作方式。命令工作方式简捷迅速，实际大多数的菜单操作都与某命令相对应。各种命令的介绍详见第 2 章。

（3）程序工作方式

不管是利用菜单方式还是在命令窗口中键入一条命令进行操作，都显得过于繁琐。特别是遇到复杂的问题或较长的处理过程时，就需要多次选择菜单或需要在命令窗口键入大量命令才能完成，使用起来不但欠灵活而且效率也低。因此，Visual FoxPro 提供了功能强大的数据库程序设计语言，利用它可以根据用户需求编写程序以方便地进行各种数据处理和操作，详见第 5 章。

1.4.2 项目管理器

所谓项目（project）就是一种文件，它是文件、数据、文档和对象的集合。要开发设计 Visual FoxPro 数据库管理系统，一般是先利用项目管理器建立一个项目文件，然后在项目中建立数据库、表、查询文件、程序以及其他与数据库相关文件的设计。

项目管理器以简易、可视化的方式组织处理各类文件。它一方面对项目中的数据、文档等进行集中管理，另一方面在项目管理器中可以将应用系统编译成一个扩展名为.APP 的应用文件或.EXE 的可执行文件，具体操作细节详见第 9 章。

1. 项目的建立

在对数据库系统有了初步规划之后，就可以建立项目了。当一个项目文件建立后，Visual FoxPro 会在磁盘上产生两个相关的文件：一个是扩展名为.PJX 的文件，此为项目文件，保存应用系统所包含各类文件的相关信息；另一个是扩展名为.PJT 的文件，此为项目说明文件，保存项目文件的备注数据。

建立一个项目可以采取新建项目文件、项目向导或项目创建命令三种途径实现。新建项目文件和使用项目创建命令将建立一个不包含任何文件的空项目，使用项目向导可以利用系统提供的模板建立一个包含文件的项目。

【例 1.6】学生成绩管理系统实例：新建一个项目“学生成绩管理”的步骤和过程。

1）从“文件”菜单中，选择“新建”按钮，启动“新建”对话框，或单击工具栏中的“新建”图标，系统将弹出“新建”对话框，如图 1.16 所示。

2）在“新建”对话框中，选择“项目”选项，然后单击“新建文件”按钮，将出现“创建”对话框。

3）在“创建”对话框中，确定存放项目文件的路径“e:\学生成绩管理系统”，输入项目名称“学生成绩管理”(默认名称为“项目 1”)，单击“保存”按钮，即可在路径“e:\学生成绩管理系统”下建立一个新项目“学生成绩管理”，如图 1.17 所示。

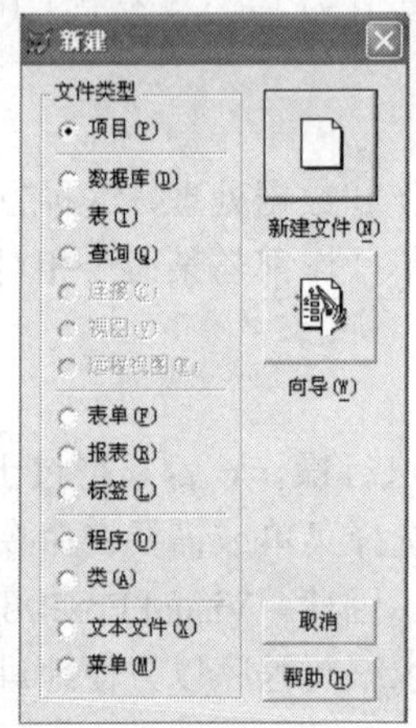

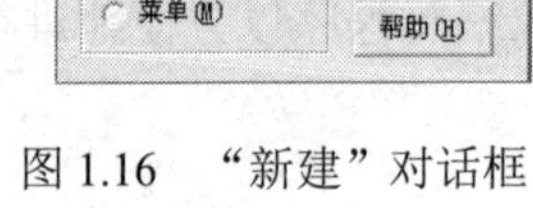

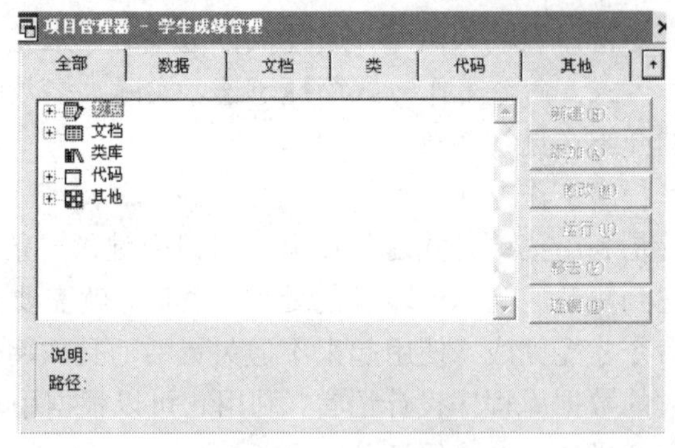

图 1.16 “新建”对话框　　图 1.17 “项目管理器”窗口

2. 打开一个已存在的项目

在退出 Visual FoxPro 时，如果存在一个未关闭的项目，再次启动系统时会自动打开该项目。否则，可以在“文件”菜单中选取“打开”命令，或者在工具栏上单击打开图标按钮，弹出“打开”对话框，从中选择要打开的项目，单击“确定”按钮，即可打开项目。

3. 项目管理器的组成

在项目管理器的窗口中，主要包括两个方面：一个是项目管理器的选项卡；另一个是项目管理器的命令按钮。窗口中选项卡与按钮的使用方法将在后续的章节中具体说明，在此只做简单介绍。

（1）项目管理器的选项卡

“项目管理器”窗口包括六个选项卡，其中“数据”、“文档”、“类”、“代码”和“其他”

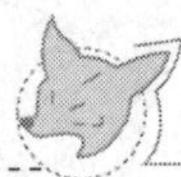

5 个选项卡用于分类显示各种文件，“全部”选项卡用于集中显示项目中的所有文件。

1）“数据”选项卡：包含了所有数据文件如数据库、自由表、查询等。该选项卡主要用于显示和管理数据文件。

2）“文档”选项卡：包含了数据处理所需要的三类文档，用于输入和查看数据的表单、打印报表及标签等。该选项卡主要用于显示和管理各类文档。

3）“类”选项卡：包含了使用 Visual FoxPro 的基类创建的新的类库文件。该选项卡主要用于显示和管理类库文件。

4）“代码”选项卡：包含了三种程序：程序（*.PRG）、API 库和应用程序（*.APP）。该选项卡主要用于显示和管理 Visual FoxPro 各种类型的程序代码。

5）“其他”选项卡：该选项卡主要用于管理菜单文件、文本文件和其他文件，如 BMP 图形文件等。

（2）项目管理器的命令按钮

项目管理器的命令按钮用于对选中的文件进行操作，并会随所选择文件的不同而作出相应的改变。在使用命令按钮时，要先展开相应的选项，然后单击并选中要操作的文件，再单击命令按钮即可。常见的命令按钮有以下几种。

1）“新建”按钮：建立新文件或新对象，其类型为当前所选择的类型。

2）“添加”按钮：加入已存在的文件。

3）“修改”按钮：打开并允许修改所选定的文件。

4）“运行”按钮：执行所选定的查询、表单或程序。

5）“移去”按钮：从项目中移去或删除所选定的文件或对象。

6）“连编”按钮：重新构造一个项目或可执行文件（应用程序）。

（3）快捷菜单和文件信息

1）快捷菜单：在项目管理器中，用鼠标右击某个文件，会弹出一个快捷菜单，利用该快捷菜单可以方便地对该文件进行处理。

2）文件信息：当选定某个文件时，在项目管理器的底部会显示此文件的简单说明与文件所在路径。

1.4.3 向导、设计器与生成器

1. 设计器

Visual FoxPro 的设计器（Designers）是创建和修改应用系统各种组件的可视化工具，能够使用户轻松地创建表、表单、数据库、查询、视图和报表等，是初学者方便的工具。

设计器在 Visual FoxPro 程序设计中应用非常广泛，以后的章节中对主要的设计器会做具体的介绍。

2. 向导

向导是一种交互式的实用程序，集简捷的操作和完善的功能于一体，能逐步帮助用

户快速完成日常任务，例如，创建表单、编排报表的格式，以及建立查询等。对于用向导创建的文件，用户可在适当的设计器中打开它们，以做进一步的修改。

3. 生成器

Visual FoxPro 的生成器是带有选项卡的对话框，用于简化对表单、复杂控件和参照完整性代码的创建和修改过程。每一个生成器都由一系列选项卡组成，它们允许用户访问并设置所选对象的属性。如同 Visual FoxPro 向导一样，生成器也是简便、快捷、有效的。生成器根据用户对其问题的回答，自动地设置控件属性、生成表达式等。

小　结

本章主要介绍了数据库系统的基本知识，重点讲解了关系数据库的基本概念，并对 Visual FoxPro 数据库系统做了初步介绍。这些知识对于理解数据库程序设计非常重要，读者对于这部分内容要认真学习，并结合一些简单数据库应用系统加深理解。

本书将以一个简单数据库应用系统——“学生成绩管理系统”的开发过程为主线组织内容，将理论融于实例中。在本章中，重点完成学生成绩管理系统的数据库设计过程，以及利用 Visual FoxPro 系统开发数据库应用系统的准备工作，如建立相应的文件夹并对 Visual FoxPro 系统进行配置，建立一个空的项目等。在后续的章节将完成该应用系统的其他部分。

习　题

1. 在数据管理技术发展的三个阶段中，数据共享最好的是（　　）。
   A. 人工管理阶段　　　　B. 文件系统阶段
   C. 数据库系统阶段　　　D. 三个阶段相同
2. 下述关于数据库系统的叙述中，正确的是（　　）。
   A. 数据库系统减少了数据冗余
   B. 数据库系统避免了一切冗余
   C. 数据库系统中数据的一致性是指数据类型一致
   D. 数据库系统比文件系统能管理更多的数据
3. 下列叙述中错误的是（　　）。
   A. 数据库管理系统是数据库的核心
   B. 数据库系统由数据库、数据库管理系统、数据库管理员三部分组成
   C. 数据共享最好的是数据库系统阶段
   D. 数据库中的数据独立于应用程序而不依赖于应用程序
4. 数据库、数据库系统和数据库管理系统之间的关系是（　　）。

A．数据库包括数据库系统和数据库管理系统
B．数据库系统包括数据库和数据库管理系统
C．数据库管理系统包括数据库和数据库系统
D．三者没有明显的包含关系

5．假设有部门和职员两个实体，每个职员只能属于一个部门，一个部门可以有多名职员，则部门与职员实体之间的联系类型是（　　）联系。

A．m∶n　　B．1∶m　　C．m∶k　　D．1∶1

6．下列实体类型的联系中，属于多对多联系的是（　　）。

A．学生与课程之间的联系　　B．学校与教师之间的联系
C．商品条形码与商品之间的联系　　D．班级与班长之间的联系

7．层次型、网状型和关系型数据库划分的原则是根据（　　）。

A．数据之间的联系方式　　B．记录长度
C．联系的复杂程度　　D．文件的大小

8．最常用的一种基本数据模型是关系数据模型，它的表示应采用（　　）。

A．树　　B．网络　　C．图　　D．二维表

9．用二维表结构表示实体与实体间联系的数据模型是（　　）。

A．网状模型　　B．层次模型　　C．面向对象模型　　D．关系模型

10．Visual FoxPro 是一种关系数据库管理系统，所谓关系是指（　　）。

A．表中各条记录彼此有一定关系
B．表中各个字段彼此有一定关系
C．一个表与另一个表之间有一定关系
D．数据模型是符合一定条件的二维表格式

11．在 Visual FoxPro 中，关系数据库管理系统所管理的关系是（　　）。

A．一个 DBF 文件　　B．若干个二维表
C．一个 DBC 文件　　D．若干个 DBC 文件

12．下列叙述中正确的是（　　）。

A．为了建立一个关系，首先要构造数据的逻辑关系
B．表示关系的二维表中各元组的每一个分量还可以分成若干数据项
C．一个关系的属性名表称为关系模式
D．一个关系可以包括多个二维表

13．以下关于关系的说法不正确的是（　　）。

A．关系必须规范化　　B．行的次序无关紧要
C．列的次序非常重要　　D．不允许有冗余

14．关系表中的每一横行称为一个（　　）。

A．字段　　B．元组　　C．行　　D．码

15．设有图书（图书编号，书名，第一作者，出版社）、读者（借书证号，姓名，单位，职称）和借阅（借书证号，图书编号，借书日期，还书日期）三张表，则借阅表的关键字（键或码）为（　　）。

A．借书证号，图书编号　　　　　　　B．图书编号，借书日期
C．借书日期，还书日期　　　　　　　D．借书证号，借书日期

16．人员基本信息一般包括身份证号、姓名、性别、年龄等，其中可以作为主关键字的是（　　）。

A．身份证号　　B．姓名　　C．性别　　D．年龄

17．对关系 S 和 R 进行集合运算，结果中既包含 S 中所有元组也包含 R 中的所有元组，这样的集合运算为（　　）。

A．并运算　　B．交运算　　C．差运算　　D．积运算

18．在下列关系运算中，不改变关系表中的属性个数但能减少元组个数的是（　　）。

A．并　　B．交　　C．投影　　D．笛卡儿乘积

19．操作对象是两个表的专门关系运算是（　　）。

A．选择　　B．投影　　C．连接　　D．并

20．有两个关系 R，S 如下，由关系 R 通过运算得到关系 S，则所使用的运算为（　　）。

R

A	B	C
a	3	2
b	0	1
c	2	1

S

A	B
a	3
b	0
c	2

A．选择　　B．插入　　C．投影　　D．连接

21．有两个关系 R 和 S 如下：

R

A	B	C
a	1	2
b	2	1
c	3	1

S

A	B	C
b	2	1

则由关系 R 得到 S 的操作是（　　）。

A．投影　　B．交　　C．选择　　D．并

22．如图所示，有两个关系 R1 和 R2，则由关系 R1 和 R2 得到关系 R3 的操作是（　　）。

R1

A	B	C
a	1	x
c	2	y
d	3	y

R2

D	E	M
1	m	i
2	n	j
5	m	k

R3

A	B	C	D	E	M
a	1	x	1	m	i
c	2	y	2	n	j

A．笛卡尔积　　B．连接　　C．交　　D．除

23．下列叙述中，正确的是（　　）。

A．用 E-R 图能够表示实体集间一对一的联系、一对多的联系和多对多的联系

B．用 E-R 图只能表示实体集之间一对一的联系

C．用 E-R 图只能表示实体集之间一对多的联系

D．用 E-R 图表示的概念数据模型只能转换为关系数据模型

24．在 E-R 图中，用来表示属性的图形是（　　）。

A．矩形　　B．椭圆形　　C．菱形　　D．三角形

25．在数据库设计中，将 E-R 图转换成关系数据模型的过程属于（　　）。

A．需求分析阶段　B．概念设计阶段　C．逻辑设计阶段　D．物理设计阶段

26．在 Visual FoxPro 中，设计器是用以创建表、表单、数据库、查询和报表等应用程序组件的可视化工具，通常以（　　）形式出现。

A．命令行　　B．窗口　　C．工具栏　　D．项目管理器

27．下面关于工具栏的叙述，错误的是（　　）。

A．可以创建自己的工具栏　　B．可以修改系统提供的工具栏

C．可以删除用户创建的工具栏　　D．可以删除系统提供的工具栏

28．在 Visual FoxPro 中，可以对项目中的数据、文档等进行集中管理，并可以对项目进行创建和维护的是（　　）。

A．工具栏　　B．设计器　　C．文件编辑器　　D．项目管理器

29．在 Visual FoxPro，下列选项卡属于项目管理器的是（　　）。

A．数据选项卡、菜单选项卡、文档选项卡、类选项卡

B．数据选项卡、文档选项卡、其他选择卡、类选项卡

C．数据选项卡、代码选项卡、视图选项卡、类选项卡

D．数据选项卡、表单选项卡、报表选项卡、类选项卡

30．向 Visual FoxPro 的项目中添加表单，可以使用项目管理器的（　　）。

A．“代码”选项卡　　B．“类”选项卡

C．“数据”选项卡　　D．“文档”选项卡

第 2 章 Visual FoxPro 数据与数据计算

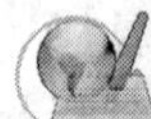

本章要点

- 常量、简单变量和数组变量
- 常用函数
- 表达式、各种数据的运算

学习目标

- 掌握 Visual FoxPro 支持的数据类型及其运算
- 掌握 Visual FoxPro 常用函数

Visual FoxPro 能够对两类数据进行处理，一类为表（数据库表、自由表）数据，另一类是诸如常量、内存变量等除表之外的数据。第一类数据的处理需融合表数据，而第二类数据则不需如此。简单的数据处理可以通过单条命令来完成，复杂的数据处理则需要编写程序来完成。

在本章的学习过程中有以下几点需要注意：

1）本章举例需要在命令窗口中键入，命令不区分大小写，输入一行命令后按 Enter 键运行。

2）命令介绍采用如下约定：方括号“[ ]”中的内容表示可选，用竖杠“|”分隔的内容表示任选其一，尖括号“<>”中的内容由用户提供。

3）举例中“&&”表示注释，不必键入，因为这是对键入命令的解释或对主窗口中显示内容的说明。

2.1 常量与变量

常量是固定不变的数据，代表一个具体的、不变的值。变量是指在命令操作和程序运行过程中，其值允许变化的量。变量用于存储数据，一个变量在不同时刻可以存放不同的数据。

2.1.1 常量

常量主要包括字符型常量、数值型常量、逻辑型常量、货币型常量、日期型常量以及日期时间型常量。

1. 字符型（C）

字符型常量是由双引号、单引号或方括号等定界符括起来的字符串。例如，"ABC"、'1234'、[计算机]等。Visual FoxPro 字符串的长度不能超过 254 个字节。

字符型常量的定界符必须成对匹配出现，即字符串两边的定界符必须一样。另外，如果某种定界符本身也是字符串的内容，则需要另一种定界符为该字符串定界，如"I'm a student"。不包含任何字符的字符串（""）称为空串。

【例 2.1】 在命令窗口中输入以下命令，并按 Enter 键运行。

```
?"计算机", '123', [数据],[ 'ABC' "ABC"]
??"学习",'字符串',"   " , [表示方法]
```

单问号（?）命令的功能：另起一行，从下一行的第一列起显示若干表达式的值。双问号（??）的功能：不换行显示表达式的值。在此例中，仅显示几个字符型常量，具体用法见 2.1.3 小节。上述命令执行后，在主窗口上的显示结果为：

```
计算机 123 数据 'ABC' "ABC" 学习 字符串 表示方法
```

2. 数值型（N）

数值型常量是由数字 0～9、小数点、正负号和 E（科学计数法中指数的底 10，不区分大小写）组成的。例如，12、0.234、-123.34、1.2E-5 等都是数值型常量，其中 1.2E-5 表示 1.2×10^{-5}。数值型的长度不能超过 20 个字节，其中负号、小数点各占一位，取值范围在-0.9999999999E+19 到+0.9999999999E+20 之间。在内存中，数值型常量固定占用 8 个字节。

3. 逻辑型（L）

逻辑型常量只有真和假两个值，例如，“.T.”或“.Y.”表示真，而“.F.”或“.N.”表示假，字母两侧的小圆点（用小数点表示）不能省略，字母大小写通用。在内存中，逻辑型常量固定占用 1 个字节。

4. 货币型（Y）

货币型常量表示货币值，是以“＄”作为前缀的数值，在存储与计算时采用 4 位小数。例如，＄100.12345，系统将会四舍五入为＄100.1235。在内存中，货币型常量固定占用 8 个字节。

【例 2.2】 在命令窗口中输入以下命令，并按 Enter 键运行。

```
?$5.878                                    &&主窗口显示 5.8780
?$5.8787878                                &&主窗口显示 5.8788
```

5. 日期型（D）

日期型常量是用花括号按一定格式括起的符合日期规定的常量，花括号内包括由分隔符分隔的年、月、日三部分内容，常用的分隔符有斜线（/）、连字符（-）、句点（.）和空格。

日期型常量可以在严格的日期格式和传统的日期格式两种环境下使用，可用命令 SET STRICTDATE TO [0|1]来切换这两种使用环境。Visual FoxPro 默认使用严格的日期格式，如果要使用传统的日期格式，需要切换，否则会出错；但严格的日期格式在两种环境下均可使用。

（1）严格的日期格式（SET STRICTDATE TO 1）

{^YYYY-MM-DD }，必须以脱字符（^）开头，年份必须用四位表示，年月日的次序不能颠倒、不能缺省，如{^2013/12/24}。

（2）传统的日期格式（SET STRICTDATE TO 0）

在传统的日期格式环境下，日期型常量不用脱字符开头，而且年月日的次序及表示年份的位数不固定，如{2013-12-03}、{13-12-03}、{13-12-09}、{12-03-2013}等。{}、{ }、{/}表示值为空的日期型常量。日期型常量的显示格式要受命令语句“SET DATE”、“SET MARK TO”和“SET CENTURY”的影响。

格式：SET MARK TO [<日期分隔符>]

功能：用于指定显示日期值时所用的分隔符。如果没有指定任何分隔符，则表示恢复系统默认的斜线（/）分隔符。

格式：SET DATE [TO] AMERICAN | ANSI | BRITISH | FRENCH |GERMAN | ITALIAN | JAPAN | USA | MDY | DMY | YMD

功能：用于设置日期值的格式，默认值为 AMERICAN。

格式：SET CENTURY ON | OFF | TO [<世纪值> [ROLLOVER <年份参照值>]]

功能：用于决定如何显示或解释一个日期数据的年份。ON 决定用 4 位数字表示年份；OFF 决定用 2 位数字表示年份，是系统默认的设置；TO 决定如何解释一个用 2 位数字年份表示的日期所处的世纪，ROLLOVER 确定参照年份，若参照年份小于等于需要显示的日期数据的年份，则该日期所属世纪为<世纪值>，否则该日期所属世纪为<世纪值>+1。

【例 2.3】在命令窗口中输入以下命令，并按 Enter 键运行。

```
?{^2014-04-01}                              &&主窗口显示：04/01/14
?{04/01/14}
```

主窗口对话框显示如图 2.1 所示。

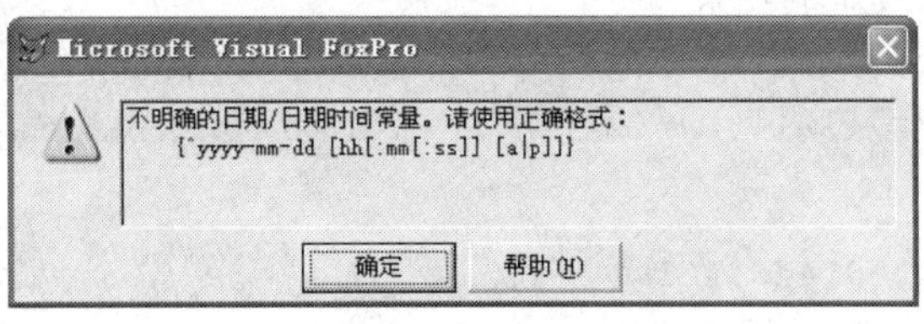

图 2.1　日期格式错误提示

此时系统显示在当前状态下不能使用传统日期格式。

在命令窗口中输入以下命令，并按 Enter 键运行。

```
set strictdate to 0
?{^2014-04-01},{04/01/14},{04-01-14},{04/01/2014},{04-01-2014}
```

主窗口显示：

```
04/01/14 04/01/14 04/01/14 04/01/14 04/01/14
```

在命令窗口中输入以下命令：

```
set mark to "#"
?{^2014-04-01},{04/01/14}
```

主窗口显示：

```
04#01#14 04#01#14
```

接着在命令窗口中输入以下命令：

```
set date to ymd
?{^2014-04-01},{14/04/01},{04/01/2014}
```

主窗口显示:

```
14#04#01 14#04#01  # #
```

然后在命令窗口中输入:

```
set century on
?{^2014-04-01},{14/04/01}
```

主窗口显示:

```
2014#04#01 2014#04#01
```

在命令窗口中输入如下两条命令:

```
set century to 10 rollover 13
?{^2014-04-01},{14/04/01}
```

主窗口显示:

```
2014#04#01 1014#04#01
```

在命令窗口中输入如下两条命令:

```
set century to 10 rollover 14
?{^2014-04-01},{14/04/01}
```

主窗口显示:

```
2014#04#01 1014#04#01
```

在命令窗口中输入如下两条命令:

```
set century to 10 rollover 15
?{^2014-04-01},{14/04/01}
```

主窗口显示:

```
2014#04#01 1114#04#01
```

6. 日期时间型（T）

日期时间型常量也是用花括号定义，由日期和时间两部分组成，如{^1999-11-23 5:12:00P}，日期和时间之间的分隔符可以是逗号或空格。日期部分的格式同日期型常量，时间部分的格式为[HH[:MM[:SS]][AM|PM]]，其中“HH”、“MM”和“SS”分别表示小时、分钟和秒。默认值分别为“12、0 和 0”，“AM”（或“A”）和“PM”（或“P”）分别表示上午和下午，默认值为“AM”，如果指定值大于 12，则系统认为是下午时间。“{/:}”表示值为空的日期时间型常量。

【例 2.4】在命令窗口中输入以下命令，并按 Enter 键运行。

```
set mark to "-"
```

```
    ?{^2014-04-01,08:00:01 am},{^2014-04-01,08:00:01 pm},{^2014-04-01,
08:00:01 }
```

主窗口显示：

```
    2014-04-01 08:00:01 AM 2014-04-01 08:00:01 PM  2014-04-01 08:00:01 AM
```

2.1.2　变量

变量是程序的基本单元，变量的值是能够随时更改的。每个变量有一个名字，变量名以字母、汉字或下划线开头，由字母、汉字、数字、下划线组成。在变量名中字母不区分大小写。Visual FoxPro 的变量可分为字段变量和内存变量两大类。

1. 字段变量

字段变量是指数据库表文件中的某一字段，字段变量名为字段名，它的具体值是当前记录中该字段存放的数据。字段变量的数据类型与该字段定义的类型一致。

【例 2.5】在学生成绩管理系统中，学生表（学生.dbf）有如下的 5 个记录。

记录号	学号	姓名	性别	出生日期	院系
1	2014414001	林萍	女	1997/02/01	生科学院
2	2014414002	张爱国	男	1996/01/12	生科学院
3	2014414006	徐敏	女	1994/09/01	生科学院
4	2014413002	邓成钢	男	1994/04/04	历史学院
5	2014413001	张激扬	男	1995/04/13	历史学院

其中，“学生”表有五个字段变量，即学号、姓名、性别、出生日期、院系，每个字段有 5 个取值。

2. 内存变量

内存变量是在内存中开辟的存放数据的临时工作单元，它独立于表而存在。内存变量分为简单变量和数组变量，其类型包括字符型、货币型、数值型、逻辑型、日期型、日期时间型和对象型。

（1）简单变量

简单变量的赋值不需要事先定义，常用的命令有“=”和“STORE 命令”。

格式 1：<内存变量名> = <表达式>

格式 2：STORE<表达式> TO<内存变量名表>

功能：格式 1 只能将表达式的值赋给一个内存变量，格式 2 则可以将表达式的值分别赋给若干个内存变量，各内存变量之间用逗号分开。

说明：

1）内存变量的值一经定义即可使用，并且只要不去改变它，它便一直保持已赋的值和类型。若给同一变量名重新赋值，就用新值代替原来的值，数据类型与新值相同。

2）“=”为赋值号，与等号的意义完全不同。

3）内存变量名最好不要与当前工作区打开的表中字段变量同名。如果同名，系统将默认字段变量，若要访问内存变量，则需加上前缀“M->”或“M.”，以免冲突。例如，“M->姓名”或“M.姓名”。

【例2.6】 在命令窗口中执行如下赋值命令。

```
store 0 to a1,a2,a3       &&a1、a2、a3的值均为0
s=3*5^2                   &&此时s的值为75,数据类型为数值型
s=s+10                    &&此时s的值为85,可见“=”不同于等号
s="1234"                  &&此时s的值为"1234",数据类型为字符型
```

（2）数组

数组是按一定顺序排列的一组内存变量，数组中的各个变量称为数组元素。数组必须先定义。数组变量的定义格式如下。

格式：DECLARE|DIMENSION <数组名1>(<数值表达式1>[,<数值表达式2>])
[,<数组名2>(<数值表达式3>[,<数值表达式4>])]…

功能：用来定义一个或多个一维或二维数组变量。

说明：

1）命令动词DECLARE和DIMENSION的功能相同，二者只需选择其中之一。

2）数组的维数由数值表达式个数决定，Visual FoxPro只允许使用一维数组和二维数组。例如，DECLARE a(4)和b(2,3)分别定义了数组名为a的一维数组和数组名为b的二维数组。

3）每个数组元素都用一个下标来表示。一维数组元素按其下标排列，如数组 a(4)各元素是：a(1)、a(2)、a(3)、a(4)；数组b(2,3)各元素是：b(1,1)、b(1,2)、b(1,3)、b(2,1) 、b(2,2)、b(2,3)，也可用一维数组的形式访问，如：b(1)、b(2)、b(3)、b(4)、b(5)、b(6)。数组元素与简单内存变量的使用方法相同。

4）数组被定义了以后，系统为每一个数组元素赋了一个初值为.F.。若要改变数组元素的值，也可以使用赋值语句。可以给整个数组的各个元素赋同一个值（必须对数组名赋值），也可以给每一个元素赋不同的值。例如a(1)=3，a(2)= "计算机"。

5）在赋值与输入语句中使用数组名时，表示将同一个值同时赋给该数组的全部数组元素。

6）在同一个运行环境下，数组名不能与简单变量名重复。

7）在赋值语句中的表达式位置不能出现数组名。

【例2.7】 在命令窗口中执行如下赋值命令。

```
dimension x(3),y(2,2)
x=2
?x(1),x(2),x(3)                  &&主窗口显示：2    2    2
y(1,1)=100
```

```
y(2,1)=200
?y,y(1,1),y(1,2),y(2,1),y(2,2)  &&主窗口显示: 100 100 .F. 200 .F.
?y,y(1),y(2),y(3),y(4)           &&主窗口显示: 100 100 .F. 200 .F.
```

2.1.3　内存变量常用命令

1. 变量的输出

Visual FoxPro 提供的输出命令很多，这里只介绍基本输出命令?和??的使用。

格式 1：?[<表达式 1>[,<表达式 2>]…]

格式 2：??[<表达式 1>[,<表达式 2>]…]

功能：计算表达式的值并输出各值。格式 1 从下一行的第一列起显示，格式 2 则不换行显示。

2. 内存变量的显示

格式：LIST|DISPLAY MEMORY [LIKE <通配符>]
　　　[TO PRINTER [PROMPT] |TO FILE <文件名>]

功能：显示当前已定义的内存变量名、作用范围、类型和值。

说明：

1）LIKE 子句表示将选出与通配符相匹配的内存变量，<通配符>有“*”和“？”两种，前者代表任意多个字符，后者代表任意单个字符。例如，若要显示例 2.6 中建立的内存变量，执行命令 LIST MEMORY LIKE ??后，主窗口中便显示下列内容：

```
A1        Pub        N        0        (        0.00000000)
A2        Pub        N        0        (        0.00000000)
A3        Pub        N        0        (        0.00000000)
S         Pub        C        "1234"
```

缺省 LIKE <通配符>则选出全部内存变量（此时包括系统内存变量），并同时显示当前内存变量总的个数、字节数等。

2）选项 TO PRINTER 表示将屏幕显示内容输出到打印机，使用[PROMPT]则提供是否打印的提示窗口。选项 TO FILE<文件名>表示将显示内容存入文件，文件的扩展名为.txt。

3）LIST 和 DISPLAY 的不同之处在于：当变量较多，一屏显示不下时，前者将滚屏显示，后者则分屏显示，按任意键后才能显示下一屏。

3. 内存变量的清除

格式 1：CLEAR MEMORY

格式 2：RELEASE ALL [EXTENDED]

格式 3：RELEASE ALL [LIKE|EXCEPT<通配符>]

功能：清除指定的内存变量。

说明：

1）格式 1 清除所有内存变量，格式 2 在人机会话状态下的作用与格式 1 相同，如果出现在程序中，则应该加上短语 EXTENDED，否则不能清除公共内存变量。

2）格式 3 中，LIKE 短语用于清除与通配符相匹配的内存变量，EXCEPT 短语用于清除与通配符不相匹配的内存变量。

3）常用的通配符有“*”和“?”。前者表示任意多个字符，后者表示任意单个字符。

```
release a1,a3                &&清除内存变量 a1 和 a3
release all like a*          &&清除所有首字母为 a 的内存变量
release all except ?b*       &&清除除第二个字符为 b 以外的所有内存变量
```

2.2 运算符与表达式

Visual FoxPro 有五类运算符：算术运算符、字符运算符、日期运算符、关系运算符和逻辑运算符。表达式是由常量、变量和函数通过运算符连接起来。根据表达式的类型，表达式可分为数值表达式、字符表达式、日期时间表达式、关系表达式和逻辑表达式。大多数逻辑表达式是含比较运算符的关系表达式。

表达式及其运算是编制应用程序的基本特征之一，根据表达式的运算结果确定应用程序的流程，是程序开发过程最基本的思想。

2.2.1 算术运算符及表达式

算术表达式又称为数值表达式，是由算术运算符将数值型的常量、变量和函数连接起来形成的表达式，其运算结果为数值型数据。算术运算符及其含义如表 2.1 所示。

表 2.1 算术运算符

优先级	运算符	意 义	举例 (注解表示显示结果)
1	( )	形成表达式的子表达式	
2	**或^	乘方运算	?3**2 && 9
3	*，/	乘、除运算	
	%	求余运算，结果的符号与除数一致	?15%-4 && -1
4	+，-	加、减运算	

2.2.2 字符串运算符及表达式

字符表达式是由字符串运算符将字符型数据连接起来形成的表达式，其运算结果为字符型数据。字符串运算符的优先级相同。字符串运算符及其含义如表 2.2 所示。

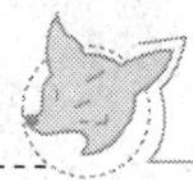

表 2.2　字符串运算符

运算符	作　　用	举例（注解表示主窗口显示结果）
+	原样连接两个字符串	?"程序 "+"设计"　　&&程序　设计
-	连接两个字符串，并将前一个字符串尾部的空格移到结果字符串的尾部	?"程序　"-"设计"　　&&程序设计

2.2.3　日期时间运算符及表达式

日期时间运算符也有两个："+"和"-"，它们的运算优先级相同，其含义如表2.3所示。

表 2.3　日期时间运算符

运算符	作　　用	举例（注解表示主窗口显示结果）
+	日期/日期时间型数据与数值型数据：天数/秒数相加	?{^2014-10-15}+10　　&&10/25/14 ?{^2014-10-15,11:04:30a}+20　　&&10/15/14 11:04:50 AM
-	日期/日期时间型数据与数值型数据：天数/秒数相减；两个日期/日期时间型数据相减	?{^2014-10-15}-10　　&&10/05/14 ?{^2014-10-25}-{^2014-10-15}　　&&10

日期型数据与数值 N 相加的结果是 N 天后的日期，日期型数据与数值 N 相减的结果是 N 天前的日期，两个日期型数据相减的结果是相差的天数。

日期时间型数据与数值 N 相加的结果是 N 秒后的日期时间，日期时间型数据与数值 N 相减的结果为 N 秒前的日期时间。（注意：两个日期型或日期时间型数据不能相加。）

2.2.4　关系运算符及表达式

关系表达式也称为简单逻辑表达式，它是由关系运算符将两个运算对象连接起来形成的表达式，其运算结果为逻辑型数据。关系运算符的优先级相同，其含义如表 2.4 所示。

表 2.4　关系运算符

运算符	作　　用	举例 (注解表示主窗口显示结果)
<	小于	? 54< 63　　&&.T.
>	大于	?"A">"a"　　&&.T.
=	等于	? 2=3　　&&.F. ? "ABC"= "AB "　　&&.T.
==	字符串精确比较	? "ABC"== "AB　　&&.F.
<>，#，!=	不等于	? .T.<>.F.　　&&.T.
<=	小于或等于	?{^2014-11-25}<={^2014-11-26}　　&&.T.
>=	大于或等于	?"李">="张"　　&& .F.
$	子串包含测试	?"BC"$"ABCD"　　&&.T.

说明：

1）除日期型和日期时间型数据，数值型和货币型数据可以比较之外，其他情况下前后两个运算对象的数据类型要一致。

2）==和$运算符只适用于字符型数据。==表示只有当左右两个字符串完全相同时，运算结果才为.T.，否则为.F.。$表示当左字符串是右字符串的一个子字符串时，结果才为.T.，否则为.F.。

3）对日期/日期时间型数据的比较，规则是越晚的日期/日期时间越大。

4）对逻辑型数据的比较，规则是.T.大于.F.。

5）对字符型数据的比较，是自左向右逐个比较相应位置的字符，一旦两个对应字符不同，就根据这两个字符的大小决定两个字符型数据的大小。字符顺序的大小可以有三种次序。

① Machine（机器）次序：西文字符由小到大的顺序是空格、大写字母、小写字母，汉字按拼音顺序决定大小。

② PinYin（拼音）次序：西文字符由小到大的顺序是空格、小写字母、大写字母，汉字按拼音顺序决定大小。

③ Stroke（笔画）次序：字符的大小由笔画多少决定。

可通过命令 SET COLLATE TO "<排序次序名>" 来设置排序次序名，次序名可以是“Machine”，“PinYin”或“Stroke”。在中文 Visual FoxPro 中，默认的字符排序次序是“PinYin”。

6）赋值与相等比较的区别。赋值命令：<内存变量名>=<表达式>，等号左边只能是一个内存变量，功能是将表达式的值赋给一个内存变量，命令执行后内存变量的类型与值是表达式的类型和值；相等比较：<表达式 1>=<表达式 2>，等号两边都是表达式，其本身是一个关系表达式，不是命令，不能执行。要计算和显示表达式的值，可以用问号命令，即?<表达式 1>。

7）“=”运算符在进行字符串比较运算时，其结果受命令 SET EXACT ON|OFF（系统的默认值为 OFF）影响：当处于 OFF 状态时，比较时以“=”右侧的字符串为准，只要右侧的字符串与左侧字符串的前面部分内容相匹配，系统即认为两者相等，比较结果为.T.；当处于 ON 状态时，将会在较短的字符串尾部增加若干个空格，使两个字符串等长后再比较。

SET EXACT ON|OFF 命令对“==”运算没有影响。

【例 2.8】在命令窗口中输入以下命令，并按 Enter 键运行。

```
?"张三"="张三丰","张三"=="张三丰","张三丰"="张三","张三丰"=="张三"
```

主窗口显示：

```
.F.  .F.  .T.  .F.
```

接着在命令窗口中键入：

```
set exact on
?"张三"="张三丰","张三"=="张三丰","张三丰"="张三","张三丰"=="张三"
```

主窗口显示：

```
.F.  .F.  .F.  .F.
```

2.2.5　逻辑运算符及表达式

逻辑表达式是由逻辑运算符将逻辑型数据连接起来形成的表达式，其运算结果为逻辑型数据。逻辑运算符如表 2.5 所示。

表 2.5　逻辑运算符

优先级	运算符	作　用	举例（注解表示主窗口显示结果）
1	NOT 或 !	逻辑非：结果为右边逻辑值的反	?NOT(3<6)　　&&.F.
2	AND	逻辑与：两边都真才为真	?(3>6) AND (4*5=20)　　&&.F.
3	OR	逻辑或：两边有一边为真就为真	?(3>6) OR (4*5=20)　　&& T.

前面介绍了各种类型的运算符及表达式，在每一类运算符中，各个运算符都有一定的优先级。当不同类型的运算符出现在同一表达式中时，其运算优先级顺序为：首先是算术运算符、字符串运算符、日期时间运算符，其次是关系运算符，最后是逻辑运算符，同一级别的运算符按自左向右相结合的顺序运算。括号运算符“( )”是所有运算符中优先级最高的，即圆括号能改变表达式的运算顺序，有括号的先算括号里面的。例如，下面的逻辑表达式是按照标注的顺序进行运算的，表达式的值为.T.。

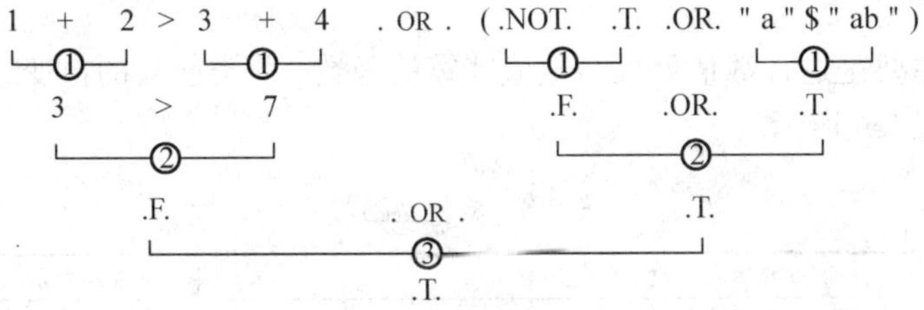

```
1  +  2 > 3  +  4   . OR .  ( .NOT.   .T.  .OR.  " a " $ " ab " )
└─①─┘   └─①─┘             └──①──┘         └──①──┘
  3    >    7                .F.     .OR.     .T.
  └───②───┘                 └──────②──────┘
     .F.          . OR .          .T.
     └────────────③────────────┘
                  .T.
```

2.3　常用标准函数

函数是用程序来实现的一种数据运算或转换。只要调用函数，就能得到相应的结果。Visual FoxPro 提供了 200 余种函数，具有强大的功能，用户在 Visual FoxPro 程序编制过程中可以方便地调用它们。

2.3.1　函数的要素

函数具有函数名、参数和函数值三个要素。

1）函数名起标识作用。

2）参数是函数计算时的自变量，一般是表达式，写在括号内，有的函数没有参数，括号内为空。

3）函数运算后会返回一个值，称为函数值，也就是函数的功能。

函数的一般调用形式是：<函数名>（<参数 1>, <参数 2>, …）。例如，用平方根函数 SQRT（N）求参数值为 4 的函数值：

```
?sqrt(4)                    &&显示函数值为2.00
```

有的函数省略参数，称为哑参，但仍有返回值，例如，

```
?date()                     &&显示当前系统日期
```

函数调用通常出现在表达式中，表达式将函数的返回值作为自己运算的对象。

2.3.2 函数的数据类型

函数的数据类型即为函数值的数据类型。在表达式中嵌入函数时，需了解函数值的数据类型，免得发生数据类型不一致的错误。使用 TYPE 函数能返回表达式的类型，也能测出函数的类型。例如：

```
?type("time()")             &&显示C，表明TIME()是字符型函数
```

2.3.3 常用函数

1. 数值、字符、日期函数

表 2.6～表 2.8 分别介绍了 Visual FoxPro 的常用函数，包括数值型函数、字符处理函数、日期处理函数和其他函数。其中，“N”代表数值表达式，“C”代表字符表达式，“D”代表日期表达式。

数值函数主要是进行数值处理与数值计算的函数，此类函数的自变量和返回值一般为数值型，如表 2.6 所示。

表 2.6 数值型函数

函　数	功　能	举例（注解表示显示结果）
ABS(N)	返回 N 的绝对值	?ABS(-5) &&5
SQRT(N)	返回 N 的平方根	?SQRT(9) &&3
SIGN(N)	返回 N 的符号，当 N 分别为正、负和零时，函数值分别为 1、-1 和 0	?SIGN(8) &&1
PI()	返回圆周率的值	?PI( ) &&3.14
MOD(N1,N2)	取两数相除后的余数	?MOD(-15,-4) &&-3
INT(N)	返回 N 的整数部分	?INT(3.14) &&3
CEILING(N)	返回大于或等于表达式的最小整数	?CEILING (3.14) &&4
FLOOR(N)	返回小于或等于表达式的最大整数	?FLOOR (3.54) &&3
ROUND(N1,N2)	将 N1 四舍五入，保留 N2 位小数	?ROUND(PI(),3) &&3.142
MAX(N1,N2,N3,...)	返回 N1，N2，N3，...，数值表达式列表中的最大者	?MAX(54,100,98) &&100
MIN(N1,N2,N3,...)	返回 N1，N2，N3，...，数值表达式列表中的最小者	?MIN(54,100,98) &&54

字符函数主要对字符串进行处理，其自变量一般是字符串。字符处理函数如表 2.7 所示。

表 2.7　字符处理函数

函　数	功　能	举例（注解表示显示结果）
LEN(C)	返回字符串的长度	?LEN("ABCD")　&&4
SPACE(N)	返回 N 个空格	?SPACE(4)　&&␣␣␣␣
ALLTRIM(C)	返回删除了头部和尾部空格的字符串	?ALLTRIM(" ABCD ")　&&ABCD
LEFT(C,N)	返回 C 左起 N 个字符的字符串	?LEFT("ABCD",2)　&&AB
RIGHT(C,N)	返回 C 右起 N 个字符的字符串	?RIGHT("ABCD",2)　&&CD
SUBSTR(C,N1,[,N2])	返回 C 中第 N1 位起长度为 N2 的字符串	?SUBSTR("ABCD",2,2)　&&BC
AT(C1,C2,[,N])	返回 C1 在 C2 中第 N 次出现的位置，若未找到，返回 0	?AT("S","SYSTEM",2)　&&3 ?AT("F","SYSTEM")　&&0

日期和时间函数的自变量一般是日期型数据和日期时间型数据。日期处理函数如表 2.8 所示。

表 2.8　日期处理函数

函　数	功　能	举例（注解表示显示结果）
DATE()	返回系统日期	?DATE()　&&04/01/14
YEAR(D)	返回年份	?YEAR(DATE())　&& 2014
TIME()	返回系统时间，其值为字符型	?TIME()　&&21:12:14
HOUR(T)	返回小时数	?HOUR(CTOT(TIME()))　&&21

2. 数据类型转换函数

数据类型转换函数的功能是将某一种类型的数据转换成另一种类型的数据。

（1）数值转换为字符串的函数

格式：STR(N1[,N2[,N3]])

功能：把数值表达式 N1 的值转换成字符串。N2 表示转换后的字符串长度，N3 表示转换时要保留的小数部分的数字字符个数。

如果 N2 大于数值的实际长度，则在数字串左边补充空格；若 N2 小于数值的实际长度，但大于等于 N1 整数部分（包括负号）的长度，则优先满足整数部分而自动调整小数部分（四舍五入）；若 N2 小于 N1 整数部分的长度，则输出一串星号(*)。

N2 的缺省值为 10，N3 的缺省值为 0。

【例 2.9】在命令窗口输入以下命令：

```
a1=10.10
?str(a1,2),str(a1,2,1)        &&主窗口显示：10   10
?str(a1,10,3)                 &&主窗口显示：    10.100,前面有 4 个空格
?str(a1,1)                    &&主窗口显示：*
```

（2）字符串转换为数值的函数

格式：VAL(C)

功能：将 C 转换为数值。VAL(C)按从左到右的顺序处理字符表达式，直到遇到一个非数值字符（不包括科学计数指示符“E”）。在处理过程中头部空格被忽略。如果字

符表达式的第一个字符不是数字，VAL(C)将返回数值 0。

【例 2.10】在命令窗口输入以下命令：

```
store "1234" to a
store "b1.37" to b
store "37b1.0" to c
?val(a),val(b),val(c)                    &&主窗口显示1234.00   0.00   37.00
```

（3）字符串转换为日期/日期时间的函数

格式：CTOD(C)| CTOT(C)

功能：将字符型数据转换成日期型或日期时间型数据。

函数 CTOD(C)将字符型数据转换成日期型数据。C 缺省格式是“MM/DD/YY”。日期部分的格式要与 SET DATE TO 命令设置的格式一致。若要用四位表示年份，则需要使用 SET CENTURY ON 命令。

函数 CTOT(C)将字符型数据转换成日期时间型数据。C 格式能否被识别取决于 SET DATE、SET HOURS 和 SET MARK 等的当前设置。如果 C 中只指定了日期部分或时间部分，系统自动加上默认时间，即午夜时间（12:00:00 AM）或默认日期 12/30/1899。

【例 2.11】在命令窗口输入以下命令：

```
set century on
d1=ctod("02/16/2014")          &&系统默认日期格式
d2=ctot(time())
?d1,d2
```

（4）日期转换为字符串的函数

格式：DTOC(D|T [,1])|TTOC(D|T [,1])

功能：将日期型数据或日期时间型数据转换为对应的字符串。函数 DTOC(D|T [,1]) 中，如果选择参数 1，则以 YYYYMMDD 的格式返回字符串，这种格式特别适用于对日期型字段建立索引。函数 TTOC(D|T [,1]) 中，如果选择参数 1，则以 YYYYMMDDHHMMSS 的格式返回字符串，采用 24 小时计时。

【例 2.12】在命令窗口输入以下命令：

```
today=datetime()
?dtoc(today),dtoc(today,1)
?ttoc(today,1)
```

3. 测试函数

测试函数主要用于对某些对象（变量、文件等）进行测试，以决定下一步的操作。

（1）ISNULL 函数

格式：ISNULL（<表达式>）

功能：判断表达式的值是否为 NULL，若为 NULL，则返回.T.，否则返回.F.。

【例 2.13】在命令窗口输入以下命令：

```
store .null. to x
?x, isnull(x)                    &&主窗口显示：.null.  .t.
```

（2）EMPTY 函数

格式：EMPTY（<表达式>）

功能：测试表达式是否为空。注意：空与空格、.NULL.是不同的概念。例如，函数 EMPTY(.NULL.)的返回值为.F.。在表 2.9 所示的情况下，EMPTY( )返回.T.。

表 2.9　EMPTY()返回.T.的条件

数 据 类 型	内　　容
字符型	空字符串，空格，制表符，回车，换行或它们的组合
数值型,货币型	0
日期型	空（例如 CTOD(""))
日期时间型	空（例如 CTOT(""))
逻辑型	假（.F.)
备注型	空(无内容)
通用型	空(无 OLE 对象)

（3）VARTYPE 函数

格式：VARTYPE(<表达式>)

功能：测试<表达式>的类型，返回一个描述表达式数据类型的字符（见表 2.10），函数值为字符型。

【例 2.14】在命令窗口输入以下命令：

```
?vartype(12*3+4)         &&主窗口显示：N
a1="xyz"
?vartype("a1")           &&主窗口显示：c （即字符串"a1"的数据类型）
?vartype(a1)             &&主窗口显示：c （即变量 a1 的数据类型）
```

表 2.10　VARTYPE()函数中数据类型对应的返回字符

数据类型	返回字符	数据类型	返回字符
字符型	C	通用型	G
数值型	N	对象型	O
货币型	Y	备注型	M（对 VARTYPE 函数，返回值为 C）
日期型	D	.NULL.	X(仅对 VARTYPE 函数)
日期时间型	T	未定义类型	U
逻辑型	L		

4. 其他函数

此处介绍一下常用的几个函数。

（1）宏替换函数

格式：&<字符型变量>

功能：替换出字符变量的内容来，即变量值为变量中的字符串，圆点字符（.）指示宏替换的结束。例如，下面的命令执行后，将显示字符串“Visual FoxPro”。

【例 2.15】在命令窗口输入以下命令：

```
a1='Fox'
?'Visual &a1.Pro '
```

（2）IIF 函数

格式：IIF(<逻辑表达式>, <表达式 1>, <表达式 2>)

功能：测试逻辑表达式的值，若逻辑表达式为真（.T.），则返回表达式 1 的值，若逻辑表达式为假（.F.）或空（.NULL.），则返回表达式 2 的值。

【例 2.16】在命令窗口输入以下命令：

```
a=61
b=iif(a<60,"不及格","及格")
?b                                  &&主窗口显示：及格
c=1
d=2
?iif(c>d, c, d)                     &&主窗口显示：2
```

（3）LIKE 函数

格式：LIKE(<字符表达式 1>,<字符表达式 2>)

功能：确定一个字符表达式是否与另一个字符表达式相匹配。<字符表达式 1>可包含通配符“*”和“？”，“*”可代表任意多个字符，“？”可代表任意单个字符。<字符表达式 2>指定与<字符表达式 1>相比较的字符表达式。只有在<字符表达式 1>与 <字符表达式 2>中的字符逐个匹配的情况下，LIKE( )函数才返回“真”(.T.)。

【例 2.17】在命令窗口输入以下命令：

```
x="a"
y="ab"
?like("a*",x), like("a*",y)                &&主窗口显示：.T.  .T.
?like("a?",x), like("a?",y)                &&主窗口显示：.F.  .T.
```

小　　结

Visual FoxPro 6.0 是数据库和程序设计语言的紧密结合体，它既是一种数据库管理系统，也是一种程序设计语言。本章介绍了语言的一些基本成分，包括常量、变量、函数和表达式，同时介绍了一些相关命令。这些内容是程序设计的基础，对于数据库应用系统的开发是必不可少的。

习　　题

1. 在 Visual FoxPro 中，下列选项中不属于常量的是（　　）。
   A. {^2001/02/13}　B. $154.56　C. T　D. "I"
2. 下列字符型常量的表示中，错误的是（　　）。
   A. "12+13"　B. "[x=y]"　C. [[北京]]　D. ["等级考试"]
3. 以下日期值正确的是（　　）。
   A. {^12-12-30}　B. {^2012-30-12}　C. {^2012-12-30}　D. {^30-12-2012}
4. 下列常量中格式正确的是（　　）。
   A. $1.23E4　B. "计算机等级考试]
   C. False　D. {^2003/01/13}
5. 下列变量名中不合法的是（　　）。
   A. XYZ　B. 年龄　C. 2X　D. A2
6. 假设学生表已在当前工作区打开，其当前记录的“姓名”字段值为“李三”（C 型字段）。在命令窗口输入并执行如下命令：

```
姓名=姓名-"成绩"
?姓名
```

屏幕上会显示（　　）。
   A. 李三　B. 李三成绩　C. 成绩　D. 李三-成绩
7. 下列关于变量的叙述中，不正确的一项是（　　）。
   A. 在 Visual FoxPro 中，可以将不同类型的数据赋给同一个变量
   B. 变量的类型决定变量值的类型
   C. 在 Visual FoxPro 中，变量分为字段变量和内存变量
   D. 变量值可以随时改变
8. 执行定义数组命令 DIMENSION A(3)，则语句 A=3 的作用是（　　）。
   A. 对 A(1)赋值为 3
   B. 对每个元素均赋相同的值 3
   C. 对简单变量 A 赋值 3，与数组无关
   D. 语法错误
9. 下列有关数组的叙述中，错误的是（　　）。
   A. 在同一个环境下，数组与内存变量可以同名，两者互不影响
   B. 可以用一维数组的形式访问二维数组

C．在可以使用简单内存变量的地方都可以使用数组元素
D．一个数组中各元素的数据类型可以相同，也可以不同

10．命令“DIME myArray(10,10)”执行后，myArray(5,5)的值为（　　）。
A．0　　B．5　　C．.T.　　D．.F.

11．命令??的作用是（　　）。
A．向用户提问的提示符　　B．可输出两个表达式的值
C．从当前光标处显示表达式的值　　D．只能显示变量的值

12．从内存中清除内存变量的命令是（　　）。
A．Release　　B．Delete　　C．Erase　　D．Destroy

13．语句 LIST MEMORY LIKE A?能够显示的变量是（　　）。
A．ABCD　　B．ABC　　C．AB　　D．BA

14．执行如下命令的输出结果是（　　）。
?19%4,19%-4
A．1　−1　　B．3　3　　C．1　1　　D．3　−1

15．命令?LEN(SPACE(3)-SPACE(2))的结果是（　　）。
A．1　　B．2　　C．3　　D．5

16．在 Visual FoxPro 中，下面关于日期或时间的表达式中，错误的是（　　）。
A．{^2002-1-3,10:0:0 AM}-{^2002-1-3,8:20:0 AM}
B．{^2002-01-02}+20
C．{^2001-1-3}+{^2002-1-3}
D．{^2011-1-3}-{^2002-1-3}

17．下列表达式中，写法错误的是（　　）。
A．"计算机" - "computer"　　B. "The Time Is" + DTOC({^2012/08/08})
C．.T. + .F.　　D．{^2012/08/08} + 10

18．设 X="11"，Y="1122"，下列表达式结果为假的是（　　）。
A．NOT (X = = Y) AND (X $ Y)　　B．NOT (X $ Y) OR (X < > Y)
C．NOT (X > = Y)　　D．NOT(X $ Y)

19．下面是关于运算符优先级的叙述，错误的叙述是（　　）。
A．先执行算术运算符、字符串运算符和日期型运算符
B．先执行关系运算符，后执行逻辑运算符
C．先执行算术运算符，后执行逻辑运算符
D．先执行逻辑运算符，后执行关系运算符

20．以下表达式中返回值是 56 的是（　　）。
A．INT(55.12)　　B．CEILING(55.12)
C．FLOOR(55.12)　　D．ROUND(55.12 , 0)

21．要判断数值型变量 Y 是否能够被 8 整除，错误的条件表达式为（　　）。
A．INT(Y/8) = Y/8　　B．MOD(Y, 8)=0

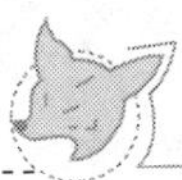

C．INT(Y/8)=MOD(Y, 8)　　D．MOD(Y, 8)=MOD(8, 8)

22．如果想从字符串“计算机等级考试”中取出“考试”这两个字，下列函数使用正确的是（　　）。

A．SUBSTR("计算机等级考试" , 11 , 4)

B．SUBSTR("计算机等级考试" , 5 , 2)

C．RIGHT("计算机等级考试" , 2)

D．LEFT("计算机等级考试" , 4)

23．假定系统日期是 2008 年 1 月 13 日，则执行命令 X=MOD(YEAR(DATE( )) – 2000 , 10)后，X 的值是（　　）。

A．2008　　B．-8　　C．8　　D．0

24．在下列函数中，函数返回值为数值的是（　　）。

A．STR(200)　　B．SPACE(5)

C．AT("人民","中华人民共和国")　　D．SUBSTR("中华人民共和国" , 7)

25．表达式 VAL(SUBSTR("i5 处理器",2,1)) * Len("VisualFoxPro")的结果是（　　）。

A．5.00　　B．16.00　　C．21.00　　D．60.00

26．下列关于空值(NULL 值)叙述正确的是（　　）。

A．空值等于空字符串

B．空值等同于数值 0

C．空值表示字段或变量还没有确定的值

D．Visual FoxPro 不支持空值

27．在下列表达式中，运算结果逻辑为真的是（　　）。

A．EMPTY(.NULL.)　　B．EMPTY(SPACE(8))

C．LIKE("edit" , "edi? ")　　D．AT("a" , "ainimal")

28．设 X=7<6，命令?VARTYPE(X)的输出结果是（　　）。

A．N　　B．L　　C．C　　D．出错

29．设 X="998"，Y=1，k="2"，则表达式 X+&k 的值是（　　）。

A．9982　　B．1000

C．"9982"　　D．数据类型不匹配

30．执行以下命令之后，输出结果是（　　）。

```
SET EXACT OFF
X="m"
?IIF("M"=X,X-"ore",X+"any")
```

A．More　　B．more　　C．Many　　D．many

第3章 Visual FoxPro 数据库基本操作

本章要点

- Visual FoxPro 表的操作
- Visual FoxPro 数据库的创建和使用

学习目标

- 理解 Visual FoxPro 支持数据库的“库－表”二级结构
- 掌握数据库和表的常用操作
- 理解数据库表和自由表的区别和联系
- 理解数据完整性的三个方面，掌握保证数据完整性的技术手段
- 理解数据索引的作用和类型，掌握索引的方法和索引的使用
- 理解工作区的概念，掌握不同工作区间数据的引用方法

在 Visual FoxPro 关系数据库管理系统中，表是用于存储数据的主要形式，是处理数据和建立关系型数据库及应用程序的基本单元。表可以存放于一个数据库中，也可以独立于数据库而存在。这种不在数据库中的表称为自由表；存在于数据库中的表称为数据表。

3.1　数据库与表

本节将介绍数据库与表的相关概念，然后介绍如何建立一个数据库文件及对其进行其他操作。

3.1.1　基本概念

表是一组相关联的数据按行和列排列的二维表格（table）。一个完整的表应该具备三大要素，即表文件名、表的结构和表的数据。表在计算机内以文件形式出现，其类型为“.dbf”，表名就是文件名，其命名与文件名要求一致。表 1.1（见第 1 章）就是一个描述学生基本情况的“二维”表格，是一个典型的“关系”。在 Visual FoxPro 中，表中的每一列都是一个字段，第一行中的每一项是相应字段的字段名；第一行以下的每一行都是一条记录；表格的表头可以看作表名。

在实际应用中，需要大量的二维表来存储数据，这些表之间存在着各种联系，为了能够更好地处理它们之间的关系以及数据的冗余度问题，引入了数据库的概念，通过数据库来解决复杂的数据处理问题。

在 Visual FoxPro 关系数据库管理系统中，表是用于存储数据的主要形式，是处理数据和建立关系型数据库及应用程序的基本单元。表可以存放于一个数据库中，也可以独立于数据库而存在。存在于数据库中的表称为数据库表（database table），不在数据库中的表，称为自由表（free table）。

数据库可以说是一个逻辑上的概念和手段。它通过一组系统文件将相互关联的数据库表及其相关的数据库对象统一组织和管理。

从物理上看，Visual FoxPro 数据库创建后会生成相应的数据库文件，扩展名为.DBC；与之相关的还会自动建立一个扩展名为.DCT 的数据库备注文件和一个扩展名为.DCX 的数据库索引文件。

3.1.2　数据库的基本操作

本小节建立的数据库只是一个空的数据库，还没有数据，只有建立或添加数据库表和其他数据库对象之后才能输入数据和实施其他数据库操作。在 Visual FoxPro 中，数据库设计器是交互修改数据库对象的界面和向导，所有数据库的操作都可在这个界面中进行。

1. 建立数据库

建立数据库，常用方法有以下三种。

1）在项目管理器中建立数据库。

2）使用菜单建立数据库。

3）使用命令建立数据库。

第一种方法建立的数据库被包含在当前项目中，是项目的组成部分。而后两种方法建立的数据库是独立于项目的，若需要将建好的独立数据库添加至已有的项目中，只需在项目管理器中添加即可。

本节通过创建“成绩管理.DBC”数据库介绍上述建立数据库的具体步骤和方法。

【例 3.1】 学生成绩管理系统实例：建立数据库——“学生成绩管理”。

方法一：在项目管理器中建立数据库。

在项目管理器中建立数据库的界面如图 3.1 所示，首先选择数据库，然后单击“新建”按钮建立数据库，出现的界面提示输入数据库的名称（扩展名为.DBC 的文件名），这里输入“成绩管理”，即建立了一个学生成绩数据库，最后单击“保存”按钮则完成数据库的建立，并打开“数据库设计器”。

方法二：使用菜单建立数据库。

单击工具栏上的“新建”按钮或者选择菜单“文件→新建”，打开 “新建窗口”（图 3.2），首先在“文件类型”组框中选择“数据库”，然后单击“新建文件”按钮建立数据库，后面步骤与方法一相同。这种方法也会打开数据库设计器。

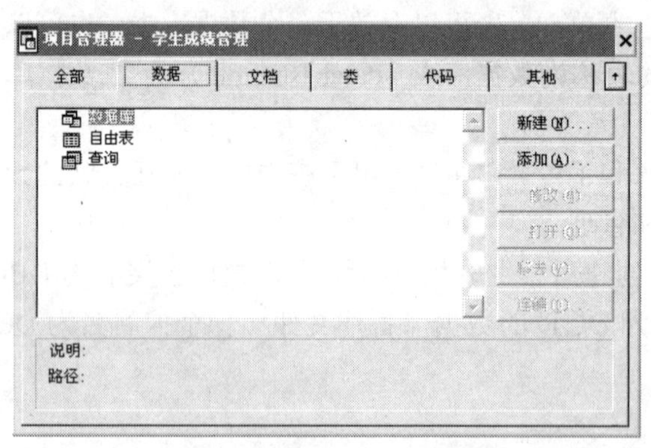

图 3.1　项目管理器中的“数据”选项卡

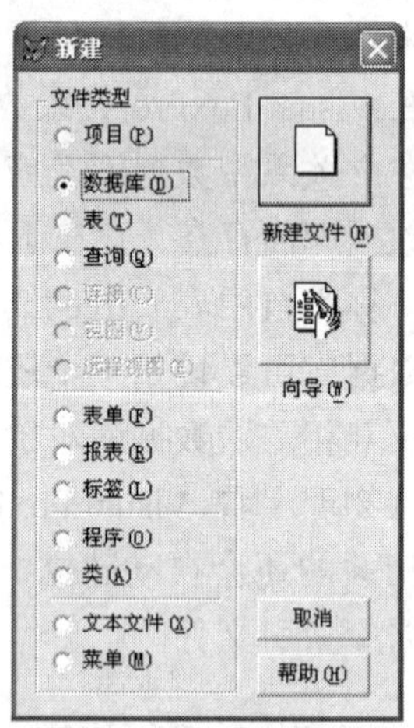

图 3.2　“新建”窗口

方法三：利用命令建立数据库。

建立数据库的命令如下。

格式：CREATE　DATABASE [< 数据库文件名 > |?]

说明：在该命令中，如果没有指定数据库文件名，或使用了“? ”参数（即：CREATE

DATABASE?)，将弹出对话框请用户输入该数据库的名字以及选择存放的位置。与前两种方法不同的是，使用命令建立数据库后不打开数据库设计器，只是数据库处于打开状态。

在本例中，可以直接在命令窗口中输入：

```
create database 成绩管理
```

按 Enter 键运行，则会建立数据库文件“成绩管理.dbc”。

2. 数据库的打开与关闭

数据库中存放的主要有数据库表等，当数据库建好后，要修改数据库或向数据库中添加数据库表，必须先打开相应的数据库。

格式：OPEN DATABASE [＜数据库文件名＞|?] [EXCLUSIVE]

说明：如果在 OPEN 命令中使用了“EXCLUSIVE”参数，表示以独占方式打开数据库。此时，其他用户不能访问该数据库。

数据库使用完毕后应该及时关闭数据库，命令格式如下。

格式：CLOSE DATABASE | ALL

说明：如果在 CLOSE 命令中使用了“ALL”参数，表示关闭所有打开的数据库；否则，将只关闭目前打开的数据库。

3. 修改数据库

数据库设计器是交互修改数据库对象的界面和向导，例如，增加或删除数据库中的数据库表等。打开数据库设计器同样也有以下三种实现方法。

方法一：在项目管理器中打开。

在项目管理器中建立数据库的界面如图 3.3 所示，首先展开数据库分支，然后选择相应的数据库，最后单击“修改”按钮打开相应数据库及数据库设计器。

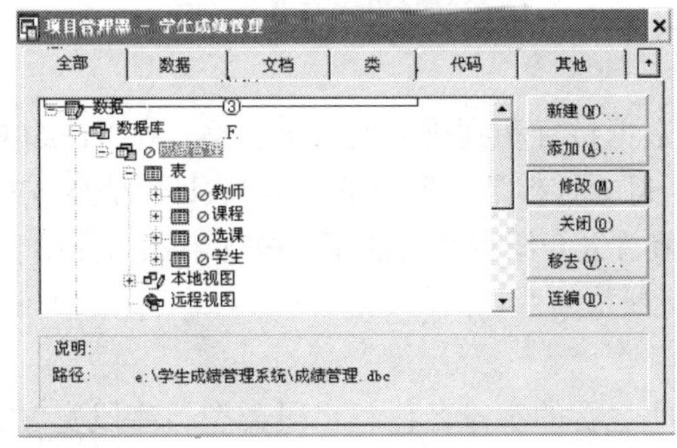

图 3.3　准备打开数据库设计器

方法二：使用菜单打开。

使用菜单中“文件”，然后选择“打开”，在打开的对话框中选择需要打开的数据库文件即可，如图 3.4 所示。

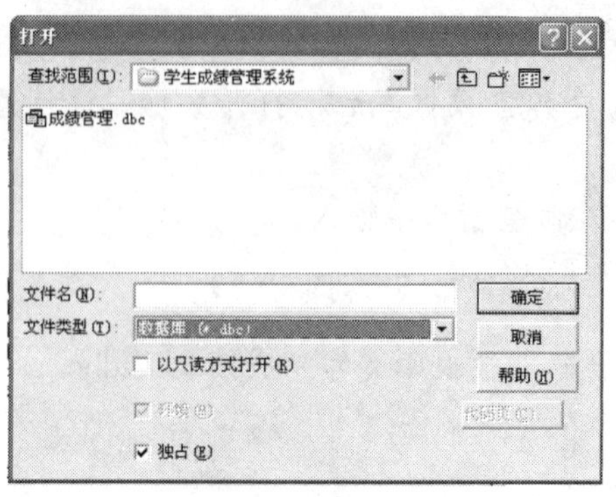

图 3.4 “打开”对话框

方法三：使用命令打开。

格式：MODIFY DATABASE[DatabaseName|?]

说明：DatabaseName 给出要修改的数据库名，如果使用问号“？”或省略该参数则打开“打开”对话框（如图 3.4 所示）。

4. 删除数据库

如果一个数据库不再使用了，可以随时删除，一般可以在项目管理器中删除数据库，也可以用命令删除数据库。

格式：DELETE DATABASE DatabaseName|?[DELETETABLES]

说明：DatabaseName 给出要删除的数据库名，此时要删除的数据库必须处于关闭状态；如果使用问号“？”，则会打开“删除”对话框由用户选择要删除的数据库文件；选择参数 DELETETABLES，则会在删除数据库文件的同时从磁盘上删除该数据库所含的表（DBF 文件）等。

3.2 创 建 表

表是一组相关联的数据按行和列排列的二维表格。在 Visual FoxPro 中，表（数据）的每一列都是一个字段；每一行都是一条记录。创建表即为表结构的创建，表结构创建后，才可以输入表数据。本节首先介绍表结构的相关概念，然后介绍表的建立及相关操作。

3.2.1 表的结构

表的结构是指该表所包含的字段名称、字段类型、字段宽度、小数位数等信息。

1. 字段名称

字段名称是字段的标识，又称为字段变量，Visual FoxPro 中自由表的字段名由个数不超过 10 个的字母、汉字、数字或下划线组成。而数据库表字段名最多可由 128 个字符组成。同一个表文件中不能有相同的字段名称，所以字段名称在一个表中是唯一的。

2. 字段类型和字段宽度

Visual FoxPro 中的每一项数据都有固定的类型，每一个字段中的数据必须是同一种数据类型。数据类型定义了该种数据的表示方法、取值范围、所能进行的运算，可以将字段的数据类型设置为表 3.1 中的任意一种。

表 3.1　字段类型和宽度

字段类型	代号	说　明	宽　度
字符型	C	汉字或字符	最多 254 个字符，汉字占 2 个字符
数值型	N	整数或小数	最多 20 位，小数点和正负号各占一位
货币型	Y	保留 4 位小数	8（字节）
日期型	D	格式为 MM/DD/YY	8（字节）
日期时间型	T	日期和时间	8（字节）
逻辑型	L	逻辑值“真”或“假”	1（字节）
浮点型	F	整数或小数，同数值型	
整型	I	存放整数	4（字节）
双精度型	B	精度较高的数值	8（字节）
备注型	M	接收字符型数据	4（字节）
通用型	G	存放图形、声音等 OLE 对象	4（字节）
字符型（二进制）		略	同“字符型”
备注型（二进制）		略	同“字符型”

注　意

字符型、数值型、浮点型三种字段根据数据的实际需要设定宽度；备注型和通用型数据与其他数据并不存放在一起，而是存放在与表同名的 FPT 文件中。

如果以表 1.1 的内容建立一个表，那么它的结构可以设计如表 3.2 所示。

表 3.2　“学生”表结构

字　段　名	字 段 类 型	宽　度
学号	字符型	10
姓名	字符型	10
性别	字符型	2
出生日期	日期型	8
院系	字符型	10

表 3.2 所示的结构可以表示为：学生(学号 C(10),姓名 C(10),性别 C(2),年龄 D,院系 C(10))。

3.2.2　创建表

独立于数据库而存在的表，称为自由表；前面提到过，存在于数据库中的表称为数据库表。在 Visual FoxPro 创建表时，如果当前没有数据库打开时，则创建的表为自由表，反之为当前数据库的数据库表。

在 Visual FoxPro 中，创建表的工具有表向导和表设计器，一般使用表设计器。利用表设计器建立表的操作方法有两种：一是从 Visual FoxPro 系统的主菜单开始，逐一选择不同的菜单选项，完成对表结构的建立；二是使用 CREATE 命令。如果要建立数据库表，此时使数据库处于打开状态；如果要建立自由表，此时需关闭所有数据库。

创建数据库表最简单和直接的方法是使用数据库设计器。下面以建立数据库表“学生”表为例说明建立数据库表的方法。

【例 3.2】学生成绩管理系统实例：建立数据库表——“学生”表、“课程”表和“选课”表。

方法一：使用数据库设计器，这也是最常用的方法。步骤如下。

1）在 Visual FoxPro 系统主菜单下，打开数据库“成绩管理”，进入“数据库设计器”窗口。

2）在“数据库设计器”窗口，单击鼠标右键，弹出“数据库”快捷菜单，选择“新建表”选项，如图 3.5 所示，进入“新建表”对话框；或者单击“数据库设计器”工具栏上的“新建表”按钮进入“新建表”对话框，如图 3.6 所示，然后选择“新建表”选项，进入“创建”窗口。

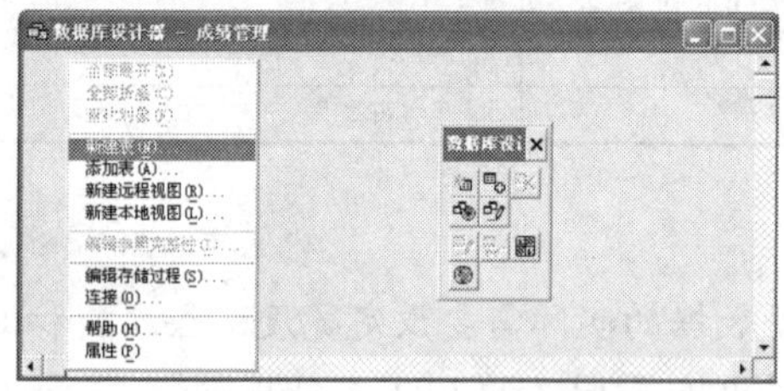

图 3.5 数据库设计器中建表

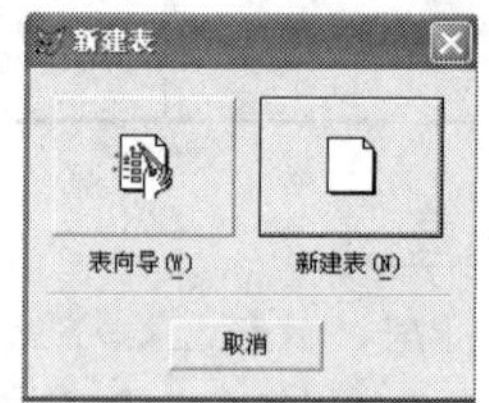

图 3.6 “新建表”对话框

3）在“创建”窗口，输入表名“学生”；然后单击“保存”按钮，进入“表设计器”窗口，按表 3.2 结构输入字段信息，如图 3.7 所示。

4）当表中所有字段的属性定义完成后，单击“确定”按钮，进入“系统”窗口，如图 3.8 所示。在“系统”窗口，如果选择“是”，可以立即向表中输入数据；如果选择“否”将结束表结构的建立。在本例中，输入表 1.1 所列数据，建立“学生”表。

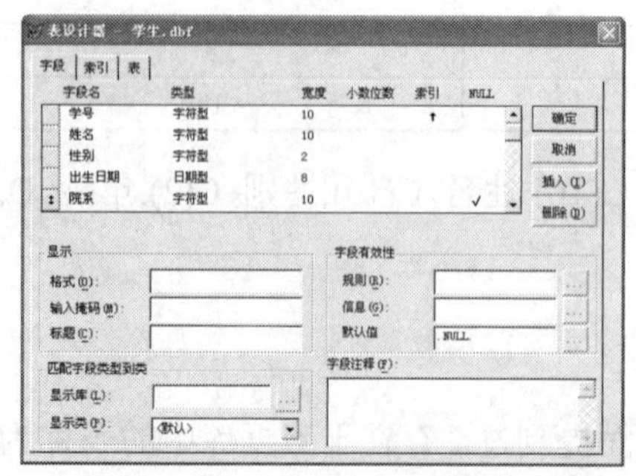

图 3.7 “数据库表设计器”窗口

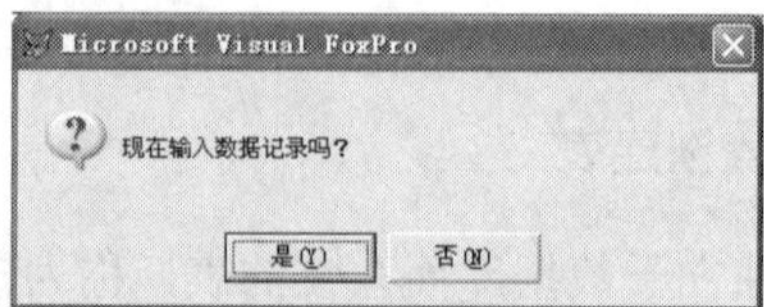

图 3.8 “系统”窗口

5）重复 2）~4）可同样建立数据库表“课程”表和“选课”表，“课程”表的结构可表示为：课程（课程号 C(3)，课程名称 C(10)，学时 N(3,0)），“选课”表的结构可表示为：选课（学号 C（10），课程号 C（3），成绩 I）。

方法二：菜单方法。这也是建立表的常用方法，特别是建立自由表的常用方法。如果用菜单方法建立数据库表，步骤如下。

1）如 3.1.2 小节所述，打开数据库“成绩管理”。

2）单击工具栏上的“新建”按钮或者选择菜单“文件→新建”，打开 “新建窗口”，如图 3.2 所示，在“文件类型”组框中选择“表”，进入“新建表”对话框，如图 3.6 所示。然后选择“新建表”选项，进入“创建”窗口。

3）后面的步骤，与方法一相同。

方法三：命令方法。命令格式如下。

格式：CREATE　<表文件名>

功能：打开表设计器，建立一个新表。

使用命令建立“学生”表结构的形式如下：

```
create 学生
```

当正确输入以上命令后，将打开“表设计器”窗口，其他操作与方法一相同。如果建立数据库表，还需要先将数据库打开。

当没有数据库打开时，建立的表就是自由表。建立自由表除了上面的方法外，还可以在项目管理器中建立。例如，建立自由表“教师”表，在项目管理器中，从“数据”选项卡选择“自由表”，如图 3.1 所示，然后选择“新建”按钮打开“表设计器”建立自由表，如图 3.9 所示。

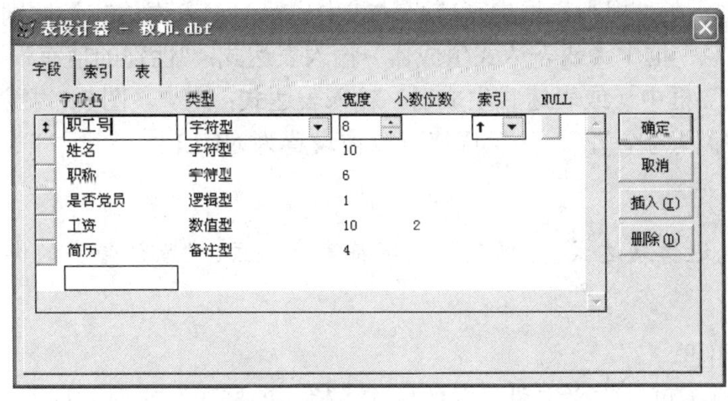

图 3.9 “自由表设计器”界面

可以看出，图 3.7 所示的数据库表设计器界面与图 3.9 所示的自由表设计界面是不同的，相对于自由表，数据库表新增了许多新的功能，通过新增的功能可以完成对表数据更好的使用与管理。以下对其用法做简要介绍。

（1）空值

在图 3.9 所示的界面上可以看到字段有 NULL 选项，它表示“是否允许字段为空值”的意思。

空值是关系数据库中的一个重要概念，在数据库中可能会遇到尚未存储数据的字段，这时的空值与空字符串、数值 0 等具有不同的含义，空值是缺值或不确定值，不能把它理解为没有任何意义的数据。比如表示价格的一个字段值，空值表示没有定价，而数值 0 可能表示免费。

一个字段是否允许为空值与实际应用有关，例如，作为关键字的字段是不允许为空值的，而那些在插入记录时允许暂缺的字段值往往允许为空值。图 3.7 中字段“院系”被设置为“允许字段为空值”。

（2）字段有效性组框

在创建数据库表的结构时，可以通过创建字段的有效性来验证数据库表的字段和记录中的数据的合法性，这些规则就是有效性规则。一旦在数据库表中建立了有效性规则，那么在向该表输入数据时，系统会自动将输入的值和所定义的规则表达式进行比较，如果输入的值不满足规则的要求，则该输入数据不会被存入表中。有效性规则不仅可以限制输入数据库表中数据的类型，还可以限制输入数据的取值范围。

在 Visual FoxPro 的表设计器中，字段有效性规则包括。

1）规则：用来指定当前字段的值必须满足的条件。

2）信息：指定当字段的输入值不满足该字段验证的规则时，弹出的消息框中显示的提示消息。

3）默认值：该字段的默认值。

以学生成绩管理数据库中的“学生”表为例，设学生的性别有效性规则是“男”或“女”，输入的性别值不在范围内时提示“性别的值有误，请重新输入！”，性别的默认值为“女”。为此，在“规则”框中（或表达式生成器）输入表达式：性别="男" or 性别="女"；在“信息”框中（或表达式生成器）输入表达式："性别的值有误，请重新输入！"；在“默认值”框中（或表达式生成器）输入表达式："女"。图 3.7 中字段“院系”被设置为“允许字段为空值”，其默认值可以被设置为.NULL.。

注　意

“规则”是逻辑表达式；“信息”是字符串表达式；“默认值”的类型是同字段的类型。

（3）显示组框

在显示组框下可以定义字段显示的格式、输入的掩码和字段的标题。

“格式”属性：格式属性是可编辑字段或变量类的通用属性，在 Visual FoxPro 面向对象程序设计命令格式中使用。例如，将某一字段的格式属性设置为"！"（两个英文双引号不可缺省），则 Visual FoxPro 会将输入该字段的小写字母全部转换为大写字母。

“输入掩码”属性：用以限制或控制用户向该字段中输入字符的格式。例如，掩码(9999)-99999999 可用来限制只能输入固定电话号码的格式。表 3.3 列出了输入掩码的种类及功能。

表 3.3 输入掩码种类及功能

输入掩码	功能
X	允许输入任意字母和数字
A	对于字符型字段，只允许输入字母，不允许输入数字
9	对于字符型字段，只允许输入数字，不允许输入字母和空格
#	允许输入数字、空格和正负符号，不允许输入字母
!	把输入的小写字母转换成大写字母

“标题”属性：为字段名取一个标题。指定在浏览窗口、表单或报表中代表字段的标签。

（4）字段注释

为了提高数据库表的使用效率及其共享性，可以在建立数据库表结构时，对字段加以注释，提醒用户清楚地掌握字段的属性、意义及特殊用途等。

3.2.3 数据库表与自由表

数据库表与自由表可以相互转换，可以将自由表添加至数据库中，使之成为数据库表；也可以将表从数据库中移出，使之成为自由表。在数据库设计器或项目管理器中都可以方便地实现二者之间的转换。本小节介绍利用数据库设计器实现二者转换的过程。

1. 向数据库添加表

有了数据库文件，就可以向数据库中添加表了。通常数据库表只能属于一个数据库文件，如果想向当前数据库中添加的表已经添加到了别的数据库中，则必须先将其从其他数据库中移去后才能添加到当前数据库中。

【例 3.3】向数据库“成绩管理”中添加“教师”表。操作步骤如下。

1）在 Visual FoxPro 系统主菜单下，打开数据库“成绩管理”，进入“数据库设计器”窗口。

2）在“数据库设计器”窗口中右击，弹出“数据库”快捷菜单，如图 3.5 所示，选择“添加表”，进入“打开”窗口。

3）在“打开”窗口，选择要添加的表名“教师”，则该表被添加到数据库“成绩管理”中，单击“确定”按钮，返回“数据库设计器”窗口，如图 3.10 所示。

2. 从数据库中移出表

用“数据库设计器”也可以编辑添加到数据库的数据库表，如果需要移去数据库中的某个数据库表，先单击要移去的数据库表，然后再单击工具栏中的“移去表”按钮，如图 3.11 所示。

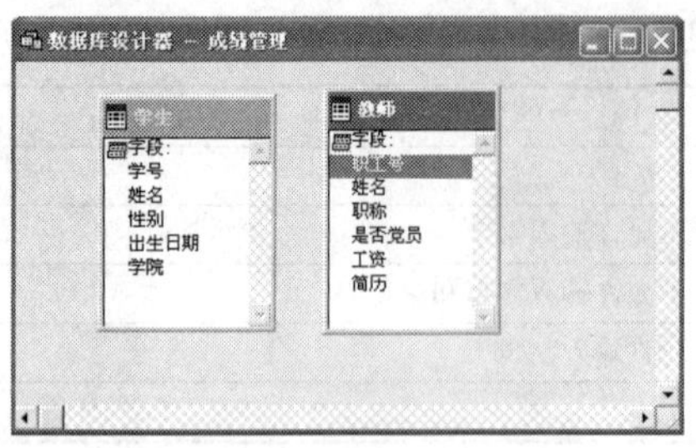

图 3.10　添加自由表到数据库

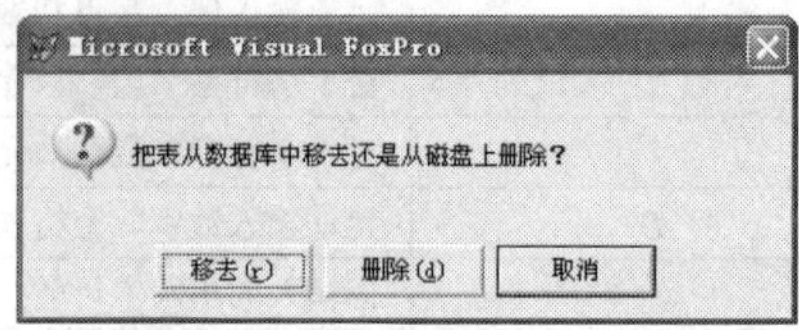

图 3.11　从数据库中移去表

根据需要可以选择“移去”或“删除”按钮，选择“移去”表示将选定的数据库表从数据库中移走，而选择“删除”则表示将数据库表从磁盘中删除。

3.3 表 的 使 用

表一旦建立起来以后，就可以对它进行相应的操作，例如，修改表的结构，添加、删除、修改、查看记录等。本节的操作都需要使被操作表处于打开状态，否则系统会报错。

3.3.1　工作区的基本概念

工作区是用来保存表及其相关信息的一块内存空间。打开表，实质是将表文件从磁盘调入一个工作区中。每个工作区只能存放一个表文件，若在一个工作区中打开一个新的表，则原来存放的表将被关闭。

为了方便使用工作区，Visual FoxPro 对工作区进行了编号：1～32767，称为工作区号；同时，还为各工作区规定了一个名字，称为工作区的别名，其中 1 至 10 号工作区的别名分别为 A、B、…、J 十个字母。

由于 Visual FoxPro 系统可提供的工作区很多，所以，在对表进行操作时，必须先确定表所在的工作区，然后才能进行操作。这个当前被选择的工作区称为当前工作区。在某一时刻，当前工作区只有一个，在当前工作区打开的表，就称为当前表。Visual FoxPro 启动后，自动指定 1 号工作区为当前工作区。

3.3.2　表的打开与关闭

打开与关闭表都使用 USE 命令。

格式：USE　<表文件名>　[ALIAS <别名>][IN 0|<工作区编号>|<工作区别名>]

说明：

1）使用参数<表文件名>可以打开一个已经存在的表，例如：

```
use 学生
```

即打开“学生”表，此时在 Visual FoxPro 主界面窗口下方的状态栏中显示被打开表的路径和表文件名。

2）使用不带参数的 USE 命令可以关闭已打开的表。

3）ALIAS <别名>：为当前工作区自定义别名。若省略，系统将取表的主文件名作为别名，并且在当前工作区中打开表文件。

4）若选择了 IN 0 短语，表示在当前没有使用的编号最小工作区上打开表。

3.3.3　修改表结构

修改表结构主要包括修改字段名、字段类型、字段宽度、小数位数、插入（添加）字段、删除字段、调换字段的顺序等内容。修改表结构，即为重新打开表设计器设置字段属性的过程。下面通过向“学生”表中插入一个新的字段“民族”来演示几种常用操作方法。

【例 3.4】学生成绩管理系统实例：修改“学生”表结构，有如下两种方法。

方法一：菜单方式。

具体操作步骤如下。

1）在 Visual FoxPro 系统主菜单下，选择“文件”菜单下的“打开”命令，进入“打开”对话框，如图 3.4 所示。在“打开”对话框中，选择文件类型为表，要修改结构的表名“学生”，单击“确定”按钮，返回 Visual FoxPro 系统主菜单下，如图 3.12 所示。

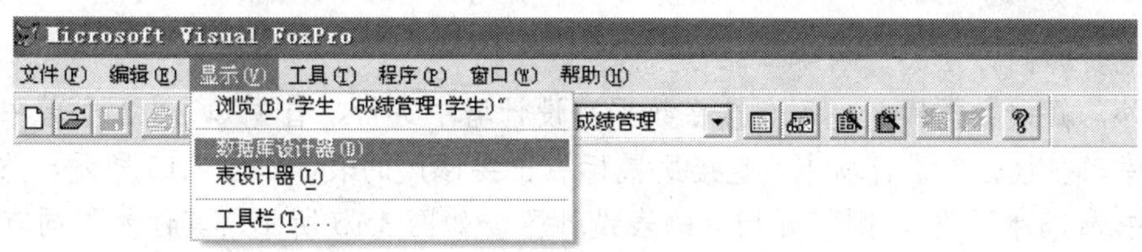

图 3.12　Visual FoxPro 系统主菜单打开表设计器

2）在 Visual FoxPro 系统主菜单下，打开“显示”菜单，选择“表设计器”，进入“表设计器”窗口，本窗口可以进行字段的修改等操作。在窗口内输入字段名，类型和宽度等信息，如图 3.13 所示。

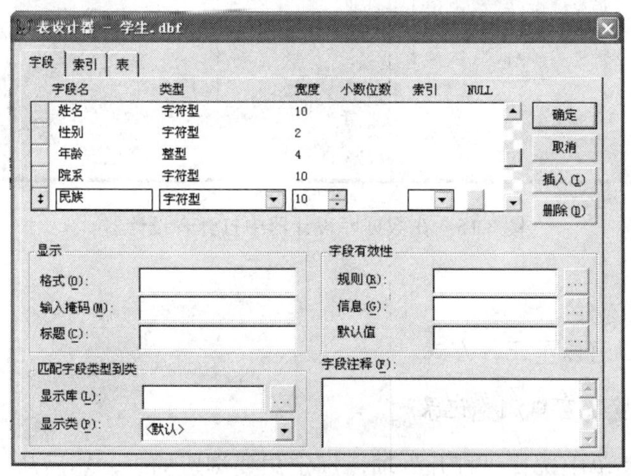

图 3.13　修改表结构

3）确认信息正确后，单击“确认”按钮进入“系统”窗口，如图 3.14 所示。选择“是”按钮以保存修改后的结果。

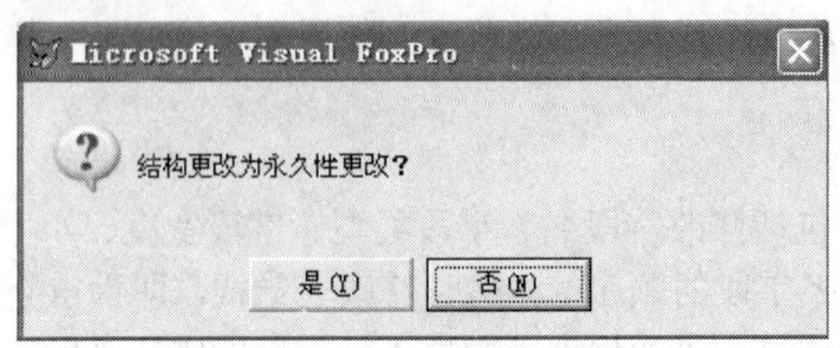

图 3.14 “系统”窗口

方法二：命令方式。

格式：MODIFY STRUCTURE

功能：修改当前打开表的结构。

命令的具体使用如下。

```
use 学生
modify structure
```

其他步骤同方法一。

此外，修改数据库表也可直接在数据库设计器中进行，首先如 3.1.2 小节中所示打开数据库，在数据库设计器中，直接用鼠标右击要修改的表，如图 3.15 所示，然后从弹出菜单中选择“修改”，则打开相应的表设计器，如图 3.15 所示。其他步骤同方法一。

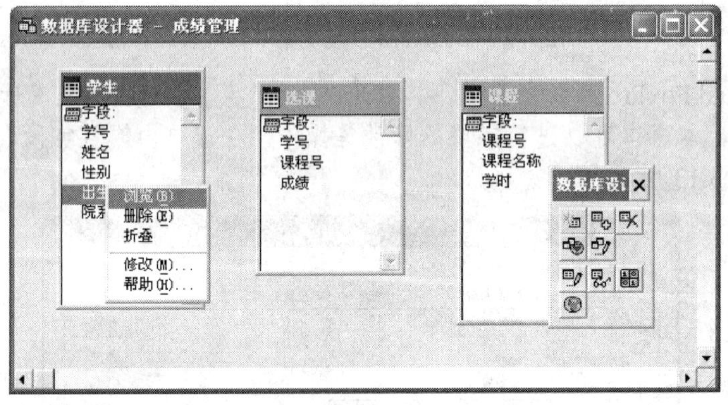

图 3.15 在数据库设计器中打开表设计器

3.3.4 浏览记录

浏览记录可以有以下三种方式。

1. 使用“浏览”窗口浏览记录

从“文件”菜单中选择“打开”项，选定想要浏览的表，然后从“显示”菜单中选择“浏览”，表中的记录即显示在“浏览”窗口中，如图 3.16 所示。

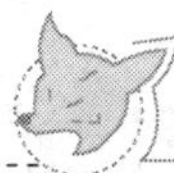

学号	姓名	性别	出生日期	学院
2014414001	林萍	女	02/01/97	生科学院
2014414002	张爱国	男	01/12/96	生科学院
2014414006	徐敏	女	09/01/94	生科学院
2014413002	邓成钢	男	04/04/94	历史学院
2014413001	张激扬	男	04/13/95	历史学院
2014413003	张爱娟	女	05/05/94	历史学院
2014416004	王招弟	男	06/15/96	文学院
2014416005	徐敏	女	08/08/95	文学院
2014415003	欧阳家登	男	12/08/93	外语学院

图 3.16　浏览记录

2. 使用命令方式打开浏览窗口

在命令方式下，首先用 USE 命令打开要操作的表，然后键入 BROWSE 命令。

3. 列表方式显示表记录

使用命令也可以在主窗口显示表的记录，格式如下：

LIST | DISPLAY [[FIELDS] <字段名表>][范围] [FOR <条件表达式 1>]

说明：

1）命令 LIST 和 DISPLAY 的区别在于：LIST 命令将连续显示数据表中的所有记录，而当表的记录较多，屏幕一页显示不完时，使用 DISPLAY 命令可以分屏显示。

2）选择[[FIELDS] <字段名表>]子句后，每条记录将只显示指定字段的内容。如果不选择此项，将会把每条记录的所有字段都显示出来。

3）选择[范围]子句后，将显示在规定范围内的记录；选择[FOR <条件表达式 1>]子句后，则只显示满足条件的记录。

注　意

如果既不选择[范围]子句也不选择[FOR<条件表达式 1>]子句，则 LIST 将连续显示所有记录，而 DISPLAY 只显示当前一条记录。

3.3.5　追加记录

追加记录有以下两种方式。

1. 菜单方式

将需要追加记录的表以“浏览”窗口的形式打开，然后选择系统菜单“表”菜单下的“追加新记录”选项，这样就可以在当前表下追加一条空记录，最后将信息加入到相应位置。操作方式如图 3.17 所示。

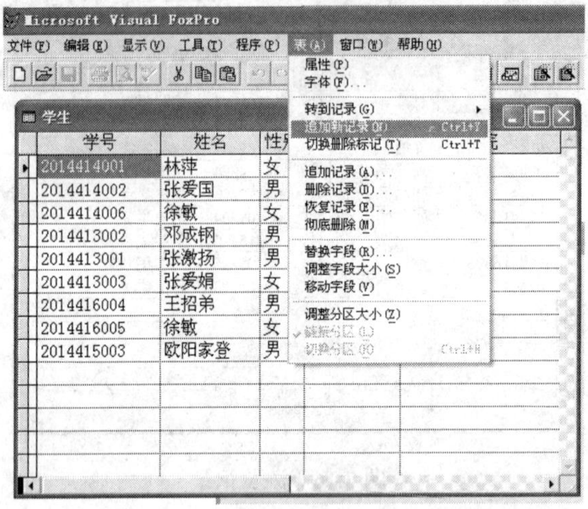

图 3.17　追加记录

2. 命令方式

格式：APPEND [BLANK][IN <工作区号>|<表的别名>]

功能：在打开的当前表或指定的工作区中的表尾追加若干条记录或一条空记录。

说明：

1）不选任何可选项，则打开记录输入窗口，可以追加若干条记录。

2）选 BLANK 只能在尾部添加一条空白记录，并将记录指针指向这条空记录。

3.3.6　修改记录

修改记录的方式有以下两种。

1. 用浏览方式修改数据

在表“浏览”窗口，可以采用“浏览”方式显示和修改表中的数据；并可以使用鼠标调整“浏览”窗口的大小，调整每个字段的显示顺序和显示宽度；还可以把“浏览”窗口改变成有“浏览”和“编辑”两种方式显示的窗口。

2. REPLACE 命令

如果要修改的数据非常有规律，可以使用以下命令修改。

```
格式：  REPLACE [<范围>] [FOR <条件表达式>]
          <字段名 1> WITH <表达式 1>
          [,<字段名 2> WITH <表达式 2>]
          [,……]
```

功能：将满足条件的记录中，用表达式的值去替换对应字段的内容。

说明：

1）如果不选用范围和条件短语，则只对当前记录进行字段值更改。

2）如果只选了范围短语，则对指定范围内的所有记录进行字段值更改。

3）如果只选了条件短语，则默认范围 ALL。

4）可以同时更改几个不同字段的值。其中，<字段 n>是被更新值的字段的名字，WITH 后面的<表达式 n>的值用来替换对应字段的值。

例如，假设有“教师”表，结构表示为：教师(职工号 C(8)，姓名 C(10)，职称 C(6)，是否党员 L,工资 N(10,2)，简历 M)。将“教师”表中所有职称为“教授”的工资提高 10%的命令如下：

```
use 教师
replace 工资 with 工资*1.1 for 职称="教授"
browse
```

3.3.7　记录的定位

记录定位是指根据需要将记录指针移到指定记录，使之成为当前记录，以便对之操作。

文件的首记录称为 TOP，尾记录称为 BOTTOM。用 USE 命令打开表时，指针总是指向第一条记录。可以在命令窗口或程序中使用命令来移动记录指针。移动记录指针的命令分为绝对移动（GO）和相对移动（SKIP）两种，另外还有一种按条件定位记录位置的命令。

1. 绝对移动

记录的绝对移动命令有如下几条。

格式 1：GO|GOTO TOP

　　　　GO|GOTO BOTTOM

功能：将记录指针移动到表第一条记录上（GO　TOP）或最后一条记录上（GO BOTTOM）。

说明：命令动词 GO 和 GOTO 用法完全相同。

格式 2：GO|GOTO<数值表达式>

功能：将记录指针移动到<数值表达式>所指定的记录上。

2. 相对移动

所谓相对移动，是指相对于当前记录来移动记录指针。

格式：SKIP [[+|-]<数值表达式>]

功能：向前或向后移动记录指针。

说明：设<数值表达式>的值为 N，当 N>0 时，即为正时，正号“+”可以省略不写，表示记录指针将指向从当前记录开始往后数(记录号增大的方向为后)的第 N 条记录上。

例如，假设第 3 条记录为当前记录，则命令“SKIP 3”，将使记录指针指向记录号为 6 的记录上。反之，如果当 N<0 时，即为负时，表示记录指针将指向从当前记录开始往前数（记录号减少的方向为前）的第 N 条记录上。例如，假设第 6 条记录为当前记录，则命令“SKIP -2”，将使记录指针指向记录号为 4 的记录上。

另外，如果＜数值表达式＞的值为 1，则＜数值表达式＞可以省略不写，即命令“SKIP”等同于“SKIP 1”。

3. 按条件定位

按条件定位，又称为顺序查找，即将记录指针定位到满足条件的记录上。

格式：LOCATE [范围] FOR ＜条件表达式 1＞|WHILE ＜条件表达式 2＞

功能：将记录指针移动到满足条件的第一条记录上。

说明：如果不选[范围]，则默认为 ALL，即从表中第一条记录开始顺序查找满足条件的记录。如果有满足条件的记录，记录指针将定位到该记录上，如果没有找到满足条件的记录，记录指针指向最后一条记录后面，此时 EOF( ) 函数的值为.T.。

由于 LOCATE 命令只能将记录指针定位到满足条件的第一条记录上，要继续查找满足条件的其他记录，需要使用 CONTINUE 命令。

另外，FOUND( ) 函数可以用来判断是否找到满足条件的记录。如果 FOUND( )函数的值为.T.，表示找到满足条件的记录；如果 FOUND( ) 函数的值为.F.，则表示没有找到满足条件的记录。

LOCATE 命令的常用结构是：

```
locate for 条件表达式
do while found( )
  //处理......
  continue
enddo
```

即首先找到满足条件的第 1 条记录，接着在循环体内进行相关处理，然后使用命令 CONTINUE 找到下一条满足条件的记录，并进行处理，如此循环，一直到没有满足条件的记录为止。

3.3.8 表测试函数

表测试函数主要用于对某些表文件进行测试，以决定下一步的操作。

1. 测试文件尾函数

格式：EOF([n])

说明：

1）n 指定被测工作区号，其范围为 1～32767。省略可选项指当前工作区。

2）该函数用于测试指定工作区中的表的记录指针是否指向文件尾，是，则返回逻

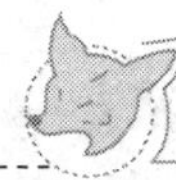

辑真.T.，否，则返回逻辑假.F.。

例如，测试文件记录指针是否指向文件尾。

```
use 学生
go bottom
?eof()                                                    &&.F.
skip
?eof()                                                    &&.T.
```

2．测试文件首函数

格式：BOF([n])

说明：

1）n 指定被测工作区号，其范围为 1～32767。省略可选项指当前工作区。

2）用于测试指定工作区中的表的记录指针是否指向文件首，是，则返回逻辑真.T.，否，则返回逻辑假.F.。

例如，测试记录指针是否指向文件首。

```
use 学生
go top
?bof()                                                    &&.F.
skip -1
?bof()                                                    &&.T.
```

3．测试当前记录号函数

格式：RECNO()

功能：得到当前表的当前记录号。

例如：

```
use 学生
?recno()                                                  &&1
skip
?recno()                                                  &&2
```

4．测试表文件记录数函数

格式：RECCOUNT()

功能：得到当前表的记录数。

例如，测试“学生”表中的记录数。

```
use 学生
?reccount()
```

5．测试表字段数函数

格式：FCOUNT()

功能：得到当前表的字段数。

例如，测试“学生”表共有多少个字段。

```
use 学生
?fcount()                                                    &&5
```

6．测试查找记录是否成功函数

格式：FOUND()

功能：测试 FIND、SEEK 和 LOCATE 命令查找记录是否成功。若成功，则返回逻辑真.T.，否则，返回逻辑假.F.。

例如，在“学生”表中查找“徐敏”的出生日期。

```
use 学生
locate for 姓名="徐敏"
?found()                                                    &&.T.
display 出生日期
```

3.3.9 删除与恢复记录

表中的一些记录经过一定时期使用后可能不再需要了，可以从表文件中删除。Visual FoxPro 提供了逻辑删除与物理删除两种方式。逻辑删除就是在需要删除的记录前面做删除标记，物理删除是把做了逻辑删除标记的记录永久地清除掉。

1．逻辑删除

逻辑删除的命令是 DELETE。

格式：DELETE [<范围>] [FOR<条件表达式>]

说明：如果不指定[<范围>]或[FOR<条件表达式>]，则只对当前一条记录做删除标记。如果想逻辑删除所有记录，可以将<范围>置为 ALL。

例如，逻辑删除所有性别为“男”的学生信息。

```
delete for 性别="男"
```

2．物理删除

格式：PACK

功能：将表中做了逻辑删除标记的记录物理删除。一旦执行物理删除命令后，记录不可能再恢复。因此在使用此命令前，应该慎重，首先检查一下做了删除标记的记录是否正确，如果发现有些记录不该删除，可以使用 RECALL 命令去掉删除标记。

3．物理删除表中的全部记录

格式：ZAP

功能：一次性地删除表中所有的记录，不管记录是否已做过逻辑删除标记。使用 ZAP 命令删除的记录不能恢复，所以要慎用该命令。

4. 恢复逻辑删除的记录

格式：RECALL [<范围>] [FOR<条件表达式>]

功能：将表中满足条件的记录去掉删除标记。

说明：如果不指定[<范围>]或[FOR<条件表达式>]，则只对当前一条记录操作。

例如：将当前表中已经逻辑删除的男生记录恢复，命令如下。

```
recall for 性别= "男"
```

3.4　索　引

索引是进行快速显示、快速查询数据的重要手段，是创建表间关系的基础。创建好表后，通过索引对数据进行显示、查询和排序是数据库操作的重要内容之一。

3.4.1　什么是索引

索引是按照索引表达式的值使表中的记录有序排列的一种技术，在 Visual FoxPro 系统中排序是借助于索引文件实现的。

一般情况下，表中记录的顺序是由数据输入的前后顺序决定的，并用记录号予以标识。除非有记录插入或者有记录删除，否则表中的记录顺序总是不变的。

当用户有不同的需求时，为了加快数据的检索、显示、查询和打印速度，需要对文件中的记录顺序重新组织，而索引技术则是实现这些目的的最为可行的办法。索引技术除可以重新排列数据顺序外，还可以建立同一数据库内表间的关系，而且 SQL 查询语言必须靠索引技术来支持。

索引实际上是一种排序，但是它不改变表中数据的物理顺序，而是另外建立一个记录号列表。它与图书的索引目录相同，图书中的索引指明了章、节和目的页码，而表的索引指明由某一字段值的大小决定的记录排列的顺序。

3.4.2　索引类型

在 Visual FoxPro 中，索引的类型可以是主索引、候选索引、唯一索引和普通索引，它们各有各的特点和作用。

（1）主索引

在指定字段或表达式中不允许出现重复值的索引。这样的索引可以起到主关键字的作用。

只有数据库表能建立主索引，且一个表只能有一个主索引。用来创建主索引的字段不允许有重复值，如果创建后输入了重复值，系统会警告用户。

例如，学生信息表中常用学号、身份证号等作为主索引，而姓名可能有同名的情况，一般不能作为主索引。

（2）候选索引

候选索引也不允许在指定的字段或表达式中有重复值。候选这个名词是指索引的状态。因为候选索引禁止重复值，因此它们在表中有资格被选作主索引，即主索引的“候选项”。

例如，学生信息表含有学号、身份证号、姓名等字段，如果以学号作为主索引，则身份证号可以作为候选索引。

对一个表可以创建多个候选索引。

（3）唯一索引

唯一索引表示索引值只能取一个，如果有两个或两个以上的索引值，则只能取其中一个，因此，唯一索引使用时可能会隐藏一些记录。例如，若有两个同名的人员，将姓名字段作为唯一索引，则只能找到一个记录，另一个记录将不会找到。唯一索引主要是为了与旧版本兼容而设置的。

（4）普通索引

普通索引没有上面各索引的限制，是允许重复索引值的索引。作为普通索引的字段，其字段值可以重复，也可以作为排序的依据，但因为可能有多个相同的索引值，因此查询时会找到多个符合条件的记录。一个表中可以有多个普通索引。

3.4.3 建立索引

1. 索引文件

Visual FoxPro 索引存放于索引文件中，一个索引文件中可以存放一个索引，也可以存放多个索引。Visual FoxPro 支持传统的单入口索引文件（扩展名为.IDX）和复合索引文件(扩展名.CDX)，其中，.IDX 索引文件中只包含一个索引，这种类型是为了与 FoxBASE++ 开发的应用程序兼容而保留的，在 Visual FoxPro 中大多不采用这种结构。.CDX 索引文件中可以包含一个或多个索引（这时也称为索引标识），所以称为复合索引文件。

对于复合索引文件，又可分为结构化复合索引文件和非结构化（独立）复合索引文件两种，其区别在于：结构化复合索引的主文件名与表的主文件名相同，并随着表的打开而打开，在添加、更改或删除记录时会自动进行维护；而非结构化复合索引文件的主文件名与表文件不同，必须用命令打开。

在复合索引文件中，需要为每个索引指定一个索引标识名，以便于通过索引标识相互区分各个索引。索引标识名可以和字段同名，也可单独命名。

2. 使用表设计器建立索引

使用表设计器建立的索引为结构化复合索引，下面以“选课”表建立多个索引为例说明建立结构化复合索引的方法。

【例 3.5】 学生成绩管理系统实例：为“选课”表建立索引，方法如下。

1）从“文件”菜单中选择“打开”项，选定要打开的表。

2）从“显示”菜单中选择“表设计器”项，表的结构将显示在“表设计器”中。

3）在“表设计器”中，选择“索引”选项卡。

4）输入索引名和选择索引类型。索引名命名规则同字段名，但不一定与字段名相同。单击字段的“索引名”列即可输入索引标识名。类型用来定义索引类型，可选择主索引、候选索引、唯一索引或普通索引，单击字段的“类型”列即可选择。在本例中，输入索引名：XHKCH，索引类型为：主索引。

5）在“表达式”一栏中，键入作为排序依据的索引表达式。索引表达式可以是一个表中的字段，或者是一个作为排序依据的表达式。可以通过选择该方框右边的按钮，用表达式生成器来建立索引表达式。在本例中，表达式为：学号+课程号，此表达式可用表达式生成器来生成。

6）若想有选择地输出记录，可在“筛选”框中输入筛选表达式，或者选择该框后面的按钮来建立表达式。只有满足条件的记录参加索引。若不设置筛选条件，则指所有记录。

7）重复3）~6）用同样的方法，再建立两个索引：

① 索引名为学号，类型为普通索引，表达式为学号。

② 索引名为课程号，类型为普通索引，表达式为课程号。

8）单击“确定”按钮完成，建立完成后表设计器界面如图3.18所示。

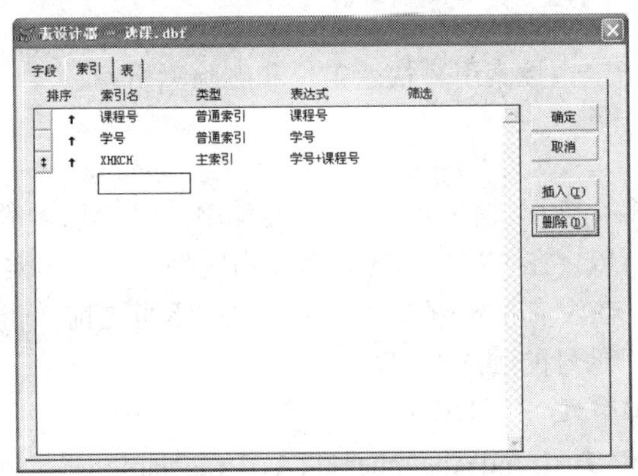

图3.18 建立索引界面

注 意

图3.18中排序列用来定义排序规则。单击左边的灰色方块，若为向上的箭头为升序，再单击一下变为向下箭头表示降序。

3. 命令方式创建索引

格式：INDEX ON eExpression TO IDXFileName | TAG TagName [OF CDXFileName]
[FOR lExpression][COMPACT] [ASCENDING|DESCENDING]
[UNIQUE|CANDIDATE][ADDITIVE]

其中参数或短语的含义如下。

1）eExpression是索引表达式，它可以是字段名，或是包含字段名的表达式。

2）TO IDXFileName 建立一个单独的索引文件，IDXFileName 是扩展名为.IDX 的文件。

3）TAG TagName [OF CDXFileName]中的 TagName 给出索引名，多个索引可以创建在一个索引文件中，这种索引称作复合索引，默认的索引文件名与表同名，否则可以用 CDXFileName 指定索引文件名。

4）FOR lExpression 给出索引过滤条件，即只索引满足条件的记录，该短语一般不使用。

5）COMPACT 指明当使用 TO IDXFileName 建立一个压缩的.IDX 文件时复合索引总是压缩的。

6）ASCENDING|DESCENDING：指定某一索引表达式的升、降序，缺省为 ASCENDING，即升序。

7）UNIQUE：指明建立唯一索引。

8）CANDIDATE：指明建立候选索引。

9）ADDITIVE：选此项，则以前已打开的索引文件将保持打开状态。缺省的话，则在用 INDEX 命令创建索引文件时，关闭所有已打开的索引文件。

3.4.4 使用索引

索引的使用包括指定主控索引、快速定位和删除索引。

1. 指定主控索引

一个表可以建立多个索引文件，每个索引文件中又可能包含多个索引，而一种索引就是一种排序方式，所以，在使用索引时，必须指明哪一个索引是对表记录排序起作用的，即指定主控索引。在没有指定哪一个索引为主控索引之前，表的访问顺序仍然是原来的物理顺序，即按记录号的顺序访问。

指定主控索引的命令是 SET ORDER。

格式：SET ORDER TO [nIndexNumber | [TAG] TagName]
　　　[ASCENDING|DESCENDING]

其中可以按索引序号（nIndexNumber）或索引名（TagName）指定索引，索引序号即建立索引的先后顺序号。不管索引是按升序或降序建立的，在使用时都可以用 ASCENDING 或 DESCENDING 重新指定升序或降序。

2. 快速定位

SEEK 是利用索引快速定位的命令。

格式：SEEK eExpression [ORDER nIndexNumber | [TAG] TagName]
　　　[ASCENDING | DESCENDING]

其中表达式 eExpression 的值是索引项或索引关键字的值，可以用索引序号（nIndexNumber）或索引名（TagName）指定按哪个索引定位，还可以使用 ASCENDING

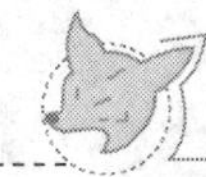

或 DESCENDING 说明按升序或降序定位。

例如，假设“学生”表中，已有学号索引标识，如下命令则将指针定位在学号为“2009501018”的记录上。

```
seek '2014414006' order 学号
```

3. 删除索引

如果所建的索引不再使用，可以将其删除。对于单索引文件，一个索引对应一个索引文件，要删除索引，在 Windows 下，将该文件删除即可。对于复合索引文件，由于一个索引文件包含多个索引，要删除其中的某个索引，可以在图 3.18 所示的表设计器的“索引”选项卡中选中该索引，然后单击删除按钮。要删除索引，也可用以下命令。

格式：DELETE TAG ALL|<索引标识符 1>[，<索引标识符 2>…]

功能：从复合索引文件中删除指定的索引。

说明：如果选择了 ALL 选项，则将打开的索引文件中的所有索引删除。

3.5　多 表 操 作

一个数据库拥有多个数据库表。有时经常是多个表中的数据同时被用到。为了能够同时操作多个表，Visual FoxPro 提供了强有力的多数据表操作能力，引入了工作区和表的别名这两个概念。用户可以在不同的工作区中同时打开多个表，也可以在不同的工作区打开同一个表，通过表的别名，用户可以引用在不同工作区打开的表中的数据。

3.5.1　工作区的选择和使用

由于 Visual FoxPro 的表操作命令一般是针对当前工作区的，所以，要想对某一个工作区上表进行操作，需先选择工作区，将该工作区设置为当前工作区，然后再进行操作。

1. 选择工作区

格式：SELECT <工作区编号>|<工作区别名>|<表别名>

功能：选择当前工作区。在不指明工作区时，默认在当前工作区进行操作。

例如：

```
use 学生                    &&默认在 1 号工作区打开表：学生.dbf
select d                    &&选择 4 号工作区为当前工作区
use 教师                    &&在当前(4 号)工作区打开表：教师.dbf
use 课程 alias course       &&在当前工作区打开"课程"表，同时关闭"教师"表
select 1                    &&选择 1 号工作区为当前工作区
list                        &&显示当前(1 号)工作区"学生"表的记录
select course               &&或 sele 4,sele d,但不能使用 sele 课程
list                        &&显示"课程"表的记录
```

2. 在不同工作区打开同一个表

Visual FoxPro 系统允许用户在不同的工作区打开同一个表。方法是在打开表的 USE 命令后加上关键字 AGAIN。

例如：

```
sele 1
use 学生
use 学生 alias student in 3 again
sele 2
use 学生 again
```

执行了上述命令序列后，系统将在 1 区、3 区、2 区打开同一个“学生”表。可见，对于同一个表，Visual FoxPro 允许用户用 USE 命令的 AGAIN 子句将其多次打开。

3. 使用不同工作区的表

由于当前工作区只有一个，而应用程序中常常又需要同时使用多个表中的数据，如果想要访问其他工作区中打开表的数据，可以在别名后加上点号分隔符“.”或“- >”操作符（两种符号作用相同）。

例如：

```
select  a
use 学生            &&打开表未指定主索引顺序，指针指向 1 号记录
select  b
use 课程
select  a
?学号,姓名,b.课程名称
```

3.5.2 永久联系

在多工作表的操作中，当前表中的指针移动，不会影响到其他工作区上表的记录指针。但在实际应用中却希望一个表（子表）的记录指针能自动随另一个表（父表）的记录指针移动。这就需要在两个表之间建立一种关联。一旦具备了这种关联，当父表的记录指针移动时，子表中的记录指针会自动移动到和父表当前记录相关联的记录上。

表之间的关联有临时关系和永久关系两种关联方法。其中，临时关系是指这种关系是临时性的，一旦退出 Visual FoxPro 或关闭了父表或子表，所建立的关联将自动取消；永久关系是指表间的关系是永久性的，一旦创建，便会一直存在于数据库文件中，只要打开数据库，表之间的关系便自动建立。

表间的永久联系需要在数据库设计器中建立。每个要建立关联的表必须指定一索引关键字。若是一对一的关系，则两个表都必须根据相同字段建立一个主索引；若是一对多的关系，则在父表中建立一个主索引，子表中建立一个普通索引，然后在数据库设计器中，利用索引关键字将相关的表关联起来。

【例 3.6】学生成绩管理系统实例：建立表之间的永久联系。假设成绩管理数据库中有三个表，并且建立了相应索引：

学生(学号，姓名，性别，出生日期，院系)	以学号建立主索引
选课(学号，课程号，成绩)	以课程号，学号分别建立普通索引
课程(课程号，课程名称，学时)	以课程号建立主索引

图 3.19 所示显示了数据库设计器中已经建立好的三个表。学生和选课之间有一个一对多的联系，连接字段是学号；课程与选课之间有一个一对多的联系，连接字段是课程号。

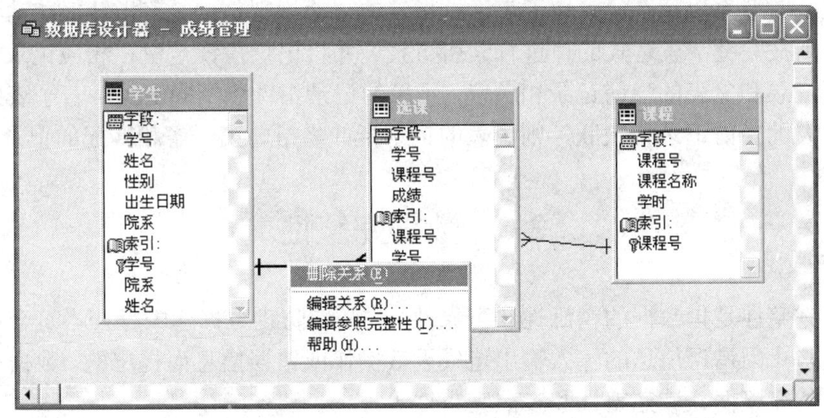

图 3.19　表之间的永久联系

建立联系的方法是：用鼠标单击选中表中的主索引，按住鼠标左键，并拖动鼠标到另一个表中的索引标识（此时鼠标箭头会变成小矩形状），然后松开鼠标，这样联系就建立好了。

对于建立好的表间的关联，若感到不满意，可以进行编辑。重新打开图 3.19 所示的数据库设计器，用右击关联线，关联线将变为粗线，并同时出现快捷菜单，如图 3.19 中所示，选择快捷菜单中的“删除关系”命令，即可删除已建立的关联，然后可以根据需要建立新的关联（若选择快捷菜单中的“编辑关系”命令，会出现一个“编辑关系”对话框，可建立与其他索引的关联）。

3.5.3　临时联系

虽然永久联系在每次使用表时不需要重新建立，但永久联系不能控制不同工作区记录指针的关系。所以在实际应用中，不仅需要使用永久联系，有时也需使用能够控制表间记录指针关系的临时联系，这种临时联系可以用 SET RELATION 命令建立。

格式：SET RELATION TO <索引关键字> INTO <表别名>

注　意

索引关键字是建立临时联系的索引关键字，一般应该是父表的主索引，子表的普通索引。在建立联系时必须选择父表所在的工作区为当前工作区，然后再使用本命令与非当前工作区中的表(子表)建立关联。当临时联系不再需要时可以取消，命令是 SET RELATION TO。

例如，如下命令通过“学号”索引建立了学生表和选课表之间的临时联系：

```
open database 成绩管理
use 学生 in 1 order 学号
use 选课 in 2 order 学号
select 1
set relation to 学号 into 选课
```

建立临时联系以后，父表和子表记录指针的移动规则是：父表指针每移动到一个记录，子表则按关键字表达式的值进行索引查找，并将记录指针定位在相应记录上。若子表中没有记录和父表的当前记录相关联，子表的记录指针将指向 EOF；若子表中有多条记录和父表的当前记录相关联，则子表的记录指针将指向第一条相匹配的记录。

3.6 数据完整性

数据完整性是指数据的精确性和可靠性。它是应防止数据库中存在不符合语义规定的数据和防止因错误信息的输入输出造成无效操作或错误信息而提出的。数据完整性一般包括实体完整性、域完整性和参照完整性等。

3.6.1 实体完整性与主关键字

实体完整性是保证表中记录唯一的特性，即在一个表中不允许有重复的记录。在 Visual FoxPro 中利用主关键字或候选关键字来保证表中的记录唯一，即保证实体唯一性。

如果一个字段的值或几个字段的值能够唯一标识表中的一条记录，则这样的字段称为候选关键字。在一个表上可能会有几个具有这种特性的字段或字段的组合，这时从中选择一个作为主关键字。

在 Visual FoxPro 中将主关键字称为主索引，将候选关键字称为候选索引。所以，主索引和候选索引有相同的作用，都可以保证记录的唯一性。

3.6.2 域完整性与约束规则

域完整性指列的值域的完整性。如数据类型、格式、值域范围、是否允许空值等。

域约束规则也称作字段有效性规则，在插入或修改字段值时被激活，主要用于数据输入正确性的校验。建立字段有效性规则比较简单直接的方法仍然是在表设计器中建立，在表设计器的“字段”选项卡中有一组定义字段有效性规则的项目，它们是规则（字段有效性规则）、信息（违背字段有效性规则时的提示信息）、默认值（字段的默认值）三项。具体使用方法见 3.2.2 节。

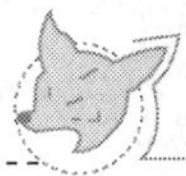

3.6.3　参照完整性

参照完整性是为确保数据库中表间关系不被破坏而设置的一组规则。它的大概含义是：当插入、删除或修改一个表中的数据时，通过参照引用相互关联的另一个表中的数据，来检查对表的数据操作是否正确。例如，修改父表中关键字值后，子表关键字值未做相应改变；删除父表的某记录后，子表的相应记录未删除，致使这些记录成为孤立记录；对于子表插入的记录，父表中没有相应关键字值的记录等。对于这些设计表间数据的完整性，统称为参照完整性。

在图 3.19 所示的界面中，我们只是建立好了表之间的联系，如果要建立参照完整性必须先清理数据库，方法是选择“数据库”菜单下的“清理数据库”选项，然后右击表之间的联系并从弹出的菜单中选择“编辑参照完整性”，打开的“参照完整性生成器”如图 3.20 所示。

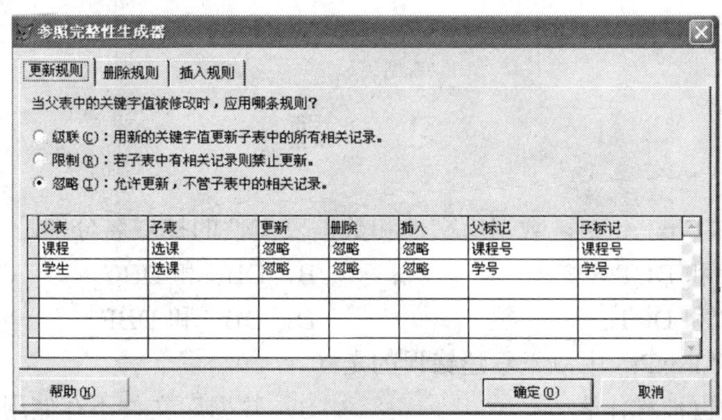

图 3.20　“参照完整性生成器”对话框

参照完整性规则包括更新规则、删除规则和插入规则。

（1）更新规则

更新规则规定了当更新父表中的连接字段（主关键字）值时，如何处理相关的子表中的记录。

1）如果选择“级联”，则用新的连接字段值自动修改子表中的相关记录。

2）如果选择“限制”，若子表中有相关的记录，则禁止修改父表中的连接字段值。

3）如果选择“忽略”，则不做参照完整性检查，即可随意更新父记录的连接字段值。

（2）删除规则

删除规则规定了当删除父表中的记录时，如何处理子表中的相关记录。

1）如果选择“级联”，自动删除子表中的所有相关记录。

2）如果选择“限制”，若子表中有相关的记录，则禁止删除父表中的记录。

3）如果选择“忽略”，则不做参照完整性检查，即删除父表的记录时与子表无关。

（3）插入规则

插入规则规定了当在子表中插入记录时，是否进行参照完整性检查。

1）如果选择“限制”，若父表中没有相匹配的连接字段值，则禁止插入子记录。

2）如果选择“忽略”，则不作参照完整性检查，可以随意插入子记录。

小　　结

本章主要讨论了数据库和表的基本操作，包括数据库的建立与管理，表的建立、管理及如何建立索引和排序，数据库表联系的建立、数据完整性的定义与实现，数据库表与自由表的转换等内容。这些内容是开发数据库应用系统的重要组成部分，是必不可少的。

对于本书实例“学生成绩管理系统”而言，本章完成了数据库与表的建立，建立数据库“成绩管理”，其中包含三个数据库表，即“学生”表、“课程”表与“选课”表，分别对其建立了索引，表之间建立了联系，设立了数据完整性；同时建立了自由表“教师”表。数据库与表的建立与管理是数据库应用系统开发的关键，是衡量数据库应用系统好坏的一个重要标准。

习　　题

1．在 Visual FoxPro 中，数据库文件和数据表文件的扩展名分别是（　　）。

A．DBF 和 DCT　　B．DBF 和 DBC

C．DBC 和 DCT　　D．DBC 和 DBF

2．在 Visual FoxPro 中以下叙述错误的是（　　）。

A．关系也被称作表　　B．数据库文件不存储用户数据

C．表文件的扩展名是 DBF　　D．多个表存储在一个物理文件中

3．在下列命令中，打开数据库“学生”的正确命令是（　　）。

A．USE DATABASE 学生　　B．USE 学生

C．OPEN DATABASE 学生　　D．OPEN 学生

4．下列有关数据库表和自由表的叙述中，正确的是（　　）。

A．数据库表可以用表设计器来建立，自由表不可以用表设计器建立

B．数据库表和自由表都支持表间联系和参照完整性

C．自由表不可以添加到数据库中

D．数据库表可以从数据库中移出成为自由表

5．在 Visual FoxPro 中，下列选项中数据类型所占字符的字节数相等的是（　　）。

A．字符型和逻辑型　　B．日期型和备注型

C．逻辑型和通用型　　D．通用型和备注型

6．在 Visual FoxPro 中，学生表 STUDENT 中包含通用型字段，将通用型字段中的数据均存储到另一个文件中，则该文件名为（　　）。

A．STUDENT.DOC　　B．STUDENT.MEM

C．STUDENT.DBT　　D．STUDENT.FPT

7．MODIFY STRUCTURE 命令的功能是（　　）。

A．修改记录值　　B．修改表结构

C．修改数据库结构　　D．修改数据库或表结构

8．在 Visual FoxPro 中对字段设置有效性规则，则下面描述正确的是（　　）。

A．自由表可以设置字段有效性规则

B．数据库表可以设置字段有效性规则

C．对视图可以设置字段有效性规则

D．可以对自由表和数据库表设置字段有效性规则

9．在数据库表上的字段有效性规则是（　　）。

A．逻辑表达式　　B．字符表达式

C．数字表达式　　D．以上三种都有可能

10．在 Visual FoxPro 中，对于字段值为空值（NULL）叙述正确的是（　　）。

A．空值等于空字符串　　B．Visual FoxPro 不支持空值

C．空值表示字段还没有确定值　　D．空值等同于数值 0

11．以下方法中，能够真正从表中删除一条记录的是（　　）。

A．直接用 DELETE 命令

B．直接用 ZAP 命令

C．先用 DELETE 命令，再用 PACK 命令

D．先用 PACK 命令，再用 DELETE 命令

12．下列有关 ZAP 命令的描述，正确的是（　　）。

A．ZAP 命令只能删除当前表的当前记录

B．ZAP 命令只能删除当前表的带有删除标记的记录

C．ZAP 命令能删除当前表的全部记录

D．ZAP 命令能删除表的结构和全部记录

13．要为当前表所有职工增加 100 元工资应该使用命令（　　）。

A．CHANGE 工资 WITH 工资+100

B．REPLACE 工资 WITH 工资+100

C．CHANGE ALL 工资 WITH 工资+100

D．REPLACE ALL 工资 WITH 工资+100

14．在 Visual FoxPro 的命令中，定位第六条记录上的命令是（　　）。

A．GO TOP　　B．GO BOTTOM　　C．GO 6　　D．SKIP 6

15．数据表中有 50 个记录，如果当前记录为第 50 条记录，把记录指针向下移动一位，使用 EOF( ) 函数的值是（　　）。

A．5　　B．50　　C．.T.　　D．.F.

16．在 Visual FoxPro 中，使用 LOCATE 命令按条件查找记录，当查找到满足条件的第一条记录后，如果还需要查找下一条满足条件的记录，应该（　　）。

A．再次使用 LOCATE 命令重新查询　B．使用 SKIP 命令
C．使用 CONTINUE 命令　D．使用 GO 命令

17．在 Visual FoxPro 中，使用索引的主要目的是（　　）。
A．提高查询速度　B．节省存储空间　C．防止数据丢失　D．方便管理

18．在所有索引中，不允许出现重复值的索引是（　　）。
A．主索引　B．主索引和唯一索引
C．主索引和候选索引　D．主索引、候选索引和唯一索引

19．在 Visual FoxPro 的数据库表中只能有一个（　　）。
A．候选索引　B．普通索引　C．主索引　D．唯一索引

20．主文件名与表的主文件名相同，并且随表的打开而自动打开，在增加记录或修改索引关键字值时会随着自动更新的索引文件是（　　）。
A．复合索引文件　B．结构复合索引文件
C．非结构复合索引文件　D．单一索引文件

21．Visual FoxPro 中，下列关于索引的描述正确的是（　　）。
A．数据库表建立索引以后，表中的记录的物理顺序将被改变
B．索引的数据将与表的数据存储在一个物理文件中
C．建立索引是创建一个索引文件，该文件包含有指向表记录的指针
D．用索引可以加快对表的更新操作

22．为学生表建立普通索引，要求按“学号”字段升序排列，如果学号（C(4)）相等，则按成绩（N(3，0)）升序排列，下列语句正确的是（　　）。
A．INDEX ON 学号，成绩 TAG XHCJ
B．INDEX ON 学号+成绩 TAG XHCJ
C．INDEX ON 学号，STR(成绩,3) TAG XHCJ
D．INDEX ON 学号+STR(成绩,3) TAG XHCJ

23．在建立数据库表时给该表指定了主索引，该索引实现了数据完整性中的（　　）。
A．参照完整性　B．实体完整性
C．域完整性　D．用户定义完整性

24．在数据库中，建立商品表时，将价格字段值限制在 10 元到 100 元的约束属于（　　）。
A．实体完整性约束　B．域完整性约束
C．参照完整性约束　D．自定义完整性约束

25．在数据库设计器中，建立两个表之间的一对多联系，可通过索引实现的方式是（　　）。
A．“一方”表的主索引或候选索引，“多方”表的普通索引
B．“一方”表的主索引，“多方”表的普通索引或候选索引
C．“一方”表的普通索引，“多方”表的主索引或候选索引
D．“一方”表的普通索引，“多方”表的候选索引或普通索引

26．要控制两个表中数据的完整性可以设置“参照完整性”，要求这两个表（　　）。

A．是同一数据库存中的两个表　　B．不同数据库存中的两张表

C．两个自由表　　D．一个是数据库存表，另一个是自由表

27．Visual FoxPro 的参照完整性中插入规则包括的选择是（　　）。

A．级联和忽略　B．级联和删除　C．级联和限制　D．限制和忽略

28．参照完整性规则的更新规则中“级联”的含义是（　　）。

A．更新父表中的连接字段值时，用新的连接字段值自动修改子表中的所有相关记录

B．若子表中有与父表相关的记录，则禁止修改父表中的连接字段值

C．父表中的连接字段值可以随意更新，不会影响子表中的记录

D．父表中的连接字段值在任何情况下都不允许更新

29．在 Visual FoxPro 中，有关参照完整性的删除规则正确的描述是（　　）。

A．如果删除规则选择的是“限制”，则当用户删除父表中的记录时，系统将自动删除子表中的所有相关记录

B．如果删除规则选择的是“级联”，则当用户删除父表中的记录时，系统将禁止删除与子表相关的父表中的记录

C．如果删除规则选择的是“忽略”，则当用户删除父表中的记录时，系统不负责检查子表中是否有相关记录

D．上面三种说法都不对

30．在 Visual FoxPro 中，每一个工作区中最多能打开数据库表的数量是（　　）。

A．1 个　　B．2 个

C．任意个，根据内存资源而确定　　D．35535 个

31．有如下语句：

```
open database 学生管理
select 1
use 学生
select 2
use 课程
select 3
use 成绩
```

如果要到第 1 个工作区去操作学生表，则命令是（　　）。

A．SELECT 0　B．SELECT 1　C．SELECT 2　D．SELECT 3

32．执行 SELECT 0 选择工作区的结果是（　　）。

A．退出工作区　　B．不选择工作区

C．选择 0 号工作区　　D．选择了空闲的最小号工作区

33．执行 USE SC IN 0 命令的结果是（　　）。

A．选择 0 号工作区打开 SC 表　　B．选择空闲的最小号工作区打开 SC 表

C．选择第 1 号工作区打开 SC 表　　　　D．显示出错信息

34．两表之间“临时性”联系称为关联，在两个表之间的关联已经建立的情况下，有关“关联”的正确叙述是（　　）。

A．建立关联的两个表一定在同一个数据库中

B．两表之间“临时性”联系是建立在两表之间“永久性”联系基础之上的

C．当父表记录指针移动时，子表记录指针按一定的规则跟随移动

D．当关闭父表时，子表自动被关闭

35．当临时联系不再需要时可以取消，取消的命令是（　　）。

A．DELETE RELATION　　　　B．DELETE JOIN

C．SET RELATION TO　　　　D．SET JOIN TO

第4章 Visual FoxPro中的关系数据库标准语言SQL

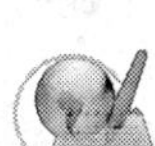

本章要点

- SQL语言的查询语句、数据操作功能、定义功能
- 查询设计器
- 视图设计器

学习目标

- 熟练掌握SQL语言的SELECT语句的语法格式、功能
- 掌握SQL语言数据操作的三条命令
- 掌握SQL语言定义功能的三条命令
- 掌握查询和视图的概念及两者之间的区别
- 熟练掌握查询设计器与视图设计器的使用

Visual FoxPro 管理系统除了具有自己的命令集外，还支持结构化查询语言（Structured Query Language，简称 SQL）。SQL 是关系数据库系统的标准语言，成为人们普遍应用的一种数据操纵方式，Visual FoxPro 中的查询和视图也是 SQL 的体现。

4.1 SQL 概述

SQL 是结构化查询语言（Structured Query Language）的缩写，是关系数据库系统的标准语言，并且因为具有功能丰富、使用方式灵活、语言简洁、易学易用等特点，所以深受广大用户欢迎。

SQL 语言是一种非过程化语言，它面向集合操作，对数据提供自动导航。实际上 SQL 语言已不限于查询，它还包括数据操纵、定义、控制和管理等功能。SQL 语言是一个综合的、通用的、功能极强的关系数据库语言。Visual FoxPro 引入 SQL 语言大大增强了其自身的功能，一条 SQL 语句可替代许多条 FoxPro 命令。我们不仅可以直接利用 SQL 语言进行查询，还可以将查询设计器自动生成的 SQL SELECT 语句粘贴到过程或事件代码中运行（本章第 4.4 节涉及该项内容）。

4.1.1 SQL 的特点

SQL 的特点主要体现在以下几个方面。

1）一体化：SQL 语言可实现数据库生命周期的全部活动，其中包括定义数据库和表的结构，实现表中数据的录入、修改、删除、查询、维护、数据库重构和数据库安全性控制等一系列操作要求。

2）语言简洁，易学易用：SQL 语言功能强大，但语法非常简单，只有为数不多的几条命令，初学者经过短期的学习就可学会。

3）非过程化：SQL 语言是非过程化语言，在 SQL 语言中，只要求用户提出“做什么”，而无需指出“怎样做”，不必了解数据存储格式及 SQL 命令的内部执行过程，就可方便地对关系数据库进行操作。

4）两种使用方式，统一的语法结构：SQL 通常有两种使用方式，一种是联机交互使用方式，另一种是嵌入某种高级程序设计语言的程序中，以实现数据库操作。尽管这两种使用方式不同，SQL 语言的语法结构是基本一致的。

4.1.2 SQL 常用命令

SQL 语言常用命令如表 4.1 所示。在 Visual FoxPro 系统中，支持 SQL 的数据定义、数据查询和数据操纵功能，没有提供数据控制功能。本章主要介绍 SQL 的数据定义、数据操纵和数据查询三个方面的功能。

表 4.1　SQL 命令动词

SQL 功能	命令动词
数据定义	CREATE、DROP、ALTER
数据操纵	INSERT、UPDATE、DELETE
数据查询	SELECT
数据控制	GRANT、REVOKE

4.2　SQL 定义功能

标准 SQL 的数据定义功能一般包括数据库的定义、表的定义、视图的定义、存储过程的定义、规则的定义和索引的定义等若干部分。在本节将主要介绍 Visual FoxPro 表的建立、表的删除以及表结构的修改。

4.2.1　表的定义

在第 3 章介绍了通过表设计器建立表的方法，在 Visual FoxPro 中也可以通过 SQL 的 CREATE TABLE 命令建立表。

CREATE　TABLE 命令格式如下：

```
CREATE TABLE | DBF TableName1                        &&指定要创建的表的名称
[NAME LongTableName]          &&指定表的长名，若为数据库表，可定义表的长名
[FREE]                                                &&创建自由表
(FieldName1 FieldType [(nFieldWidth[, nPrecision])]   &&指定字段数据类型
[NULL|NOT NULL]                                       &&字段值允许为空或不能为空
[CHECK lExpression1                                   &&指定字段的有效性规则
[ERROR cMessageText1]]                 &&指定当字段值违反了规则时的错误信息
[DEFAULT eExpression1]                                &&指定字段的默认值
[PRIMARY KEY | UNIQUE]                                &&为此字段创建主索引或候选索引
[REFERENCES TableName2[TAG TagName1]]                 &&建立外索引
[NOCPTRANS]                                           &&禁止转换为其他代码页
[, FieldName2 … ]                                     &&多个字段用逗号隔开
[,PRIMARY KEY eExpression2 TAG TagName2
|, UNIQUE eEpression3 TAG TagName3]
[, FOREIGN KEY eEpression4 TagName4 [NODUP]           &&创建外部索引
REFERENCES TableName3[TAG TagName5]]
[, CHECK lExpression2 [ERROR cMessageText2]])
| FROM ARRAY Arrayname  &&根据指定数组的内容建立表，数值内容为字段名等
```

说明：

1）命令中大多数子句使用时需要打开一个数据库，即在数据库中建立表。如果没

有打开数据库，创建的表为自由表，许多命令会出错。

2）CREATE TABLE 语法用逗号隔开各个 CREATE TABLE 选项。同样，NULL、NOT NULL、CHECK、DEFAULT、PRIMARY KEY 和 UNIQUE 短语必须放在包含字段定义的圆括号之内。

为了方便读者理解该命令，下面先介绍一下命令中复杂参数的作用及意义。

（1）FieldName1 FieldType [(nFieldWidth [, nPrecision])]

分别指定字段名（FieldName1）、字段类型（FieldType）、字段宽度（nFieldWidth）和字段精度（nPrecision，小数位数）。

在使用 CREATE TABLE 命令定义表时，字段类型（FieldType）用相应的字母（C、N、F、I、Y、D、T、M、G）表示，有些类型需要用户给定字段宽度和小数位。表 4.2 列出了字段类型（FieldType）的值及是否需要指定字段宽度（nFieldWidth）和字段小数位数（nPrecision）。

表 4.2　FieldType、nFieldWidth 和 nPrecision 关系表

FieldType	nFieldWidth	nPrecision	说　明
C	n	不需要指定	宽度为 n 的字符字段
D	不需要指定	不需要指定	日期型
T	不需要指定	不需要指定	日期时间型
N	n	d	宽度为 n、有 d 位小数的数值型字段
F	n	d	宽度为 n、有 d 位小数的浮点数值型字段
I	不需要指定	不需要指定	整型
B	不需要指定	d	双精度型
Y	不需要指定	不需要指定	货币型
L	不需要指定	不需要指定	逻辑型
M	不需要指定	不需要指定	备注型
G	不需要指定	不需要指定	通用型

（2）FOREIGN KEY eExpression4 TAG TagName4 [NODUP]

创建一个外部索引（非主索引），并建立和父表的关系。eExpression4 指定外部索引关键字表达式，而 TAG TagName4 为要创建的外部索引关键字标识指定名称。索引标识名最多可包含 10 个字符。包含 NODUP 用来创建一个候选外部索引。

（3）REFERENCES TableName3 [TAG TagName5]

指定建立永久关系的父表。可包含 TAG TagName5，为父表建立一个基于索引标识的关系。索引标识名最多可包含 10 个字符。如果省略 TAG TagName5，则默认用父表的主索引关键字建立关系。

【例 4.1】 用 SQL 命令建立数据库“成绩管理”的备份“成绩管理 1”，包含三个表“学生 1”表，“课程 1”表，“选课 1”表，并建立三个表之间的联系。对于“选课 1”表，成绩字段的取值范围是 0~100，允许为空值。

（1）建立数据库

```
create database 成绩管理1
```

（2）建立“学生 1”表

```
create table 学生1(学号 c(10) primary key, 姓名 c(8), 性别 c(2),;
出生日期 d, 院系 c(20))
```

这里用 PRIMARY KEY 说明了学号为主关键字。

（3）建立“课程 1” 表

```
create table 课程1(课程号 c(2) primary key, 课程名称 c(25),学时 n(3,0))
```

（4）建立“选课 1”表

```
create table 选课1(学号 c(10), 课程号 c(2), 成绩 n(5,1) check;
(成绩>=0 and 成绩<=100) error "成绩范围在 0~100!" null, foreign key;
学号 tag 学号 reference 学生1, foreign key 课程号 tag 课程号;
reference 课程1)
```

（5）建立自由表“user”表

```
create table user free (name c(10), pwd c(10), authority c(4))
```

4.2.2 表的删除

随着数据库应用的变化，往往有些表连同它的数据也不再需要了，就可以删除这些表，以节省空间。删除表的 SQL 命令为

DROP TABLE Table_ Name

DROP TABLE 直接从磁盘上删除 Table_Name 所对应的 DBF 文件。如果 Table_Name 是数据库中的表并且相应的数据库是当前数据库，则从数据库中删除表，如果 Table_Name 是自由表，则需要关闭所有数据库。

【例 4.2】 删除自由表 user。

```
drop table user
```

4.2.3 表结构的修改

用户使用数据库时，随着应用要求的改变，往往需要对原有的表格结构进行修改，而不改变原有的数据。修改表结构的命令为 ALTER TABLE，该命令有三种格式。

格式 1：

ALTER TABLE TableName1

ADD | ALTER

[COLUMN FieldName FieldType[(nFieldWidth[,nPrecision])]

[NULL | NOT NULL]

[CHECK lExpression1[ERROR cMessageText1]]
[DEFAULT eExression1]
[PRIMARY KEY | UNIQUE]
[REFERENCES TableName2[TAG TagName1]]

该格式对指定表（TableName1）修改（ALTER）指定字段（FieldName）或添加(ADD)新字段（FieldName）。

说明：

1）ADD 短语用于增加新的字段，ALTER 短语用于修改已有的字段。

2）其他短语用法与 CRAETE TABLE 命令相同。

3）不能修改字段名，不能删除字段，也不能删除已经定义的规则等。

【例 4.3】 为“选课 1” 表增加一个字段总成绩，字段类型为整型，数值大于 0。

```
alter table 选课1 add 总成绩 I check 成绩>0 ;
error "总成绩应该大于 0"
```

【例 4.4】 将“学生 1” 表的姓名字段宽度改为 18。

```
ALTER TABLE 学生1 ALTER 姓名 C(18)
```

格式 2：

ALTER TABLE TableName1
ALTER [COLUMN] FieldName2
[NULL | NOT NULL]
[SET DEFAULT eExpression2] &&设置字段的默认值
[SET CHECK lExpression2 [ERROR cMessageText2]] &&设置字段的有效性规则
[DROP DEFAULT] &&删除指定字段的默认值
[DROP CHECK] &&删除指定字段的有效性规则

该格式对指定表（TableName1）中指定字段（FieldName2）定义、修改和删除有效性规则和默认值定义。

【例 4.5】 修改“选课 1”表字段总成绩的有效性规则。

```
alter table 选课1 alter 总成绩 set check 总成绩>60 error;
"总成绩应该大于 60"
```

【例 4.6】 删除“选课 1”表字段总成绩的有效性规则。

```
alter table 选课1 alter 总成绩 drop check
```

格式 3：

ALTER TABLE TableName1
[DROP[COLUMN]FieldName3] &&删除字段
[SET CHECK lExpression3[ERROR cMessageText3]] &&重新设置有效性规则
[DROP CHECK] &&删除有效性规则

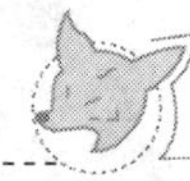

[ADD PRIMARY KEY eExpression3 TAG TagName2
[FOR lExpression4]] &&添加主索引
[DROP PRIMARY KEY] &&删除主索引
[ADD UNIQUE eExpression4 [TAG TagName3[FOR lExpression5]] &&添加候选索引
[DROP UNIQUE TAG TagName4] &&删除候选索引
[ADD FOREIGN KEY[eExpressions5]TAG TagName4
[FOR lExpression6]
REFERENCES TableName2[TAG TagName5]]&&添加外部索引，并建立与父表联系
[DROP FOREIGN KEY TAG TagName6[SAVE]] &&删除外部索引及与父表的联系
[RENAME COLUMN FieldName4 TO FieldNames] &&修改字段名

该格式删除（DROP）指定表中字段；修改（RENAME）字段名；添加（ADD）；重新设置（SET）和删除（DROP）表一级的有效性规则等。

【例 4.7】将“选课 1”表字段总成绩改为总分。

```
alter table 选课1 rename column 总成绩 to 总分
```

【例 4.8】将“选课 1”表的字段学号和课程号定义为候选索引，索引名 xk。

```
alter table 选课1 add unique 学号+课程号 tag xk
```

【例 4.9】将“课程 1”表的主索引删除。

```
alter table 课程1 drop primary key
```

【例 4.10】删除“选课 1”表字段总分。

```
alter table 选课1 drop column 总分
```

4.3 SQL 操作功能

SQL 的操作功能是指对数据库中数据的操作功能，主要包括数据的插入、更新和删除三个方面的内容。

4.3.1 插入数据

当一个表生成时，里面没有数据，只是需要向表中插入数据。Visual FoxPro 支持两种 SQL 插入命令的格式，第一种格式是标准格式，第二种格式是 Visual FoxPro 的特殊格式。

格式 1：
INSERT INTO dbf_name[(fname1[,fname2,…])]
VALUES(eExpression1[,eExpression2,…])
说明：

1）INSERT INTO dbf_name 说明向 dbf _ name 指定的表中插入记录，当插入的不是完整的记录时（即一条记录的部分字段），可以用(fname1[,fname2,…])指定新记录的字段名。

2）VALUES(eExpression1 [,eExpression1…,]) 指定新插入记录的字段值。值的个数与类型和字段列表中各字段一一对应。

【例 4.11】 向“学生 1”表插入一条记录，各字段的值为（"2014415007","徐晓芳", "女", {^1994-03-12}, "外语学院"），命令为

```
insert into 学生1 values("2014415007","徐晓芳","女",{^1994-03-12},;
 "外语学院")
```

再插入一条记录，字段“学号”，“院系”的值为（"2014415008", "外语学院"），其他字段值不确定，命令为

```
insert into 学生1 (学号, 院系) values("2014415008", "外语学院")
```

格式 2：

INSERT INTO dbf_name

FROM ARRAY Arrayname | FROM MEMVAR

说明：

1）FROM ARRAY ArrayName 指定一个数组，数组中的数据将被插入到新记录中。从第一个数组元素开始，数组中的每个元素的内容依次插入到记录的对应字段中。第一个数组元素的内容插入到新记录的第一个字段，第二个元素的内容插入到第二个字段，…，依此类推。

2）FROM MEMVAR 把内存变量的内容插入到与它同名的字段中。如果某一字段不存在同名的内存变量，则该字段为空。

【例 4.12】 现在用一个程序来说明 INSERT INTO… FROM ARRAY 的使用。

```
use 课程
scatter to aaa                           &&将当前记录复制到数组 aaa 中
insert into 课程1 from array aaa
select 课程1
browse
use
```

【例 4.13】 现在用一个程序来说明 INSERT INTO… FROM MEMVAR 的使用。

```
use 选课
scatter memvar                 &&将当前记录复制到与字段名同名的内存变量中
insert into 选课1 from memvar
select 选课1
browse
use
```

4.3.2　更新数据

更新数据就是对存储在表中的记录进行修改，命令格式为

UPDATE TableName
SET Column_Name1 = eExpression1
　　[, Column_Name2 = eExpression2 …]
WHERE Condition

说明：一般使用 WHERE 短语指定条件，以更新满足条件的一些记录的字段值，并且一次可以更新多个字段；当更新多个字段时，多个字段用逗号隔开。如果不使用 WHERE 短语，则更新全部记录。

【例 4.14】 给“选课 1”表中课程号为 c1 的学生成绩增加 10 分。

```
update 选课 1 set 成绩=成绩+10 where 课程号="c1"
```

又如，给“选课 1”表中所有的成绩增加 10 分。

```
update 选课 1 set 成绩=成绩+10
```

4.3.3　删除数据

删除数据就是为指定的数据库表中的记录加删除标记，即逻辑删除记录，其命令格式为

DELETE FROM TableName [WHERE Condition]

说明：FROM 指定从哪个表中删除数据，WHERE 指定被删除的记录所满足的条件。如果不使用 WHERE 短语，则删除该表中的全部记录。如果要物理删除加了删除标记的记录，需要继续使用 PACK 命令。

【例 4.15】 删除“选课 1”表中课程号为 c1 的学生数据。

```
delete from 选课 1 where 课程号="c1"
```

4.4　SQL 查询功能

SQL 的核心是数据查询。对于数据库的查询操作是通过 SELECT 查询命令实现的，它的基本形式由 SELECT－FROM－WHERE 查询块组成，多个查询块可以嵌套执行，可以实现多表查询，功能非常强大。Visual FoxPro 的 SQL SELECT 命令的语法格式如下：

SELECT
[ALL | DISTINCT]　　　　&&取全部记录或去掉重复记录
[TOP nExpr [PERCENT]]　　　　&&按记录数或百分比设定部分记录

```
[Alias.]Select _Item[AS Column _Name]
[,[Alias.]Select_Item[AS Column _Name]…]  &&指明查询结果的各列，列名由 AS 决定
FROM [FORCE] [DatabaseName!] Table [[AS] Local _Alias] &&说明数据来自那些表
[ [INNER | LEFT［OUTER］| RIGHT［OUTER］
| FULL［OUTER］JOIN
[DatabaseName! ]Table [ [AS] Local _Alias]          &&指明表间连接的方式
[ON JoinCondition …]                                  &&指明连接条件
[ [INTO Destination]
| [TO FILE FileName [ADDITIVE]
| TO PRINTER［PROMPT］| TO SCREEN ] ]               &&指明查询去向
[WHERE JoinCondition [ AND JoinCondition… ]
[AND | OR FilterCondition [AND | OR FilterCondition …] ] ]   &&指明查询条件
[GROUP BY GroupColumn [, GroupColumn…] ]          &&将查询结果按列名分组
[HAVING FilterCondition]         &&跟随 GROUP BY 使用，限定分组满足的条件
[UNION]ALL [ SELECTCommand] &&查询结果与该子句 SELECT 查询结果并操作
[ORDER BY Order_Item[ASC | DESC][,Order_Item [ASC | DESC]…] ]   &&排序输出
```

该命令根据 WHERE 子句中的条件表达式，从一个或多个表中找出满足条件的记录，按 SELECT 子句中的目标列，选出记录中的分量形成结果表。如果多个表，需要设置表间连接的方式与条件。如果有 ORDER 子句，则结果表根据指定表达式按升序（ASC）或降序（DESC）排序。如果有 GROUP 子句，则结果按列名分组。如果需要将查询结果保存或打印，则需要设置查询去向。如果将查询结果与其他查询结果合并，则需要用 UNION 语句。

SELECT 查询命令的使用非常灵活，用它可以构造各种各样的查询。本节将通过大量的实例来介绍 SELECT 命令的使用及命令格式中各短语的作用。各实例采用“成绩管理”数据库中数据，其中“学生”表数据如下：

学号	姓名	性别	出生日期	院系
2014414001	林萍	女	02/01/97	生科学院
2014414002	张爱国	男	01/12/96	生科学院
2014414006	徐敏	女	09/01/94	生科学院
2014413002	邓成钢	男	04/04/94	历史学院
2014413001	张激扬	男	04/13/95	历史学院
2014413003	张爱娟	女	05/05/94	历史学院
2014416004	王招弟	男	06/15/96	文学院
2014416005	徐敏	女	08/08/95	文学院
2014415003	欧阳家登	男	12/08/93	外语学院

“课程”表数据如下：

课程号	课程名称	学时
c1	哲学原理	80

```
c2          英语精读          120
c3           教育学            60
c4   二级 Visual  FoxPro      60
c5           心理学            60
c6          英语听力           60
c7          思想道德           40
```

“选课”表数据如下：

```
   学号         课程号          成绩
2014414001        c1            80.0
2014414001        c4            56.0
2014414002        c1            47.0
2014414002        c4            80.0
2014413003        c3            75.0
2014413003        c4            85.0
2014414006        c5          .NULL.
2014413002        c1            83.0
2014413002        c2            85.0
2014413001        c2            99.0
2014413001        c5          .NULL.
2014416005        c6            99.0
2014416004        c6            86.0
```

4.4.1　简单类查询

1. 简单查询

简单查询基于单个表，由 SELECT 和 FROM 短语构成（无条件查询）或由 SELECT、FROM 和 WHERE 短语构成（条件查询）。

【例 4.16】从课程表中检索所有的课程。

```
select 课程名称 from 课程
```

结果如下：

```
哲学原理
英语精读
教育学
二级 Visual FoxPro
心理学
英语听力
思想道德
```

【例 4.17】检索课程关系中的所有元组。

```
select * from 课程
```

其中“*”是通配符，表示所有属性（字段），上面的 SQL 语句等同于

```
select 课程号,课程名称,学时 from 课程
```

结果如下:

```
c1        哲学原理         80
c2        英语精读        120
c3         教育学          60
c4  二级 Visual  FoxPro    60
c5         心理学          60
c6        英语听力         60
c7        思想道德         40
```

【例 4.18】查询 1995 年出生的学生姓名。

```
select 姓名 from 学生 where year(出生日期)=1995
```

结果如下:

```
张激扬
徐敏
```

这里的 WHERE 短语指定了查询条件，查询条件可以是任意复杂的逻辑表达式。

【例 4.19】查询所有选修了课程的学生的学号（去掉重复值）。

```
select distinct 学号 from 选课
```

结果如下:

```
2014413001
2014413002
2014413003
2014414001
2014414002
2014414006
2014416004
2014416005
```

DISTINCT 短语的作用是去掉查询结果中的重复值。

2. 简单的连接查询

连接是表的基本操作之一，是一种基于多个表的查询。这里给出几个简单连接查询的实例。

【例 4.20】查询历史学院学生的学号、姓名、性别、课程号和成绩。

```
select 学生.学号, 姓名, 性别, 课程号, 成绩 from 学生, 选课 where 院系="历;
史学院" and 学生.学号=选课.学号
```

结果如下:

```
2014413003    张爱娟    女    c3        75.0
2014413003    张爱娟    女    c4        85.0
2014413002    邓成钢    男    c1        83.0
2014413002    邓成钢    男    c2        85.0
2014413001    张激扬    男    c2        99.0
2014413001    张激扬    男    c5      .NULL.
```

在例 4.20 中，“学生.学号=选课.学号”是连接条件。当 FROM 之后的多个表中含有相同的字段名时，必须用表名前缀指名字段所属的表，如“学生.学号”，“学生”是表名，“学号”是字段名。

在 SQL SELECT 语句中，经常需要使用表名作前缀，有时显得很麻烦。因此，SQL 允许在 FROM 短语中为表名定义别名，格式如下：

<表名>　<别名>

其中表名和别名之间至少要有一个空格。

【例 4.21】 查询选修了“哲学原理”的学生姓名、课程名称和成绩。

```
select 姓名,课程名称,成绩 from 学生 s,选课 sk,课程 k where;
s.学号=sk.学号 and sk.课程号=k.课程号 and 课程名称="哲学原理"
```

结果如下：

```
林萍        哲学原理            80.0
张爱国      哲学原理            47.0
邓成钢      哲学原理            83.0
```

3. 简单的嵌套查询

嵌套查询是另一类基于多个关系的查询，这类查询所要求的结果出自一个表，但相关的条件却涉及另一个表。简单的嵌套查询除了用到前面第 2 章讲到的运算符外还可能用到两种运算符 IN 和 NOT IN，其中 IN 相当于集合运算符∈。

【例 4.22】 查询姓名为“张激扬”的同学选修课程的课程号和成绩。

```
select 课程号,成绩 from 选课 where 学号 =;
(select 学号 from 学生 where 姓名="张激扬")
```

结果如下：

```
c2          99.0
c5        .NULL.
```

【例 4.23】 查询没有任何学生选修的课程名称。

```
select 课程名称 from 课程 where 课程号 not in (select 课程号;
from 选课)
```

结果如下：

```
思想道德
```

【例 4.24】查询选修的每门课程都及格（大于等于 60 分）的学生姓名和学号。

```
select 姓名, 学号 from 学生 where 学号 not in (select 学号 from 选课;
where 成绩<60)
```

结果如下：

```
徐敏        2014414006
邓成钢      2014413002
张激扬      2014413001
张爱娟      2014413003
王招弟      2014416004
徐敏        2014416005
欧阳家登    2014415003
```

这里面包括了没有选修任何课程的学生，去掉这些学生，命令如下：

```
select 姓名,学号 from 学生 where 学号 not in (select 学号 from 选课;
where 成绩<60)and 学号 in (select 学号 from 选课)
```

结果如下：

```
徐敏        2014414006
邓成钢      2014413002
张激扬      2014413001
张爱娟      2014413003
王招弟      2014416004
徐敏        2014416005
```

4.4.2 查询结果的处理

1. 分组与计算

SQL SELECT 语言各种统计汇总函数，具有计算方式的检索功能，常用的统计汇总函数有 5 种。

1）COUNT：计算所选数据的行数。

2）SUM：计算所选数据的总和。

3）AVG：计算所选数据的平均值。

4）MAX：计算所选数据的最大值。

5）MIN：计算所选数据的最小值。

这些函数一般从一组值中计算出一个汇总信息，GROUP BY 子句用来定义或者将字段值划分为多个组。在分组查询时，可以用 HAVING 子句来限定分组，这样只有满足 HAVING 限定条件的分组才能被检索到。

Visual FoxPro 提供了给 SELECT 子句中的字段起别名的方法：即可用 AS 子句给出 SELECT 子句中字段的别名，这种起别名的方法也叫虚字段。

【例 4.25】统计历史学院的学生人数。

```
select count(*) as 学生人数  from 学生 where 院系="历史学院"
```

结果如下：

```
3
```

这里的学生人数就是虚字段的用法。

【例 4.26】统计每门课程最高分、最低分、平均分和选修人数。

```
select 课程号, max(成绩),min(成绩),avg(成绩),count(*) from 选课;
group by 课程号
```

结果如下：

```
c1     83.0   47.0   70.00   3
c2     99.0   85.0   92.00   2
c3     75.0   75.0   75.00   1
c4     85.0   56.0   73.67   3
c5    .NULL. .NULL. .NULL.   2
c6     99.0   86.0   92.50   2
```

【例 4.27】统计每位同学的平均分。

```
select 学号, avg(成绩) as 平均成绩 from 选课 group by 学号
```

结果如下：

```
2014413001                        99.00
2014413002                        84.00
2014413003                        80.00
2014414001                        68.00
2014414002                        63.50
2014414006                       .NULL.
2014416004                        86.00
2014416005                        99.00
```

注 意

HAVING 短语总是跟在 GROUP BY 子句之后，不可以单独使用。

【例 4.28】统计平均分大于等于 75 分的学生姓名。

```
select 姓名 from 学生 where 学号 in (select 学号 from 选课;
group by 学号 having avg(成绩)>=75)
```

结果如下：

```
邓成钢
```

```
张激扬
张爱娟
王招弟
徐敏
```

【例 4.29】统计选修人数多于 2 人的课程名称。

```
select 课程名称 from 课程 where 课程号 in (select 课程号 from;
选课 group by 课程号 having count(*)>2)
```

结果如下:

```
哲学原理
二级 Visual FoxPro
```

【例 4.30】 统计选修 2 门或 2 门以上课程的学生姓名、平均分、选课门数。

```
select 姓名,avg(成绩), count(*) from 学生,选课 where 学生.学号=;
选课.学号 group by 选课.学号 having count(*)>=2
```

结果如下:

```
张激扬          99.00     2
邓成钢          84.00     2
张爱娟          80.00     2
林萍            68.00     2
张爱国          63.50     2
```

2. 排序

SQL SELECT 语句可以将查询结果排序，排序的短语为 ORDER BY。可以按一列或多列排序，其中 ASC 表示升序，DESC 表示降序。缺省情况下，查询结果是按升序排列，如果需要按降序排列，可以使用 DESC 短语。

【例 4.31】按年龄升序检索学生的信息。

```
select * from 学生 order by 出生日期 desc
```

结果如下:

```
2014414001   林萍       女   02/01/97   生科学院
2014416004   王招弟     男   06/15/96   文学院
2014414002   张爱国     男   01/12/96   生科学院
2014416005   徐敏       女   08/08/95   文学院
2014413001   张激扬     男   04/13/95   历史学院
2014414006   徐敏       女   09/01/94   生科学院
2014413003   张爱娟     女   05/05/94   历史学院
2014413002   邓成钢     男   04/04/94   历史学院
2014415003   欧阳家登   男   12/08/93   外语学院
```

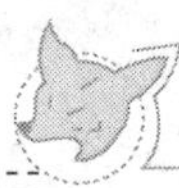

【例 4.32】 先按所需学时降序，学时相同再按课程号升序列出所有的课程信息。

```
select * from 课程 order by 学时 desc,课程号
```

结果如下:

```
c2        英语精读                          120
c1        哲学原理                           80
c3        教育学                             60
c4        二级 Visual FoxPro                 60
c5        心理学                             60
c6        英语听力                           60
c7        思想道德                           40
```

3. 选定记录数

有时只需要满足条件的前几个记录，这时可使用 TOP nExpr [PERCENT]短语，其中 nExpr 是数字表达式，当不使用 PERCENT 时，nExpr 是 1～32 767 间的整数，说明显示 nExpr 个排序字段值的前几个记录；当使用 PERCENT 时，nExpr 是 0.01～99.99 间的实数，说明显示结果中排序字段值的前百分之几的记录。需要注意的是 TOP 短语要与 ORDER BY 短语同时使用才有效。

【例 4.33】 查询年龄最小的 2 个学生的信息。

```
select * top 2 from 学生 order by 出生日期 desc
```

结果如下:

```
2014414001     林萍      女     02/01/97     生科学院
2014416004     王招弟    男     06/15/96     文学院
```

此时，显示的记录是取排序字段值。

【例 4.34】 查询平均成绩最高的三名同学学号、姓名、平均成绩。

```
select top 3 学生.学号,姓名,avg(成绩) as 平均成绩 from 学生,选课;
where 学生.学号=选课.学号 group by 选课.学号 order by 平均成绩 desc
```

结果如下:

```
2014413001     张激扬                   99.00
2014416005     徐敏                     99.00
2014416004     王招弟                   86.00
```

4. 特殊运算符

有时需要显示查询结果中满足特殊条件的某些记录，可选择几个特殊运算符，如 BETWEEN…AND（在什么范围之内），LIKE（字符串匹配），! =（不等于），NOT（取反）等。

（1）BETWEEN …AND

【例 4.35】 查询成绩不及格的学生选课信息。

```
select * from 选课 where 成绩 between 0 and 59
```

相当于

```
select * from 选课 where 成绩 >=0 and 成绩 <=59
```

结果如下:

```
2014414001      c4          56.0
2014414002      c1          47.0
```

（2）LIKE

可以与 LIKE 搭配使用的通配符有“%”和“_”。其中“%”代表任意多个字符，而“_”代表任意一个字符。

【例 4.36】 查询课程名中带有“英语”字符的课程信息。

```
select * from 课程 where 课程名称 like "%英语%"
```

相当于

```
select * from 课程 where like("*英语*",课程名称)
```

结果如下:

```
c2       英语精读        120
c6       英语听力         60
```

（3）！=

【例 4.37】 查询除了外语学院之外的其他学院学生的信息。

```
select * from 学生 where  院系 !='外语学院'
```

结果如下:

```
2014414001     林萍      女     02/01/97     生科学院
2014414002     张爱国    男     01/12/96     生科学院
2014414006     徐敏      女     09/01/94     生科学院
2014413002     邓成钢    男     04/04/94     历史学院
2014413001     张激扬    男     04/13/95     历史学院
2014413003     张爱娟    女     05/05/94     历史学院
2014416004     王招弟    男     06/15/96     文学院
2014416005     徐敏      女     08/08/95     文学院
```

（4）NOT

【例 4.38】 查询成绩不及格的学生选课信息。

```
select * from 选课 where 成绩 not between 60 and 100
```

结果如下:

```
2014414001      c4          56.0
2014414002      c1          47.0
```

4.4.3　查询结果的输出

使用 SQL-SELECT 语句的各个短语可以指定多种不同的输出目标来保存查询结果。

（1）输出到临时文件：INTO CURSOR 临时表名

【例 4.39】 查询所有学生的学号、姓名，保存在临时表 LSB 中。

```
select 学号，姓名 from 学生 into cursor lsb
```

INTO CURSOR 短语产生的临时文件是一个只读的 dbf 文件，当查询结束后该临时文件是当前文件，可以像一般的.dbf 文件一样使用，但仅是只读。当关闭文件时该文件将自动删除。

（2）输出到数组：INTO ARRAY 数组名

【例 4.40】 查询所有学生的学号、姓名，保存在数组 ABC 中。

```
select 学号，姓名 from 学生 into array abc
?abc(1,2)
```

结果如下：

```
林萍
```

INTO ARRAY 短语将查询结果存放到数组中，一般将存放查询结果的数组作为二维数组来使用，每行一条记录，每列对应于查询结果的一列，可以非常方便地在程序中使用。

（3）输出到文本文件：TO FILE 文本文件名

【例 4.41】 查询所有学生的学号、姓名，保存在文本文件 TMP 中。

```
select 学号，姓名 from 学生 to file tmp.txt
```

TO FILE 短语将查询结果放在文本文件中，在硬盘中永久保存。

（4）输出到自由表：INTO TABLE | DBF 表文件名

【例 4.42】 查询所有学生的学号、姓名，保存在自由表 STU.DBF 中。

```
select 学号，姓名 from 学生 into table stu
```

INTO TABLE|DBF 短语将查询结果放在自由表(.DBF)中，在硬盘中永久保存。

4.4.4　超连接查询

Visual FoxPro 支持超连接查询，共有四个连接运算符，含义是首先保证一个表中满足条件的记录都在结果表中，然后将满足连接条件的记录与另一个表的记录进行连接，不满足连接条件的则将来自另一表的字段值置为空值。

SQL SELECT 语句的完整语法格式中抽出的与连接运算有关的语法格式如下：

SELECT …

FROM Table1 INNER | LEFT | RIGHT | FULL JOIN Table2
ON JoinCondition
WHERE …

说明：

1）INNER JOIN 等价于 JOIN，为普通的连接，在 Visual FoxPro 中称为内部连接。LEFT JOIN、RIGHT JOIN 和 FULL JOIN 称为外部连接。Table1 和 Table2 分别用来指定要连接的表。

2）LEFT JOIN 实现左连接，含义是在结果表中包含第一个表中满足条件的所有记录；如果有在连接条件上匹配的记录，则第二个表返回相应值，否则第一个表返回空值。

3）RIGHT JOIN 实现右连接，含义是在结果表中包含第二个表中满足条件的所有记录；如果有在连接条件上匹配的记录，则第一个表返回相应值，否则第一个表返回空值。

4）FULL JOIN 实现全连接，即两个表中的记录不管是否满足连接条件将都在目标表或查询结果中出现，不满足连接条件的记录对应部分为 NULL。

5）ON JoinCondition 指定连接条件。

从以上格式可以看出，它的连接条件在 ON 短语中给出，而不在 WHERE 短语中，连接类型在 FROM 短语中给出。此处的 WHERE 是实现在连接查询结果中筛选记录。

下面给出使用 SQL SELECT 语句完成各类连接查询的例子。

【例 4.43】 查询所有学生选修的课程和成绩（结果包括学号、课程名称、成绩，用内部连接）。

```
select 课程名称,学号,成绩 from 课程 inner join  选课 on 课程.课程号=;
选课.课程号
```

结果如下：

```
哲学原理                      2014414001        80.0
二级 Visual FoxPro            2014414001        56.0
哲学原理                      2014414002        47.0
二级 Visual FoxPro            2014414002        80.0
教育学                        2014413003        75.0
二级 Visual FoxPro            2014413003        85.0
心理学                        2014414006       .NULL.
哲学原理                      2014413002        83.0
英语精读                      2014413002        85.0
英语精读                      2014413001        99.0
心理学                        2014413001       .NULL.
英语听力                      2014416005        99.0
英语听力                      2014416004        86.0
```

【例 4.44】 查询所有学生选修的课程和成绩（结果包括学号、课程名称、成绩，用左连接）。

```
select 课程名称,学号,成绩 from 课程 left join  选课 on 课程.课程号=;
```

```
    选课.课程号
```

结果如下：

```
    哲学原理              2014414001          80.0
    哲学原理              2014414002          47.0
    哲学原理              2014413002          83.0
    英语精读              2014413002          85.0
    英语精读              2014413001          99.0
    教育学                2014413003          75.0
    二级 Visual FoxPro    2014414001          56.0
    二级 Visual FoxPro    2014414002          80.0
    二级 Visual FoxPro    2014413003          85.0
    心理学                2014414006          .NULL.
    心理学                2014413001          .NULL.
    英语听力              2014416005          99.0
    英语听力              2014416004          86.0
    思想道德              .NULL.              .NULL.
```

为了观察右连接和全连接的效果，为选课表增加记录（'2014416005 ', 'c0 ',80）。

【例 4.45】查询所有学生选修的课程和成绩（结果包括学号、课程名称、成绩，用右连接）。

```
    select 课程名称,学号,成绩 from 课程 right join  选课 on 课程.课程号;
    =选课.课程号
```

结果如下：

```
    哲学原理                  2014414001          80.0
    二级 Visual FoxPro        2014414001          56.0
    哲学原理                  2014414002          47.0
    二级 Visual FoxPro        2014414002          80.0
    教育学                    2014413003          75.0
    二级 Visual FoxPro        2014413003          85.0
    心理学                    2014414006          .NULL.
    哲学原理                  2014413002          83.0
    英语精读                  2014413002          85.0
    英语精读                  2014413001          99.0
    心理学                    2014413001          .NULL.
    英语听力                  2014416005          99.0
    英语听力                  2014416004          86.0
    .NULL.                    2014416005          80.0
```

【例 4.46】查询所有学生选修的课程和成绩（结果包括学号、课程名称、成绩，用全连接）。

```
    select 课程名称,学号,成绩 from 课程 full join  选课 on 课程.课程号;
    =选课.课程号
```

结果如下:

```
哲学原理                  2014414001           80.0
哲学原理                  2014414002           47.0
哲学原理                  2014413002           83.0
英语精读                  2014413002           85.0
英语精读                  2014413001           99.0
教育学                    2014413003           75.0
二级 Visual FoxPro        2014414001           56.0
二级 Visual FoxPro        2014414002           80.0
二级 Visual FoxPro        2014413003           85.0
心理学                    2014414006           .NULL.
心理学                    2014413001           .NULL.
英语听力                  2014416005           99.0
英语听力                  2014416004           86.0
思想道德                  .NULL.               .NULL.
.NULL.                    2014416005           80.0
```

4.4.5 几个特殊问题

1. 量词与谓词

在嵌套查询中除了用到两种运算符 IN 和 NOT IN，还经常用到量词 ANY、ALL、SOME 及谓词 NOT（EXISTS）。谓词 NOT（EXISTS）用来检查子查询中是否有结果返回，例 4.47 与例 4.48 说明了 EXISTS 与 NOT EXISTS 的使用方法。量词 ANY 与 SOME 是同义词，在进行比较时，只要子查询结果中有一行为真，则结果为真；而量词 ALL 则要求子查询结果的所有行都为真，结果才为真。例 4.49 与例 4.50 说明了这几种量词的使用方法。

【例 4.47】 检索有学生选修的课程的信息（使用谓词）。

```
select * from 课程 where exists;
(select * from 选课 where 课程号=课程.课程号)
```

结果如下:

```
c1        数学分析
c2        英语
c3        c 语言
c4        数据结构
c5        政治
c6        物理
```

【例 4.48】 检索没有被学生选修的课程信息（使用谓词）。

```
select * from 课程 where not exists;
(select * from 选课 where 课程号=课程.课程号)
```

结果如下:

```
c7          思想品德
```

【例 4.49】检索比所有女生年龄大的男生的信息（使用量词）。

```
select * from 学生 where 性别='男' and;
出生日期< all (select 出生日期 from 学生 where 性别='女')
```

等价于

```
select * from 学生 where 性别='男' and;
出生日期< (select min(出生日期) from 学生 where 性别='女')
```

结果如下:

```
2014415003      欧阳家登      男      12/08/93      外语学院
```

【例 4.50】检索比任一女生年龄大的男生的信息（使用量词）。

```
select * from 学生 where 性别='男' and;
出生日期< any (select 出生日期 from 学生 where 性别='女')
```

等价于

```
select * from 学生 where 性别='男' and;
出生日期< (select max(出生日期) from 学生 where 性别='女')
```

结果如下:

```
2014414002      张爱国      男      01/12/96      生科学院
2014413002      邓成钢      男      04/04/94      历史学院
2014413001      张激扬      男      04/13/95      历史学院
2014416004      王招弟      男      06/15/96      文学院
2014415003      欧阳家登    男      12/08/93      外语学院
```

2. 集合的并运算

并运算（UNION）是将两个 SELECT 语句的查询结果合并成一个查询结果，此时要求这两个查询结果具有相同的字段个数，并且对应字段的值出自于同一值域。

【例 4.51】 查询“教育学”和“心理学”两门课程的信息。

```
select * from 课程 where 课程名称="教育学";
union;
select * from 课程 where 课程名称="心理学"
```

等价于

```
select * from 课程 where 课程名称="教育学" or 课程名称="心理学"
```

结果如下:

```
c3          教育学                          60
c5          心理学                          60
```

3. 利用空值查询

SQL支持空值查询。注意，查询空值时要使用的子句是IS NULL而不是=NULL，因为空值NULL表示不确定的值，所以不能用“=”。

【例4.52】 查询没有成绩的学生信息。

```
select * from 学生 where 学号 in ;
(select 学号 from 选课 where 成绩 is null)
```

结果如下:

```
2014414006    徐敏    女    09/01/94    生科学院
2014413001    张激扬  男    04/13/95    历史学院
```

4.5 使用查询设计器建立查询

前面介绍了有关SQL查询命令，查询是指从数据库中查询数据。Visual FoxPro支持两种查询方式：使用查询工具（查询向导、查询设计器等）和SQL查询命令。Visual FoxPro可以使用查询工具创建查询，此处作为名称，查询是指预先定义好的一个SQL SELECT语句。建立的查询以扩展名为.QPR的文件保存在磁盘上，这是一个文本文件。一般一个查询在不同场合可以直接或反复使用，从而提高效率。本节介绍查询工具——查询设计器的使用。

4.5.1 建立查询

利用查询设计器建立查询的基本步骤如下。

1）打开查询设计器。查询设计器界面如图4.1所示，分为上、下两个窗格。上部窗格列出目前选取的表及其字段，其中，如果有多个表，表字段之间的连线表示它们之间设置了连接条件，双击连线即可修改连接条件。下部窗格有6个选项卡，用来设定查询文件的属性。

2）进行查询设置。例如，设置被查询的表、连接条件、字段等输出要求、查询结果的去向等。

3）运行查询。

4）保存查询。

下面结合实例说明其操作方法。

【例4.53】学生成绩管理系统实例：使用查询设计器创建单表查询，查询所有选修了课程的学生的学号（去掉重复值）。

1）单击文件菜单下的“新建”子菜单，选择“查询”文件类型，单击“新建文件”按钮，弹出如图4.1所示的“查询设计器”。

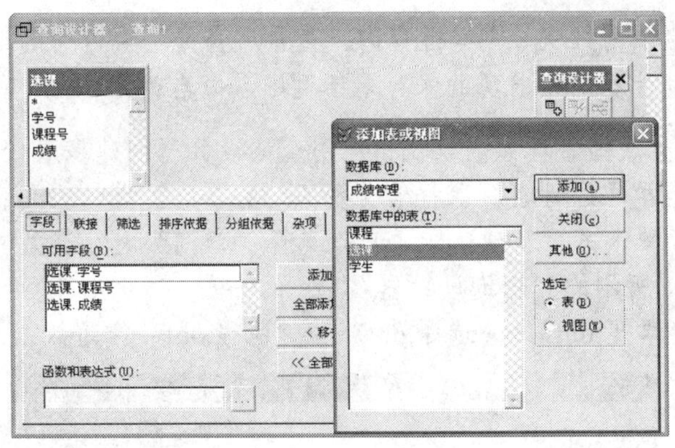

图 4.1　查询设计器

2）添加数据源，添加选课.dbf 作为数据源。

3）依次设置“字段”、“杂项”选项卡的内容。

选择“可用字段”中的学号添加到“选定字段”，如图 4.2 所示。在“杂项”卡中选上“无重复记录”，如图 4.3 所示。其他选项卡中采用默认值。

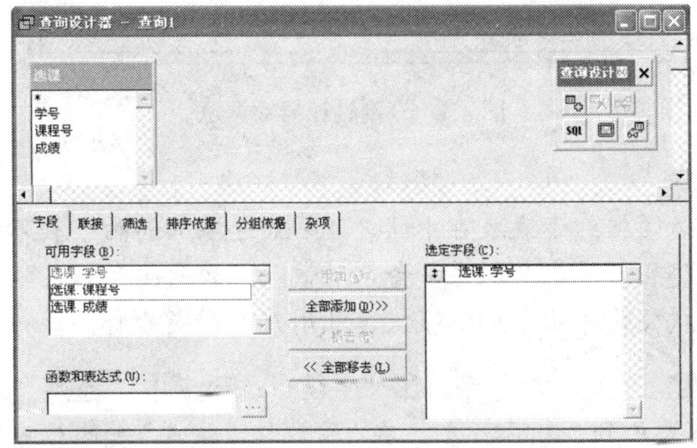

图 4.2　查询设计器“字段”选项卡

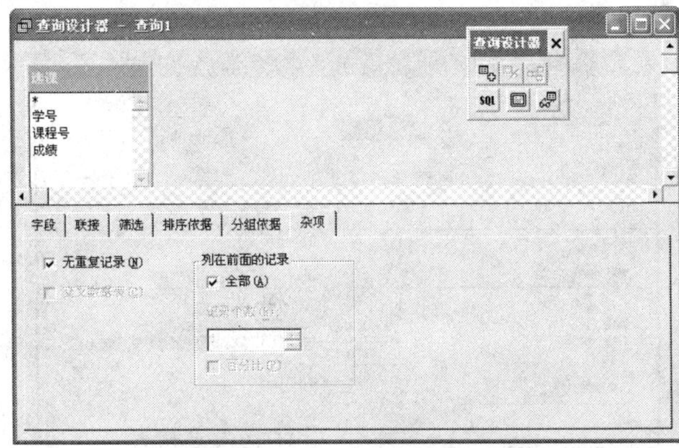

图 4.3　查询设计器“杂项”选项卡

4）单击工具栏中的红叹号 ! 运行查询。查看“查询”窗口中的运行结果。

5）关闭查询设计器，在出现的保存对话框中，命名为 QUERY1，单击保存。

【例 4.54】学生成绩管理系统实例：使用查询设计器创建多表查询，查询平均分大于等于 75 分的学生学号、姓名、课程名称及平均分。

1）单击文件菜单下的“新建”子菜单，选择“查询”文件类型，单击“新建文件”按钮，弹出如图 4.1 所示的“查询设计器”。

2）依次添加“学生.dbf”、“选课.dbf”和“课程.dbf”作为数据源。如图 4.4 所示。

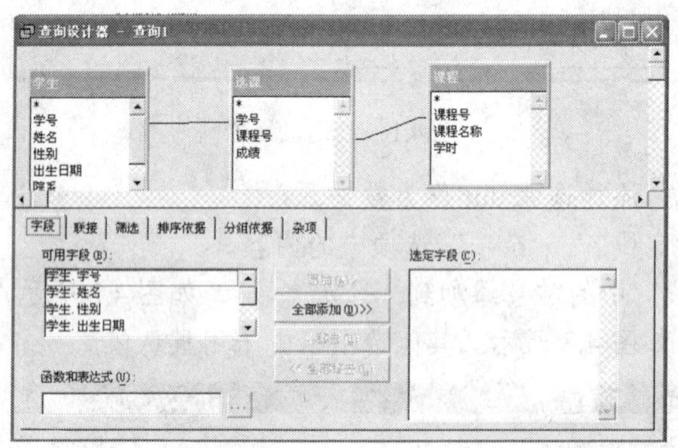

图 4.4　查询设计器数据源

注　意

多个表添加时必须把纽带表放在中间，否则临近添加的两个表不能形成连接。如果添加的表之间已经建立好了永久联系，会自动带入；如果没有永久联系，查询设计器会自动在两个表上查找公共字段或相似字段，让用户选择是否作为连接依据。

3）设置“字段”选项卡的内容。在“字段”选项卡中，选择“可用字段”中的学号、姓名、课程名称添加到“选定字段”；在“函数和表达式”编辑框中输入表达式“AVG（成绩）AS 平均分”，然后单击“添加”按钮把它添加到“选定字段”，如图 4.5 所示。其他选项卡中采用默认值。

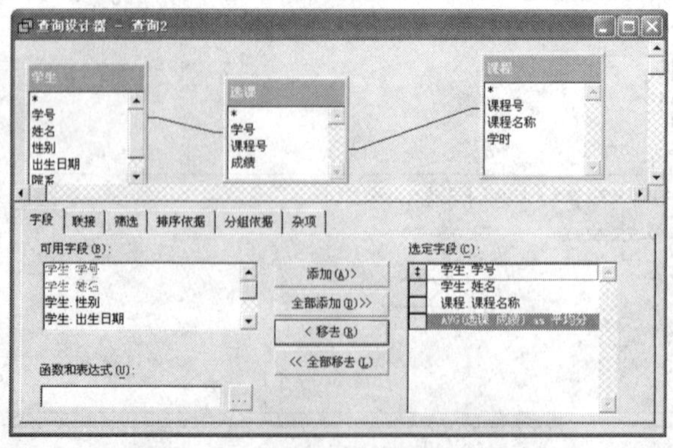

图 4.5　查询设计器“字段”选项卡

4）设置“分组依据”选项卡的内容。在“分组依据”选项卡中，选择“学号”作为分组依据，单击选项卡中“满足条件…”按钮，弹出如图 4.6 上部的“满足条件”对话框，选择条件“平均分大于等于 75”。

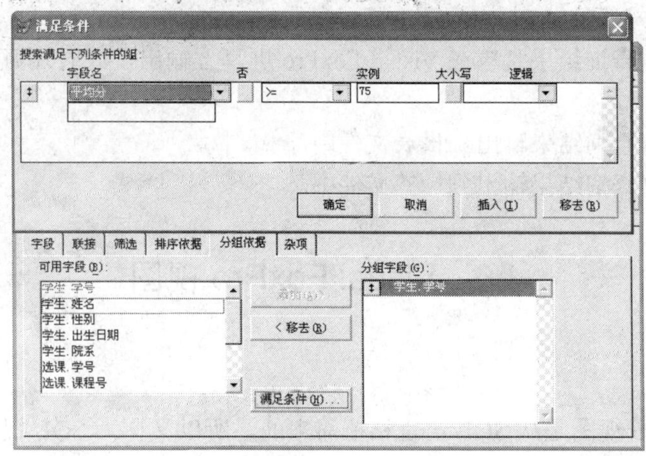

图 4.6　查询设计器“分组依据”选项卡

5）单击工具栏中的红叹号 ! 运行查询。查看“查询”窗口中的运行结果。

6）关闭查询设计器，在出现的保存对话框中，命名为 QUERY2，单击“保存”按钮。

注　意

查询设计器生成的多表查询，都采用超连接，连接类型默认是内部连接，可以更改。

4.5.2　查询去向

设计查询的目的不只是完成一种查询功能，在查询设计器中可以根据需要将查询结果定位到各种情况。查询结果默认的输出去向是以浏览窗口的形式显示在屏幕上。实际上我们还可以利用“查询”菜单项的“查询去向”重新确定查询结果的输出去向。选择菜单“查询→查询去向”，或在“查询设计器”工具栏中选择“查询去向”按钮，此时将打开一个“查询去向”对话框，如图 4.7 所示，有以下七种输出格式可供选择。

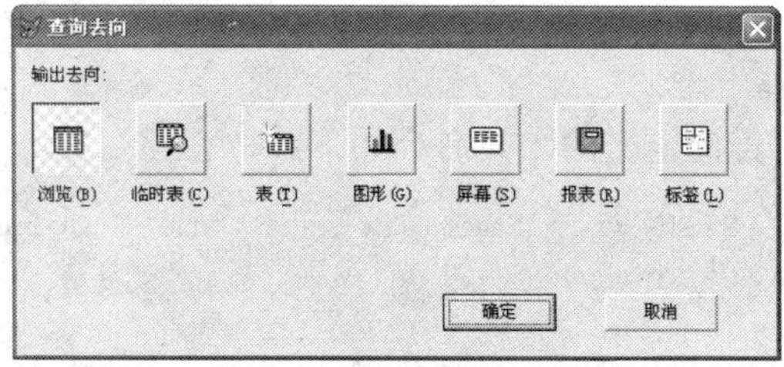

图 4.7　查询去向

1）浏览：结果显示在浏览窗口内。

2）临时表：查询结果存储在暂时的只读表文件中。

3）表：将查询结果存储在一个表文件中。这样这个查询结果就可以当作表使用了。注意该表不会自动加到数据库中。

4）图形：使用 Microsoft Graph 程序将查询结果输出为表单文件，运行表单，查询结果以图形的方式显示出来。

5）屏幕：将查询结果直接在 Visual FoxPro 屏幕上输出，此时还可以附带输出到打印机。

6）报表：将查询结果输出到报表文件中。

7）标签：将查询结果输出到标签文件中。

4.6 Visual FoxPro 视图

4.6.1 视图的概念

Visual FoxPro 视图是从 SQL 语言移植而来的，所以又称为 SQL 视图。在关系数据库中，视图也称为窗口，即视图是操作表的窗口，可以把它看作是从表中派生出来的虚表(依赖于表，不独立存在)。在涉及视图的时候，常把表称为基本表。

视图的数据只能存在于内存中，而不能记录在磁盘上，视图的结果保存在数据库中。当关闭数据库后视图中的数据将消失，当再次打开数据库时视图从基本表中重新检索数据。

Visual FoxPro 视图的引入便于数据的检索和重组。通过视图可以查询表，也可以更新表，但只有在包含视图的数据库打开时，才能使用视图。

使用视图可以从表中提取一组数据，改变这些记录的值，并把更新结果送回基本表中；可以从本地表、其他视图、存储在服务器上的表或远程数据源中创建视图，所以 Visual FoxPro 的视图分为本地视图和远程视图，如果视图中有取自远程数据源的数据，则该视图称为远程视图，否则称为本地视图。

Visual FoxPro 支持两种视图建立工具：使用工具（视图向导、视图设计器等）和 SQL 命令。本节介绍 SQL 命令定义视图和使用视图设计器建立视图。

4.6.2 SQL 命令定义视图

1. 定义视图

视图是根据对表的查询定义的，其命令如下：

```
CREATE [SQL] VIEW View_Name[(Column_Name [,Column_Name]…)]
AS Select_Statement
```

例如：

```
create view s_sc as;
select 学生.学号,姓名,课程号,成绩  from 学生,选课;
where 学生.学号=选课.学号
```

说明：Select_Statement 可以是任意的 SELECT 查询语句，它说明和限定了视图中的数据；当没有为视图指定字段名（Column_Name）时，视图的字段名将与 Select_Statement 中指定的字段名或表中的字段名同名。

从创建视图的格式可知，视图的构成可以来源于一个查询语句（Select_Statement），因此，只要我们适当地组织命令中的查询语句部分，可以形成任意的多表视图（即基于多个表创建的视图）。

2. 视图的删除

在 SQL 语言中，不存在修改结构的命令，但是可以删除视图。其命令为：

DROP VIEW View_Name

例如：

```
drop view  s_sc
```

4.6.3　使用视图设计器建立视图

同查询一样，Visual FoxPro 也提供了视图向导和视图设计器，并且使用方法也类似。在这里重点介绍使用视图设计器建立视图。

1. 建立视图

视图是基于表或查询的，必须存入某个数据库中，创建视图前应打开相关数据库。否则，系统会提示用户创建或打开一个数据库。

可以使用以下方法打开视图设计器建立视图。

1）用 CREATE VIEW 命令打开视图设计器建立视图。

2）选择“文件”菜单下的“新建”命令，或单击“常用”工具栏上的“新建”按钮，打开“新建”对话框，然后选择“视图”项并单击“新建文件”按钮打开视图设计器建立视图。

3）在“项目管理器”对话框的“数据”选项卡下将建立视图的数据库分支展开，并选择“本地视图”项或“远程视图”，然后单击“新建”按钮打开视图设计器建立视图。

也可以用视图设计器来修改视图。视图设计器是建立和修改视图最直接、最方便、最有效的工具。视图设计器和查询设计器的使用方式几乎完全一样。

主要有以下三点不同：

1）查询设计器的结果是将查询以“.QPR”为扩展名的文件形式保存在磁盘中；而视图设计完成后，在磁盘上找不到类似的文件，视图的结果保存在数据库中。

2）由于视图是可以更新的，所以它有更新属性需要设置，为此在视图设计器中多了一个“更新条件”选项卡。

3）视图设计器没有“查询去向”的问题。

【例 4.55】实例学生成绩管理系统：建立视图 student_course，显示全部学生的学号、姓名、课程号、课程名称及成绩，先按学号升序排列，后按课程号升序排列。

操作步骤如下：

1）单击文件菜单下的“新建”子菜单，选择“视图”文件类型，单击“新建文件”按钮，弹出如图 4.8 所示的“视图设计器”（此时，数据库“成绩管理”处于打开状态）。

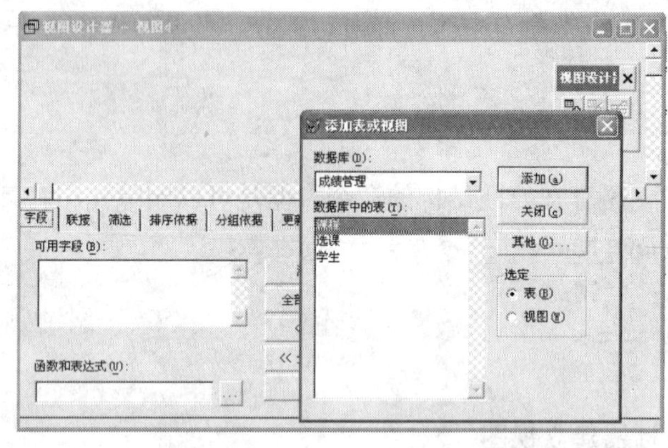

图 4.8 视图设计器

2）依次添加“学生.dbf”、“选课.dbf”为数据源。

3）添加字段学生.学号、学生.姓名、选课.课程号、选课.课程名称、选课.成绩。

4）选定字段学生.学号、课程.课程号作为排序条件，排序选项均为升序。

5）单击工具栏中的红叹号 ! 运行视图，可以预览视图内容。

6）关闭视图设计器，在出现的保存对话框中，输入 student_course 保存。

注 意

可以按视图设计器工具栏上的 SQL 按钮或选快捷菜单中“查看 SQL”，在一个只读窗口中查看设计器自动生成的 SELECT 命令，这条命令加上命令头“CREATE VIEW Student_course AS”就是生成视图 student_course 的命令。

```
create view student_course as;
select 学生.学号, 学生.姓名, 课程.课程号, 课程.课程名称, 选课.成绩;
 from 成绩管理!学生 inner join 成绩管理!选课;
   inner join 成绩管理!课程;
  on 课程.课程号 = 选课.课程号;
  on 学生.学号 = 选课.学号;
 order by 学生.学号, 课程.课程号
```

2. 视图与数据更新

在一个活动周期内（即在一次打开数据库和关闭数据库之间）视图和基本表已经成为两张表，默认对视图的更新不反映在基本表中，对基本表的更新在视图中也得不到反映。但是当关闭数据库后视图中的数据将消失，当再次打开数据库时视图从基本表中重新检索数据。所以默认情况下，视图在打开时从基本表中检索数据，然后构成一个独立

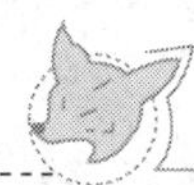

的表供用户使用。

为了通过视图能够更新基本表中的数据，需要在“更新条件”选项卡中选中“发送 SQL 更新”，如图 4.9 所示。更新条件对话框包含的内容比较多，以下为各组成部分及其功能。

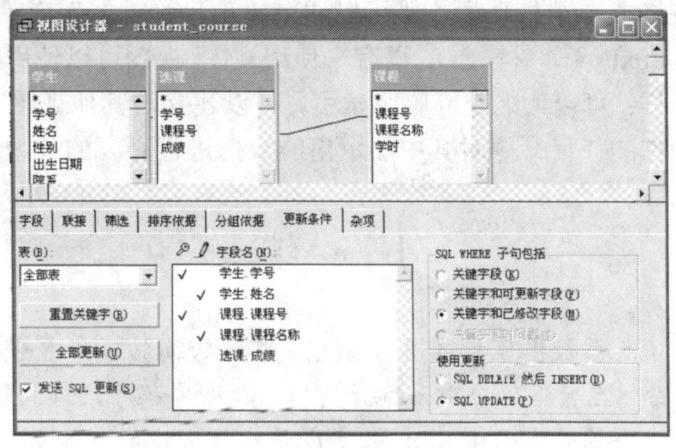

图 4.9　“更新条件”选项卡

1）“表”下拉框：在此可以选取允许修改的表。

2）“字段名”列表框：该框左侧有一个钥匙形标志和一个笔形标志，在钥匙形标志下做标记，则表示该字段被设定为关键字段；在笔形标志下做标记，则表示该字段为可更新字段。要对某字段进行设置只需单击该字段前的空白处即可。因为 Visual FoxPro 视图要根据关键字段对应到源表中的相应记录，并对其中的可更新字段加以修改，所以作为关键字段的数据必须是唯一的。也就是说，如果以“学号”作为关键字段，则不能有重复“学号”出现，否则必须为同一个数据文件选取多个关键字段以避免重复。

3）“重置关键字”按钮：如果已经改变了关键字，而又想把它们恢复到源表中的初始设置，则单击此按钮，把主关键字段选中。

4）“全部更新”按钮：表示将除关键字段以外的所有字段都设定为可更新字段。

5）“SQL WHERE 短语”单选框：包括四个单选按钮，用于控制检查更新冲突。

6）使用更新单选框：该框包括两个选项，用于设定修改数据的方法。

7）SQL DELETE，然后 INSERT：表示当修改数据时，先将要修改的数据删除，再插入新的记录。

8）SQL UPDATE：表示利用 SQL 直接修改记录。

3. 视图的修改

视图的修改也是在视图设计器中进行。在项目管理器或在数据库设计器中只要选中要修改的视图，单击“修改”按钮，即可打开视图设计器。由于视图修改的方法与上述建立新视图的方法相同，在此不再重复。另外通过项目管理器可以很方便地重命名视图和删除视图。

通过视图可以修改数据源数据。视图设计器没有“输出设置”，但有“更新条件”

选项卡，如图 4.9 所示。

4. 视图的使用

视图建立之后，不但可以用它来显示和更新数据，而且还可以通过调整它的属性来提高性能。处理视图类似于处理表，既可以通过“项目管理器”或“数据库设计器”，也可以借助 Visual FoxPro 命令与 SQL 语言来使用视图。视图可以使用 USE 命令来打开，就像打开一个表一样；可以为之建立临时索引，可以建立与其他视图或表之间的临时关联，可以用对表操作的任何命令对其中显示出的数据进行必要的处理等。

小　结

本章重点学习了关系数据库标准语言 SQL。其语言简洁，易学易用，是数据库程序设计的重要组成部分，在数据库应用系统开发中，数据库程序设计的较多内容可由 SQL 来完成，特别是数据查询的方面由 SQL 来完成是比较方便的。本章同时介绍了 SQL 工具——查询设计器和视图设计器，利用两种工具可自动生成 SQL 语句，查询设计器可将 SQL 语句保存，而视图设计器可将查询的结果保存在当前数据库中称为视图，视图是定制的虚拟表，可以像表一样进行各种查询。后面章节程序设计与表单设计都要用到 SQL 查询。

习　题

1．SQL 语言也称为（　　）。

A．结构化定义语言　　B．结构化控制语言

C．结构化查询语言　　D．结构化操纵语言

2．SQL 语言具有（　　）的功能。

A．数据分析、数据操纵、数据控制　　B．数据定义、数据恢复、数据控制

C．数据定义、数据查询、数据控制　　D．数据定义、数据分类、数据操纵

3．在 Visual FoxPro 中，下列关于 SQL 表定义语句（CREAE TABLE）的说法中错误的是（　　）。

A．可以定义一个新的基本表结构

B．可以定义表中的主关键字

C．可以定义表的域完整性、字段有效性规则等

D．对自由表，同样可以实现其完整性、有效性规则等信息的设置

4．为学生表增加一个字段“平均分数 F(6,2)”，正确的命令是（　　）。

A．ALTER TABLE 学生 ADD 平均分数 F(6,2)

B．ALTER TABLE 学生 ALTER 平均分数 F(6,2)

C. UPDATE TABLE 学生 ADD 平均分数 F(6,2)

D. UPDATE TABLE 学生 ADD 平均分数 F(6,2)

5. 在 Visual FoxPro 中，如果要将学生表 S（学号，姓名，性别，年龄）的“年龄”属性删除，正确的 SQL 语句是（ ）。

A. ALTER TABLE S DROP COLUMN 年龄

B. DELETE 年龄 FROM S

C. ALTER TABLE S DELETE COLUMN 年龄

D. ALTER TABLE S DELETE 年龄

6. 为“教师”表的职工号字段添加有效性规则：职工号的最左边 3 位字符是 110，正确的 SQL 语句是（ ）。

A. CHANGE TABLE 教师 ALTER 职工号 SET CHECK LEFT(职工号,3)= "110"

B. ALTER TABLE 教师 ALTER 职工号 SET CHECK LEFT(职工号,3)= "110"

C. ALTER TABLE 教师 ALTER 职工号 CHECK LEFT(职工号,3)= "110"

D. CHANGE TABLE 教师 ALTER 职工号 SET CHECK OCCURS(职工号,3)= "110"

7. 将数据库表 stock.dbf 的“股票名称”字段的宽度由 8 改为 10，应使用 SQL 语句是（ ）。

A. ALTER TABLE stock 股票名称 WITH C(10)

B. ALTER TABLE stock 股票名称 C(10)

C. ALTER TABLE stock ALTER 股票名称 C(10)

D. ALTER stock ALTER 股票名称 C(10)

8. 设有关系 SC（SNO，CNO，GRADE），其中 SNO、CNO 分别表示学号和课程号（两者均为字符型），GRADE 表示成绩（数值型）。若要把学号为“S101”的同学、选修课程号为“C11”、成绩为 98 分的记录插入到表 SC 中，正确的语句是（ ）。

A. INSERT INTO SC(SNO,CNO,GRADE) VALUES("S101","C11","98")

B. INSERT INTO SC(SNO,CNO,GRADE) VALUES(S101,C11，98)

C. INSERT ("S101","C11","98") INTO SC

D. INSERT INTO SC VALUES("S101","C11",98)

9. 以下关于删除表中记录的描述，正确的是（ ）。

A. 删除数据的命令格式是 DELETE * FROM 表名 [WHERE<条件>]

B. 如果删除数据的命令中不包含 WHERE 子句，则删除该表中的全部记录

C. SQL 的 DELETE 命令是物理删除表中数据

D. 以上描述都不正确

10. 假设“产品”表中有 C 型字段“产地”，要求将产地以“北京”开头的产品记录全部打上删除标记，正确的 SQL 命令是（ ）。

A. DELETE FROM 产品 FOR 产地="北京"

B. DELETE FROM 产品 WHERE 产地="北京%"

C．DELETE FROM 产品 FOR 产地="北京*"

D．DELETE FROM 产品 WHERE 产地 LIKE "北京%"

11．要使“商品”表中所有商品的单价上浮 10%，正确的 SQL 命令是（ ）。

A．ALTER 商品 SET 单价=单价*1.1 FOR ALL

B．UPDATE 商品 SET 单价=单价+单价*10%

C．UPDATE 商品 SET 单价=单价*1.1 FOR ALL

D．UPDATE 商品 SET 单价=单价*1.1

12．由基本形式 SELECT - FROM - WHERE 组成的语句的功能是（ ）。

A．数据查询 B．数据定义 C．数据操纵 D．数据控制

13．SQL 语句中，DISTINCT 短语的功能是（ ）。

A．按要求显示部分查询记录 B．消除重复出现的查询记录

C．删除查询结果中符合条件的记录 D．对查询结果进行排序

14．查询教师表中“系别号”字段的值为空值的所有记录的 SQL 是（ ）。

A．SELECT * FROM 教师 WHERE 系别号=""

B．SELECT * FROM 教师 WHERE 系别号 NULL

C．SELECT * FROM 教师 WHERE 系别号 IS NULL

D．SELECT IS NULL(系别号) FROM 教师

15．在 SQL 语句中，与表达式“定价 BETWEEN 20 AND 25”功能相同的表达式是（ ）。

A．定价>=20 OR <=25 B．定价>=20 OR 定价<=25

C．定价>=20 AND 定价<=25 D．定价>=20 AND <=25

16．在 SQL 语句中，与表达式“系别号 NOT IN("5","8")”功能相同的表达式是（ ）。

A．系别号="5" AND 系别号="8" B．系别号!= "5" OR 系别号#"8"

C．系别号< >"5" OR 系别号!= "8" D．系别号!= "5" AND 系别号!= "8"

17．课程表中有“课程号”、“课程名”、“授课老师”三个字段，SQL 语句“SELECT * FROM 课程 WHERE 课程名= "数据结构"”完成的操作称为（ ）。

A．选择 B．投影 C．连接 D．并

18．若 SQL-SELECT 语句中的 ORDER BY 短语中指定了多个字段，则（ ）。

A．无法排序 B．只按第一个字段排序

C．按自左至右的字段顺序排序 D．按自右至左的字段顺序排序

19．在成绩表中要求按“物理”降序排列，并查询前两名的学生姓名，正确的命令是（ ）。

A．SELECT 姓名 TOP 2 FROM 成绩表 WHERE 物理 DESC

B．SELECT 姓名 TOP 2 FROM 成绩表 FOR 物理 DESC

C．SELECT 姓名 TOP 2 FROM 成绩表 GROUP BY 物理 DESC

D．SELECT 姓名 TOP 2 FROM 成绩表 ORDER BY 物理 DESC

20．SQL 命令中的 HAVING 短语必须与（　　）结合使用，不能单独使用。

A．ORDER BY　　B．FROM　　C．WHERE　　D．GROUP BY

21．查询每门课程的最高分，要求得到的信息包括课程号和最高分，正确的命令是（　　）。

A．SELECT 课程号,MAX(成绩) AS 最高分 FROM 成绩

B．SELECT 课程号,MAX(成绩) AS 最高分 FROM 成绩 GROUP BY 课程编号

C．SELECT 课程号,MIN(成绩) AS 最高分 FROM 成绩 GROUP BY 课程编号

D．SELECT 课程号,SUM(成绩) AS 最高分 FROM 成绩 GROUP BY 课程编号

22．使用 SELECT-SQL 命令建立查询时，若要将查询结果存放到文本文件中，需要选择使用（　　）。

A．INTO ARRAY　　B．INTO CURSOR

C．INTO TABLE　　D．TO FILE

23．在 SQL SELECT 语句中，下列与 INTO DBF 等价的短语是（　　）。

A．INTO MENU　　B．INTO FORM

C．INTO TABLE　　D．INTO FILE

24．使用三个数据库表：学生（学号 C（8），姓名 C（8），性别 C（2），班级 C（8）），课程（课程编号 C（8），课程名称 C（20）），成绩（学号 C（8），课程编号 C（8），成绩 N（5，1）），查询所有选修了"高等数学"的学生的姓名和成绩，并按成绩由低到高的顺序排列，下列语句正确的是（　　）。

A．SELECT 姓名,成绩 FROM 学生,成绩 WHERE 学生.学号=成绩.学号 AND 课程.课程名称="高等数学" ORDER BY 成绩

B． SELECT 姓名,成绩 FROM 课程,成绩 WHERE 课程.课程编号=成绩.课程编号 AND 课程名称="高等数学" ORDER BY 成绩

C．SELECT 姓名,成绩 FROM 学生,课程,成绩 WHERE 学生.学号=成绩.学号 AND 课程.课程编号=成绩.课程编号 AND 课程名称-"高等数学" GROUP BY 成绩

D．SELECT 姓名,成绩 FROM 学生,课程,成绩 WHERE 学生.学号=成绩.学号 AND 课程.课程编号=成绩.课程编号 AND 课程名称="高等数学" ORDER BY 成绩

25．SQL 语句中，SELECT 命令中的 JOIN 是用来建立表间的超连接的短语，连接条件应出现在下列（　　）短语中。

A．WHERE　　B．ON　　C．HAVING　　D．INNER

26．下列关于 SQL 的超链接查询的描述中，说法不正确的是（　　）。

A．Visual FoxPro 支持超链接运算符"*="和"=*"

B．在 SQL 中可以进行内部连接、左连接、右连接和全连接 4 种形式的超连接。

C．Visual FoxPro 中支持超连接运算的短语分别是[INNER] JOIN 、LEFT JOIN、RIGHT JOIN、FULL JOIN

D．左连接、右连接和全连接也称为外部连接

27．下列的 SQL 语句能实现的功能是（　　）。

SELECT * FROM 仓库 WHERE 仓库号="WH1" UNION SELECT * FROM 仓库 WHERE 仓库号="WH2"

A．查询在 WH1 或者 WH2 仓库中的职工信息

B．查询仓库号为 WH1 或者 WH2 的仓库信息

C．查询既在仓库 WH1 又在仓库 WH2 中工作的职工信息

D．语句错误，不能执行

28．在成绩表中，查找物理分数最高的学生记录，下列 SQL 语句的空白处应填入的是（　　）。

SELECT * FROM 成绩表 WHERE 物理>=_____ (SELECT 物理 FROM 成绩表)

A．SOME　　B．EXITS　　C．ANY　　D．ALL

29．在 SQL 中，集合成员算术比较操作“元组<>ALL(集合)”中的“<>ALL”的等价操作符是（　　）。

A．NOT IN　　B．IN　　C．< >SOME　　D．=SOME

30．在 Visual FoxPro 中，下列关于查询的说法，正确的是（）。

A．不能根据自由表建立查询

B．查询是 Visual FoxPro 支持的一种数据对象

C．通过查询设计器，可完成任何查询

D．查询只能从指定的表中提取满足条件的记录，不能从视图中提取满足条件的记录

31．在以下关于“查询”的叙述中，正确的是（　　）。

A．查询保存在项目文件中　　B．查询保存在表文件中

C．查询保存在数据库文件中　　D．查询保存在查询文件中

32．下列有关查询的说法中正确的是（　　）。

A．查询文件的扩展名是 VCX

B．查询文件中保存的是查询的结果

C．查询是基于表且可更新的数据集合

D．查询设计器本质上是 SQL-SELECT 命令的可视化设计方法

33．视图是一个虚拟的表，它不能单独存在，而必须依赖于（　　）。

A．视图　　B．数据库　　C．查询　　D．数据表

34．在 Visual FoxPro 中，以下关于视图描述中错误的是（　　）。

A．通过视图可以对表进行查询　　B．通过视图可以对表进行更新

C．视图是一个虚表　　D．视图就是一种查询

35．执行 SQL 语句 DROP VIEW MyView 的结果是（　　）。

A．创建 MyView 视图　　B．删除查询 MyView

C．删除视图 MyView　　D．删除临时表 MyView

36．在关于视图和查询中，以下叙述正确的是（　　）。

A．视图和查询都只能在数据库中建立

B．视图和查询都不能在数据库中建立

C．视图只能在数据库中建立

D．查询只能在数据库外建立

37．在 Visual FoxPro 中以下叙述正确的是（　　）。

A．利用视图可以修改数据　　B．利用查询可以修改数据

C．查询和视图具有相同的作用　　D．视图可以定义输出去向

38．在查询设计器环境中，“查询”菜单下的“查询去向”命令指定了查询结果的输出去向，输出去向不包括（　　）。

A．临时表　　B．表　　C．数组　　D．屏幕

39．在视图设计器中有，而在查询设计器中没有的选项卡是（　　）。

A．排序依据　　B．更新条件　　C．分组依据　　D．杂项

40．根据“歌手”表建立视图 myview，视图中含有“歌手号”左边第一位是“1”的所有记录，正确的 SQL 语句是（　　）。

A．CREATE VIEW myview AS SELECT * FROM 歌手 WHERE LEFT(歌手号,1)= "1"

B．CREATE VIEW myview AS SELECT * FROM 歌手 WHERE LIKE(歌手号,"1")

C．CREATE VIEW myview SELECT * FROM 歌手 WHERE LEFT(歌手号,1)="1"

D．CREATE VIEW myview SELECT * FROM 歌手 WHERE LIKE("1",歌手号)

41．在下列有关查询设计器的叙述中，正确的叙述是（　　）。

A．“杂项”选项卡与 SQL 语句的 HAVING 短语对应

B．“筛选”选项卡与 SQL 语句的 HAVING 短语对应

C．“排序依据”选项卡与 SQL 语句的 ORDER BY 短语对应

D．“分组依据”选项卡与 SQL 语句的 ORDER BY 短语对应

根据以下三个表，回答 42～46 题。

客户（客户号，名称，联系人，地址，电话号码）

产品（产品号，名称，规格说明，单价）

订购单（订单号，客户号，产品号，数量，订购日期）

42．查询单价在 100 元以上的鼠标和键盘，正确命令是（　　）。

A．SELECT * FROM 产品 WHERE 单价>100 AND (名称="鼠标" AND 名称="键盘")

B．SELECT * FROM 产品 WHERE 单价>100 AND (名称="鼠标" OR 名称="键盘")

C．SELECT * FROM 产品 FOR 单价>100 AND (名称="鼠标" AND 名称="键盘")

D．SELECT * FROM 产品 FOR 单价>100 AND (名称="鼠标" OR 名称="键盘")

43．查询客户名称中有“电脑”二字的客户信息，正确的 SQL 命令是（　　）。

A．SELECT * FROM 客户 WHERE 名称 LIKE "%电脑%"

B．SELECT * FROM 客户 FOR 名称 LIKE "%电脑%"

C．SELECT * FROM 客户 WHERE 名称= "%电脑%"

D．SELECT * FROM 客户 FOR 名称= "%电脑%"

44．查询尚未最后确定订购单的有关信息的正确命令是（　　）。

A．SELECT 名称,联系人,电话号码,订单号 FROM 客户,订购单 WHERE 客户.客户号=订购单.客户号 AND 订购日期 IS NULL

B．SELECT 名称,联系人,电话号码,订单号 FROM 客户,订购单 WHERE 客户.客户号=订购单．客户号 AND 订购日期=NULL

C．SELECT 名称,联系人,电话号码,订单号 FROM 客户,订购单 FOR 客户.客户号=订购单.客户号 AND 订购日期 IS NULL

D．SELECT 名称,联系人,电话号码,订单号 FROM 客户,订购单 FOR 客户.客户号=订购单.客户号 AND 订购日期=NULL

45．查询订购单的数量和所有订购单的平均金额，正确命令是（　　）。

A．SELECT COUNT（DISTINCT 订单号）,AVG（数量*单价）FROM 产品 JOIN 订购单 ON 产品.产品号=订购单.产品号

B．SELECT COUNT（订单号）,AVG（数量*单价）FROM 产品 JOIN 订购单 ON 产品.产品号=订购单.产品号

C．SELECT COUNT（DISTINCT 订单号）,AVG（数量*单价）FROM 产品,订购单 ON 产品.产品号=订购单.产品号

D．SELECT COUNT（订单号）,AVG（数量*单价）FROM 产品,订购单 ON 产品.产品号=订购单.产品号

46．假设客户表中有客户号（关键字）C1～C8 共 8 条客户记录，订购单表有订单号（关键字）OR1～OR6 共 6 条订购单记录，并且订购单表参照客户表。如下命令可以正确执行的是（　　）。

A．INSERT INTO 订购单 VALUES("OR5","C5","102",3,{^2008/10/10})

B．INSERT INTO 订购单 VALUES("OR5" , "C9","102",3,{^2008/10/10})

C．INSERT INTO 订购单 VALUES("OR7","C9","102",3,{^2008/10/10})

D．INSERT INTO 订购单 VALUES("OR7"， "C5","102",3,{^2008/10/10})

第5章 Visual FoxPro 程序设计

本章要点

- 面向过程的程序设计
- 面向对象的程序设计

学习目标

- 掌握 Visual FoxPro 中面向过程的程序设计方法
- 掌握基本的面向对象程序设计方法

通过菜单操作或者在命令窗口中输入命令，可以完成一般的数据库管理任务，这种方式称为交互工作方式。但是要开发一个完整的数据库应用系统，还必须掌握 Visual FoxPro 的程序工作方式。在这种方式下，可以把相关的操作命令按一定的顺序组合在一起，形成程序。在程序运行时，Visual FoxPro 会自动地依次执行程序中的命令，直至全部命令执行完毕。程序工作方式是应用系统的主要工作方式。

5.1 程序与程序文件

5.1.1 程序的建立、保存与运行

1. 程序的概念

程序是指将完成某一种功能的一组命令，按一定的逻辑结构和语法规则编写成的一个完整的命令序列。这些命令通过编辑器一次输入计算机，形成一个程序文件存入磁盘，需要运行的时候，将程序调入内存，由系统自动连续地执行程序中的命令序列，从而方便地解决各种复杂问题。

【例 5.1】 编写程序，计算圆的周长和面积。

```
r=3
p=2*pi()*r
a=pi()*r*r
?"圆的周长=",p
?"圆的面积=",a
return
```

通过文本编辑软件将以上各条命令顺序输入，每条命令都以 Enter 键结束，最后保存为程序文件，需要运行的时候执行运行程序的命令就可以运行这个程序文件。

这种先编写程序，在需要时自动处理程序中所有命令的方式，称为程序工作方式。相对于交互工作方式，程序工作方式具有如下优点：

1）程序文件一旦建立，可以多次运行，而且可以在一个程序中调用另一个程序。

2）程序文件可以通过文本编辑器方便地输入、修改和保存。

3）程序中可以使用 Visual FoxPro 中所有命令，而有些命令不能在交互方式下运行，如控制程序执行流程的选择、循环命令，参数接收命令等。

2. 程序文件的建立、编辑和保存

程序文件是纯文本文件，可以使用任何文本编辑器来建立、编辑和保存，例如，记事本程序就可以完成此项工作，在保存文件时文件扩展名指定为.PRG 即可。Visual FoxPro 中提供了内置的程序文件编辑器，使用它可以很方便地完成程序文件的建立、编辑和保存。启动 Visual FoxPro 内置的程序文件编辑器有菜单和命令两种使用方法。

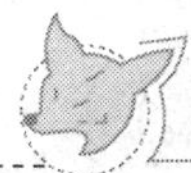

（1）菜单方式

在“文件”菜单中选择“新建”或者直接单击新建按钮，然后选择“程序”，如图 5.1 所示，按“新建文件”按钮就可以打开程序文件编辑窗口，如图 5.2 所示，在编辑窗口中可以输入程序内容。

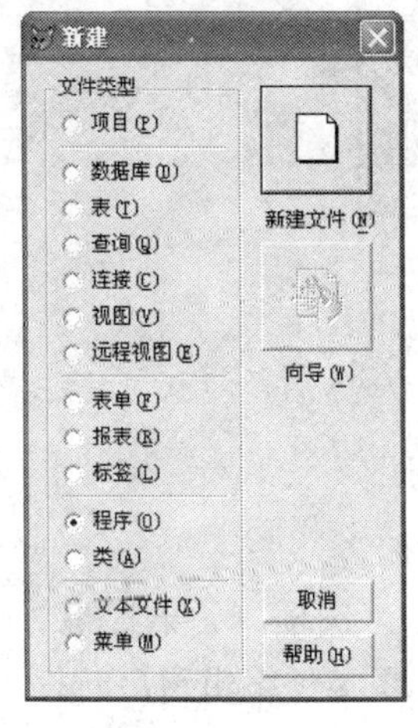

图 5.1　新建窗口

图 5.2　程序文件编辑窗口

程序内容输入结束后，可以按关闭按钮或按快捷键 Ctrl+W 关闭程序文件编辑窗口，系统会提示保存文件弹出如图 5.3 所示的对话框，可以输入文件名保存，保存类型默认为.PRG。

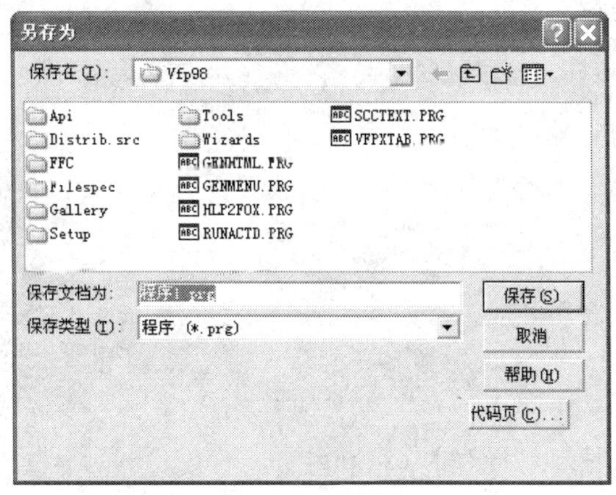

图 5.3　程序文件保存对话框

在“文件”菜单中选择“打开”或单击打开按钮，在打开对话框中然后选择“程序”，如图 5.4 所示，选择需要修改的程序打开程序文件编辑窗口，在编辑窗口中可以对程序内容进行修改编辑，编辑结束后关闭窗口或按快捷键 Ctrl+W 可以保存修改。

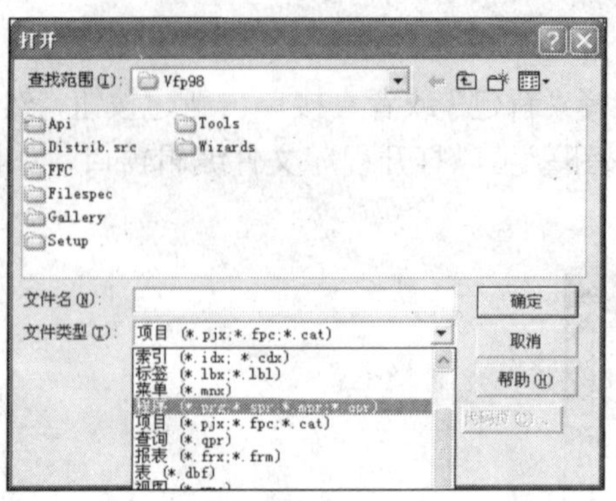

图 5.4　打开对话框

（2）命令方式

命令方式需要在命令窗口输入如下命令：

MODIFY COMMAND [文件名]

打开程序文件编辑窗口，编辑程序内容，其中文件名是可选项，如果省略文件名，系统会自动临时指定一个文件名如程序 1、程序 2 等，在关闭文件编辑窗口时提示输入文件名；如果指定了文件名，该文件存在的话就打开编辑，否则直接以此文件名建立程序文件。

【例 5.2】 编写两个变量的加法运算程序。

编写步骤如下。

1）在命令窗口里输入：

```
modify command cx1                    &&cx1 是程序文件名，扩展名.prg 可以省略
```

2）在程序编辑窗口输入如下六条命令。

```
clear                                 &&将屏幕输出窗口内容清空
a=12                                  &&将数值 12 赋值给变量 a
b=18                                  &&将数值 18 赋值给变量 b
c=a+b                  &&将变量 a 与 b 的和计算出来，赋值给变量 c
?a,b,c                                &&输出变量 a、b、c 的值
return                                &&表示程序结束
```

3）关闭窗口，文件自动保存为 cx1.prg

在输入程序内容时，需要注意以下几点：

1）程序中每条命令都以 Enter 键结尾，一行内只能输入一条命令语句。

2）若命令需要分行书写，应在一行终了时键入续行符（;）再按 Enter 键。

3）程序中用到的所有作为分隔符号的标点符号一律用半角英文符号。

3. 程序运行

程序运行可以有如下的几种方法：

1）在程序打开并且为当前程序的情况下，单击常用工具栏上“！”命令按钮。

2）在程序打开并且为当前程序的情况下，选择主菜单“程序”下的“运行”菜单项。

3）命令方式运行程序。

格式：DO <程序文件名>

该命令可在命令窗口里输入执行，也可以出现在另一个程序文件中，后者可实现在一个程序中调用另一个程序，默认程序扩展名为.PRG，可以省略。

例如，在命令窗口里输入：

```
do cx1
```

将在主窗口输出程序计算结果：

```
12        18        30
```

一般情况下，程序运行时把所有的命令行执行一遍，程序结束返回到命令窗口；如果是在一个程序通过 DO 命令调用的，返回到调用程序，从 DO 命令的下一条命令继续执行。

5.1.2 程序中常用的辅助命令

Visual FoxPro 中常用的辅助命令主要有注释命令、程序结束命令和简单的输入输出命令。

1. 注释命令

为提高程序的可读性，在程序的开头或语句后面要加一些注释，说明程序的功能、命令解释等信息。这些就是注释语句，它是非执行语句，只是为程序员阅读程序提供方便。注释语句有以下几种：

格式 1：NOTE <注释内容>

格式 2：* <注释内容>

格式 3：&& <注释内容>

说明：格式 1、格式 2 一般放在语句行的前面，用于对一段程序进行注释，格式 3 一般放在语句行的尾部，用于对本行的命令进行注释。注释内容可以是任何可显示的字符。注释语句以及所有注释内容在程序编辑窗口中显示为绿色文字。例如：

```
* 这是主程序
note 计算字符串的长度
length=len("Visual FoxPro")                && 将字符串长度赋给变量 length
?length
```

2. 程序结束命令

在程序的代码中，有些命令可以提前结束运行，常见的有以下三种：

（1）RETURN

功能：结束当前程序的执行，返回到调用它的上级程序，若无上级程序则返回到命令窗口。

（2）CANCEL

功能：结束程序运行，返回到命令窗口。

（3）QUIT

功能：退出 Visual FoxPro 系统，返回到操作系统。

3. 简单的输入输出命令

（1）字符型数据输入命令 ACCEPT

格式：ACCEPT [<提示信息>] TO <内存变量>

功能：暂停程序的执行，等待用户从键盘输入字符串并赋值给内存变量。

说明：

1）可选项<提示信息>，是命令执行时在屏幕上出现的提示信息。它可以是字符型常量，也可以是字符型变量。

2）用户从键盘输入的任何字符信息都被赋值给“内存变量”。输入的数据将作为字符型数据处理，不需要定界符括起来，如果输入了定界符，则这些定界符作为输入字符串的一部分，一起存入到内存变量中。

3）输入字符串后，按 Enter 键结束输入。如果没有输入任何内容而直接按 Enter 键，将把一个空字符串（长度为 0）赋值给内存变量。

（2）任意数据输入命令 INPUT

格式：INPUT [<提示信息>] TO <内存变量>

功能：暂停程序的执行，等待用户从键盘输入数据并赋值给内存变量。

说明：

1）可选项<提示信息>作用同 ACCEPT 命令中。

2）用户可输入任何一个合法的数值型（N）、字符型（C）、日期型（D）、逻辑型（L）表达式，系统先计算表达式的值并将该值赋值给内存变量。但不能不输入任何内容直接按 Enter 键。

3）输入字符串时必须加上字符串定界符（如"ABC"），输入逻辑型常量时必须加上圆点定界，(如.T.、.F.)，输入日期时间型常量时必须加上大括号定界(如{^2014-09-01})。

4）按 Enter 键结束输入，如果输入的是非法表达式，系统将提示您重新输入。

（3）程序暂停命令 WAIT

格式：WAIT [<提示信息>] [TO <内存变量>] [WINDOWS] [TIMEOUT<等待秒数>]

功能：暂停程序，直到用户按任意键或单击鼠标继续执行。

说明：

1）可选项<提示信息>，指定要显示的自定义信息。若省略该参数，则显示默认的提示信息“按任意键继续……”。如果该参数为空字符，则不显示任何提示信息。

2）如果包含可选项 TO <内存变量>，将用户从键盘输入的单个字符赋值给指定的内存变量（不用按 Enter 键）。若省略该参数，则输入的单个字符不保留。

3）如果包含可选项 WINDOWS，提示信息显示在 Visual FoxPro 主窗口右上角的系统信息窗口中，若省略该参数，则提示信息显示在主窗口中。

4）可选项 TIMEOUT <等待秒数>，指定程序暂停的时间（秒数），超过该秒数，即使没有按任意键程序也会继续执行。

【例 5.3】 在键盘上键入一个学生的选课信息，并添加到“选课”表中。

```
note 该程序为选课表增加一条记录。
clear
dimension aa(3)
accept "请输入学号: " to aa(1)
accept "请输入课程号: " to aa(2)
input "请输入成绩: " to aa(3)
insert into 选课 from array aa
wait "显示学生的选课信息!" windows timeout 5
use 选课
browse
return
```

（4）显示用户自定义对话框 MESSAGEBOX 函数

格式：MESSAGEBOX(提示信息 [,<对话框的属性> [,<对话框窗口标题>]])

功能：显示一个自定义的对话框，常用作提示之用，也可以作一些简单的选择，比如“确定”、“取消”等。

说明：

1）提示信息是对话框中所用到的提示文字。

2）可选项<对话框的属性>是一个数值型的参数，用于确定对话框的按钮、图标，默认按钮等，其中按钮属性的类型与参数值的对应关系如表 5.1 所示，图标种类与参数值的对应关系如表 5.2 所示，设置默认按钮类型与参数值的对应关系如表 5.3 所示。例如，参数 3+32+512 表示对话框中显示【是】、【否】和【取消】3 个按钮，显示问号图标，并将第 3 个按钮设置为默认按钮，如图 5.5 所示。

表 5.1 按钮属性

参数值	按钮类型
0	【确定】
1	【确定】【取消】
2	【放弃】【重试】【忽略】
3	【是】【否】【取消】
4	【是】【否】
5	【重试】【取消】

表 5.2 图标属性

参数值	图标种类
16	“停止”图标
32	问号
48	惊叹号
64	信息图标

3）可选项<对话框窗口标题>，用于指定对话框窗口标题栏中的文本。若省略标题栏中将显示“Microsoft Visual FoxPro”。

4）在对话框中按了不同的按钮，该函数将返回不同的值，它们的对应关系为：确定-1，取消-2，终止-3，重试-4，忽略-5，是-6，否-7。

例如，在命令窗口中输入?messagebox('是否真的要退出系统？',3+32+512, "注意")，并按 Enter 键运行，将出现如图 5.5 所示的对话框，如果此时在对话框中单击按钮【取消】，则主窗口中显示内容 2。

表 5.3 默认按钮属性

参数值	默认按钮
0	第一个按钮
216	第二个按钮
512	第三个按钮

图 5.5 messagebox 函数显示对话框

5.2 程序的基本结构

Visual FoxPro 程序设计包括顺序、分支和循环三种基本程序结构，理论上可以把任何复杂的问题分解为这三种基本结构的组合，然后用相应的程序代码完成对问题的求解。

5.2.1 顺序结构

顺序结构是程序设计中最基本的结构，该结构按照程序命令出现的先后顺序，自上而下，依次执行，其他结构作为它的组成部分存在于程序之中。上述几个例题都是顺序结构程序设计题目。

【例 5.4】从键盘上输入两个数分别赋值给变量 a、b，交换 a、b 的值并进行输出。

问题分析：这个问题就好像交换两个杯子中的水，当然要用到第三个杯子，假如第三个杯子是 t，那么正确的程序为：t = a; a = b; b = t; 如果改变其顺序，写成：a = b; t = a; b = t，则结果就变成 a = b = t，这显然是不正确的。

程序代码如下。

```
clear
input "请输入第一个数:" to a
input "请输入第二个数:" to b
t=a
a=b
b=t
?"交换后的第一个数为:", a
```

```
?"交换后的第二个数为:", b
return
```

5.2.2　分支结构

分支结构又称为选择结构，按照执行路径的多少，可分为双分支语句和多分支语句。无论是哪种类型的选择结构，都要根据所给条件是否为“真”，在两条或多条程序路径中选择一条执行。

1. 双分支语句

格式：

```
IF <条件>
    <语句序列 1>
[ELSE
    <语句序列 2>]
ENDIF
```

该语句根据<条件>是否成立从语句序列 1 或者语句序列 2 中选择一组执行。

说明：

1）IF、ELSE、ENDIF 必须各占一行，每个 IF 都要有一个 ENDIF 与其对应。

2）<条件>可以是关系表达式、逻辑表达式或者其他逻辑量。

3）有 ELSE 子句时，如果<条件>为“真”，则先执行语句序列 1，然后转去执行 ENDIF 后面的语句；如果<条件>为“假”，则先执行语句序列 2，然后转去执行 ENDIF 后面的语句，如图 5.6 所示。

4）没有 ELSE 子句时，如果<条件>为“真”，则先执行语句序列 1，然后转去执行 ENDIF 后面的语句；否则直接转去执行 ENDIF 后面的语句，如图 5.7 所示。

5）条件语句可以嵌套，但不能交叉。在嵌套时，按缩进格式书写，以便程序结构清晰、易于阅读。

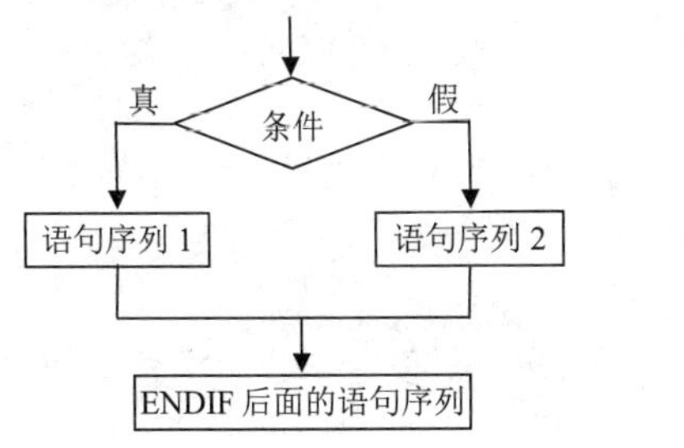

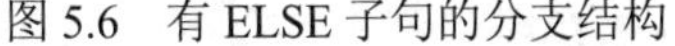

图 5.6　有 ELSE 子句的分支结构

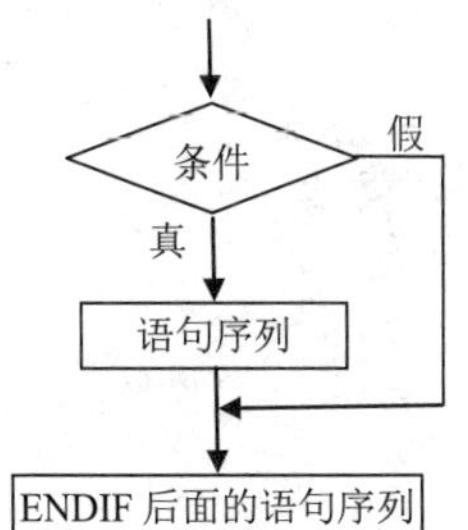

图 5.7　无 ELSE 子句的分支结构

【例 5.5】设出租车不超过 3 公里时一律收费 7 元钱，超过时，则超过部分每公里加收 2.6 元。试根据里程数编程计算并显示出应付车费。

程序代码如下。

```
clear
input "请输入里程数：" to lc
cf=7
if lc>3
  cf=7+(lc-3)*2.6
endif
?"车费为：",cf
return
```

【例 5.6】在“学生”表中按姓名查找学生，若找到则显示该学生信息，否则显示“没有此学生！”

程序代码如下。

```
clear
use 学生
accept "请输入姓名：" to xm
locate for alltrim(姓名)=xm
if found( )
  display
else
  ?"没有此学生！"
endif
return
```

【例 5.7】计算分段函数值:

$$f(x)=\begin{cases}-1 & x<0\\ 0 & x=0\\ 1 & x>0\end{cases}$$

```
clear
input "请输入 x 值：" to x
if x<0
  f=-1
else
  if x>0
    f=1
  else
    f=0
  endif
endif
?'f(x)=',f
return
```

2. 多分支语句

当需要判断的条件增多时，使用 IF 语句的嵌套层次也随之增多。这样不但书写麻烦，而且容易造成逻辑混乱。Visual FoxPro 提供了多分支 DO CASE 语句，专门用来进行多重条件的判断操作。

格式：

```
DO CASE
CASE <条件 1>
    <语句序列 1>
CASE <条件 2>
    <语句序列 2>
        ……
CASE <条件 n>
    <语句序列 n>
[OTHERWISE
    <语句序列 n+1>]
ENDCASE
```

语句执行流程如图 5.8 所示。

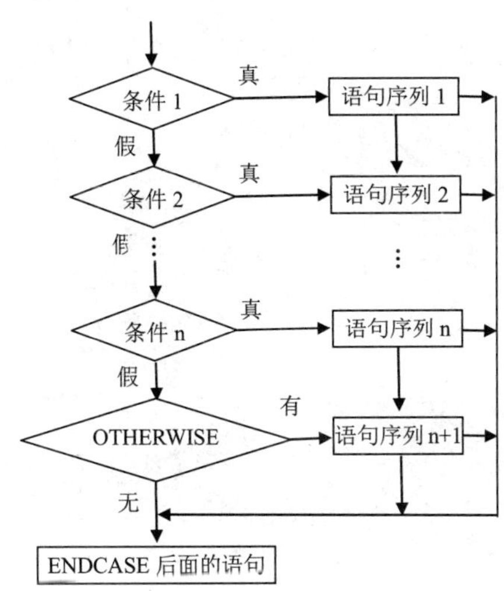

图 5.8 多分支语句

说明：

1）DO CASE 和 ENDCASE 必须成对出现。

2）语句执行时，依次判断 CASE 后面的条件是否成立。若发现某个 CASE 后面的条件成立则执行其后的语句序列，然后执行 ENDCASE 后面的语句。若所有的条件都不成立，则执行 OTHERWISE 后面的语句序列，然后执行 ENDCASE 后面的语句；若所有条件都不成立且没有 OTHERWISE 子句，则直接执行 ENDCASE 后面的语句。

3）若有多个 CASE 条件成立，则只执行最先成立的那个 CASE 条件对应的语句序列。

【例 5.8】 运输公司对用户计算运费。路程越远，每公里运费越低。路程 S 与收费折扣 D 的关系如下：

$$D=\begin{cases}0 & S<500\text{km}\\2\% & 500\text{km}\leqslant S<1000\text{km}\\5\% & 1000\text{km}\leqslant S<2000\text{km}\\8\% & 2000\text{km}\leqslant S<3000\text{km}\\10\% & S\geqslant 3000\text{km}\end{cases}$$

每公里每吨货物的基本运费为 P，货物重量为 W，距离为 S，折扣为 D，总运费 F 的计算公式为 F=P*W*S*（1-D）。

程序代码如下。

```
clear
input "请输入每公里每吨货物的基本运费：" to p
input "请输入货物重量：" to w
input "请输入距离：" to s
do case
   case s<500
        d=0
   case s<1000
        d=0.02
   case s<2000
        d=0.05
   case s<3000
        d=0.08
   otherwise
        d=0.1
endcase
f=p*w*s*(1-d)
?"总运费为：", f
return
```

5.2.3 循环结构

循环结构又称为重复控制结构，是指程序在执行的过程中，某段代码被反复地执行若干次。被重复执行的代码段，称为循环体。在 Visual FoxPro 中，提供了“当型”、“计数型”和“表扫描型”循环结构。

1. 当型循环结构

格式：

DO WHILE <条件>

<循环体>

ENDDO

说明：

1）语句执行时，先判断 DO WHILE 处的循环条件是否成立，若条件成立，则执行

循环体。当执行到 ENDDO 时，返回 DO WHILE 处再次判断循环条件是否成立，以确定是否再次执行循环体。若条件不成立，则结束该循环语句，转去执行 ENDDO 后面的语句。语句执行流程如图 5.9 所示。

2）循环体中可以根据需要在适当的位置加入 EXIT 或 LOOP 命令来改变语句执行的流程。若循环体中包含 LOOP 命令，则遇到 LOOP 时，就结束循环体的本次执行且不再执行其后的语句，而转回到 DO WHILE 处重新判断条件。若循环体中包含 EXIT 命令，则遇到 EXIT 时，就结束该循环语句，转去执行 ENDDO 后面的语句。语句执行流程如图 5.10 所示。

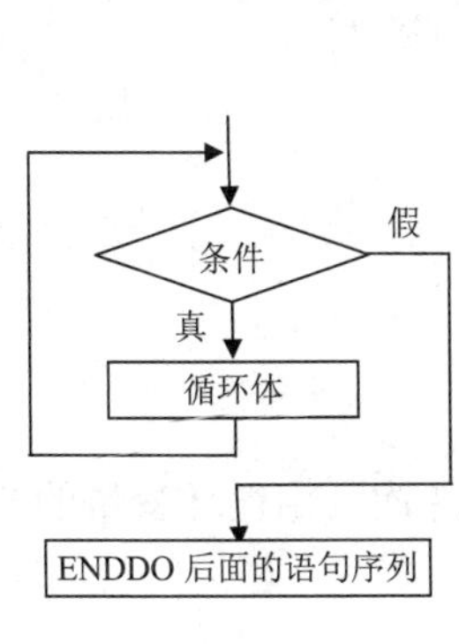

图 5.9 当型循环语句

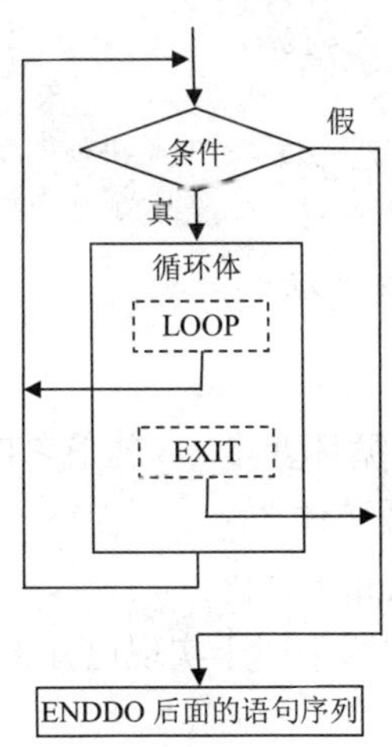

图 5.10 含有 EXIT 和 LOOP 的当型循环语句

【例 5.9】 求 1 + 2 + 3 + … + 100 的值。

程序代码如下。

```
clear
s=0
i=1
do while i<=100
   s=s+i
   i=i+1
enddo
?"1--100 自然数累加和是：", s
return
```

【例 5.10】 输出“教师”表中职称为“讲师”的教师基本信息，并统计出“讲师”的人数。

程序代码如下。

```
clear
use 教师
n=0
do while not eof( )
    if alltrim(职称) <> "讲师"
        skip
        loop
    endif
    display
    n=n+1
    skip
enddo
? "以上显示的是讲师的基本信息，共计有："+str(n,2)+"人"
return
```

2. 计数型循环

格式：

FOR <循环变量>=<初值> TO <终值> [STEP <步长>]

<循环体>

ENDFOR|NEXT

该语句通常用于实现已知循环次数的循环结构，循环次数由循环变量的初值、终值共同控制。

说明：

1）语句执行时，首先将初值赋给循环变量，然后判断循环条件是否成立。若条件成立，则执行循环体，然后循环变量增加一个步长值，再次判断循环条件是否成立，以确定是否再次执行循环体。若条件不成立，则结束循环，转去执行 ENDFOR 后面的语句。

2）可选项 STEP <步长>用于控制每次循环后循环变量增加的值，缺省时默认步长为 1。步长可以是正数也可以是负数，一般取整数，非特殊需要不要取为 0，否则陷入死循环。若步长为正数，循环条件为<循环变量>≤<终值>；若步长为负数，循环条件为<循环变量>≥<终值>。

3）ENDFOR 和 NEXT 二者等价，只能选择其中之一。

4）循环体中可以出现 EXIT 或 LOOP 命令。执行流程如图 5.11 所示，图中虚线框所示为隐含操作。

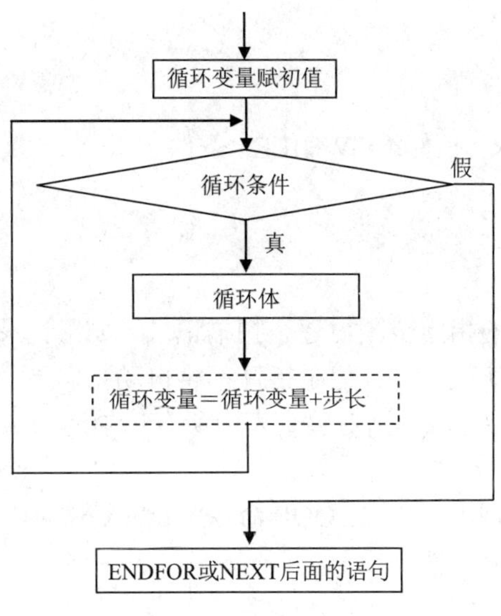

图 5.11　计数型循环语句

【例 5.11】 求 10!。

程序代码如下。

```
clear
t=1
for i=1 to 10
  t=t*i
endfor
?"10!=",t
return
```

【例 5.12】 输出 1000 之内的所有素数。

程序代码如下。

```
clear
for i=2 to 1000
   is_prime=.t.                  &&此时假定 i 为素数
   for j=2 to i-1
      if i%j=0
         is_prime =.f.           &&此时判定 i 不是素数
         exit
      endif
   endfor
   if is_prime
     ??i
   endif
 endfor
 return
```

3. 表扫描型循环

格式：

SCAN [<范围>][FOR <条件 1> |WHILE <条件 2>]
　　<循环体>
ENDSCAN

说明：

1）在当前打开表中的指定范围内逐个扫描记录，如果记录满足条件，就执行<循环体>。不管当前记录是否满足条件，记录指针都将自动指向下一条记录，继续上述查找。如果缺省<范围>和<条件>选项，则对整个表中所有记录逐个执行<循环体>规定的操作。执行流程如图 5.12 所示。

2）循环体中可以出现 EXIT 或 LOOP 命令。

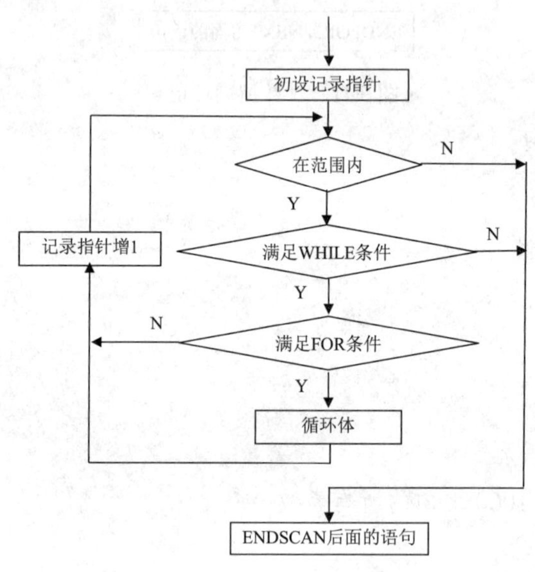

图 5.12　表扫描型循环语句

【例 5.13】 使用表扫描型循环完成例 5.10。

程序代码如下。

```
clear
use 教师
n=0
scan for alltrim(职称) == "讲师"
   display
   n=n+1
endscan
? "以上显示的是讲师的基本信息，共计有："+str(n,2)+"人"
```

【例 5.14】 统计“学生”表中的男生人数和女生人数。

程序代码如下。

```
clear
use 学生
store 0 to sexm,sexw
scan
   do case
      case 性别="男"
           sexm=sexm+1
      case 性别="女"
           sexw=sexw+1
   endcase
endscan
?"男生人数："+str(sexm,2)
?"女生人数："+str(sexw,2)
return
```

5.3 多模块程序设计

应用程序系统一般比较复杂，在编写程序前往往先把复杂的问题分解成一组小问题，并对这些小问题逐步细化，然后针对每个小问题分别编写程序，每个程序可以完成一个相对单一、独立的功能，这些程序称为模块，最后将所有的模块组装在一起就可以实现复杂系统的功能。

模块间要实现协同工作，必然存在模块间的调用。一个模块可以调用其他模块，也可以被其他模块所调用。发起调用的模块称为上级模块，被调用的模块称为下级模块或子程序。整个应用系统运行时的第一个模块是系统的入口，称为主模块或主程序。广义上讲，一个应用系统中除主程序以外的所有模块都可以称为子程序。

5.3.1 子程序设计及其调用

Visual FoxPro 中子程序可以是独立的程序文件，也可以是过程。

1. 独立的程序文件

主程序和子程序分别保存在不同的程序文件（.PRG 文件）中，在主程序中可以用 DO 命令调用子程序。

【例 5.15】 程序文件 mainp.prg 调用子程序 subp1.prg。

mainp.prg 的程序代码如下。

```
*主程序
?date( )
do subp1
*主程序结束
```

subp1.prg 的程序代码如下。

```
*子程序
?time( )
*子程序结束
```

在命令窗口中输入 DO mainp，运行程序，主窗口中显示系统当前日期和时间。

2. 过程

过程是专门定义的具有过程名的独立的程序段。

过程定义的语法格式：

PROCEDURE|FUNCTION <过程名>

<语句序列>

[RETURN[<表达式>]]

[ENDPROC|ENDFUNC]

说明：

1）PROCEDURE |FUNCTION 命令（二者选其一）表示一个过程的开始。过程名必须以字母或汉字或下划线开头，可以包含字母或汉字、数字和下划线。

2）ENDPROC|ENDFUNC 命令（二者选其一，ENDPROC 和 PROCEDURE 对应，ENDFUNC 和 FUNCTION 对应）表示一个过程的结束。如果缺省 ENDPROC | ENDFUNC，则过程结束于下一条 PROCEDURE |FUNCTION 命令或文件结尾处。

3）当过程执行到 RETURN 命令，将返回到上级模块，并返回表达式的值。如果缺省 RETURN 命令，则在过程结束处自动执行一条隐含的 RETURN 命令。如果 RETURN 命令不带<表达式>，则返回逻辑真（.T.）。

4）过程可以放置在程序文件的尾部（即和主程序在同一个程序文件中），称该过程为内部过程，可以用 DO <过程名>或过程名( )调用。

5）过程也可以保存在一个单独的文件中，称该过程为外部过程，该文件为过程文件。建立过程文件的方法仍使用 MODIFY COMMAND 命令，扩展名为.PRG。要调用存在于过程文件中的过程，一定要先打开过程文件，打开过程文件的命令格式如下：

SET PROCEDURE TO ＜过程文件名 1＞[,＜过程文件名 2＞…][ADDITIVE]

该语句一般放在主程序的开始部分。若选用 ADDITIVE，则在打开新的过程文件时不关闭原先已经打开的过程文件，否则将关闭已经打开的所有过程文件。不带任何参数的 SET PROCEDURE TO 命令将关闭所有打开的过程文件。

【例 5.16】 程序文件 mainp.prg 调用其内部定义的过程 subp2。

mainp.prg 的程序代码如下。

```
*主程序
?date()
do subp2
*主程序结束
```

```
*过程 subp2 定义开始
procedure subp2
?time()
endproc
*过程 subp2 定义结束
```

在命令窗口中输入 DO mainp，运行程序，主窗口中显示系统当前日期和时间。

【例 5.17】 程序文件 mainp.prg 调用在过程文件 myproc.prg 中定义的过程 subp3。mainp.prg 的程序代码如下。

```
*主程序
set procedure to myproc      &&打开过程文件 myproc
?date()
do subp3
*主程序结束
```

过程文件 myproc.prg 的代码如下。

```
*过程 subp3 定义开始
procedure subp3
?time()
endproc
*过程 subp3 定义结束
```

在命令窗口中输入 DO mainp，运行程序，主窗口中显示系统当前日期和时间。

5.3.2　子程序调用中的参数传递

前面的例子中调用子程序都不存在向子程序传递参数的问题，所以直接使用 DO 命令调用子程序就可以了。在很多情况下，调用子程序时，需要提供初始数据，子程序接收传递过来的数据进行处理，再把结果返回到上一级模块，这就存在着向子程序传递参数的问题。为了实现参数的传递，在调用的命令中需要给出参数，这个参数称为实在参数，简称实参。在子程序中要有接收参数的内存变量，这种内存变量在编写子程序代码时是形式上的参数，所以称为形式参数简称形参。

1. 有参子程序中的形式参数定义

有参数子程序中的形式参数定义语句为：

格式 1：PARAMETERS <形参 1>[,<形参 2>,…]

格式 2：LPARAMETERS <形参 1>[,<形参 2>,…]

说明：

1）该语句必须是子程序中第一条可执行语句。

2）形参一般是内存变量，可以有多个，它们之间用“,”隔开。形参的个数一般要和实参的个数一致，也可以多于实参的个数，但不能少于实参的个数。

3）参数传递时，按参数的先后顺序把实参传递给对应的形参，如果形参的数目多于实参的数目，多余的形参取初值逻辑假（.F.）。

4）格式 1 和格式 2 的区别只是形参的作用域不同，PARAMETERS 定义的形参是私有变量，LPARAMETERS 定义的形参是局部变量。

2. 有参子程序的调用

有参数传递的子程序调用命令有两种形式。

格式 1：DO <子程序名>WITH <实参 1>[,<实参 2>,…]

格式 2：子程序名(<实参 1>[,<实参 2>,…])

说明：

1）实参可以是常量、变量、一般形式的表达式。

2）格式 2 中的括号不能省略。如果没有实参也要写上，这种情况下可以实现无参数传递的子程序调用。

3. 参数传递的方式

Visual FoxPro 中参数的传递有两种方式。一种是按值传递，即将实参的值传递给形参，这种传递是单向的，子程序对形参变量值的改变不会影响实参。另一种是按引用传递（也称为按地址传递），即将实参的地址传递给形参，这时形参和实参实际上是同一个变量（虽然它们的名字可能不同），这种传递是双向的，子程序对形参变量值的改变，同样是对实参变量值的改变。

子程序调用命令格式 1 中，若实参是变量，则按引用传递。若实参是常量或一般形式的表达式，则按值传递。

子程序调用命令格式 2 中，在默认方式下，不论实参是变量还是常量或一般形式的表达式都按值方式传递。如果实参是变量，还可以通过以下命令重新设置参数传递的方式。

格式：SET UDFPARMS TO VALUE|REFERENCE

说明：

1）TO VALUE：按值传递。

2）TO REFERENCE：按引用传递。

【例 5.18】 计算 T=1!+2! +…+10!。

程序代码如下。

```
*主程序开始
clear
t=0
for i=1 to 10
    t=t+jc(i)            &&求 i 的阶乘并累计到 t
endfor
?"t=",t
*主程序到此结束
```

```
*求阶乘过程 jc 定义开始
procedure jc
   parameters p
   result=1
   for j=1 to p
       result=result*j
   endfor
   return result
endproc
*过程定义结束
```

【例 5.19】 参数传递方式示例。

参数传递方式代码如下。

```
store 100 to x1,x2
set udfprams to value
do subp4 with x1,(x2)
?x1,x2                          && 101,100
store 100 to x1,x2
subp4(x1,(x2))
?x1,x2                          && 100,100
set udfprams to reference
do subp4 with x1,(x2)
?x1,x2                          && 101,100
store 100 to x1,x2
subp4(x1,(x2))
?x1,x2                          && 101,100
procedure subp4
  parameters s1,s2
  store s1+1 to s1
  store s2+1 to s2
endproc
```

5.3.3 内存变量的作用域

在交互方式下，内存变量的使用非常灵活，不需要定义就可以直接使用，除非执行了清除或释放内存变量的命令，否则内存变量一直是有效的，直到退出 Visual FoxPro 才会释放内存变量所占用的内存空间，内存变量失效。但是，在程序方式下使用的内存变量有所不同，根据使用说明语句或创建的时间不同内存变量的作用域不同，可以分为全局变量、私有变量和局部变量三种。

1. 内存变量的类型

（1）全局变量

全局变量也称为公共变量，一旦建立就一直有效，只有执行 RELEASE 或 CLEAR ALL、QUIT 等命令才被释放。在命令窗口直接使用的变量都是全局变量，但这些变量不能在程序中使用，程序中的全局变量需要定义，在程序的任何位置都可以定义全局变量。

格式：PUBLIC <内存变量名表>

该命令在建立全局变量的同时对变量赋初值，初值为.F. 。

（2）私有变量

私有变量的作用域为本模块及其下属的各层模块。私有变量不需要定义，在程序中直接使用的变量都是私有变量。

（3）局部变量

局部变量的作用域为本模块，不能在上层或下层模块中使用。程序中的局部变量需要定义。

格式：LOCAL <内存变量名表>

该命令在建立局部变量的同时对变量赋初值，初值为.F. 。

2. 内存变量的屏蔽

在程序开发中，不同的模块可能由不同的人编写，大家相互间对对方使用的变量并不一定了解得非常清楚。如果一个模块中使用的变量在它的上层模块中已经使用过，就可能出现同名的变量，此模块的运行可能会改变上层模块中变量的取值。为避免这些同名变量相互影响，可以用 PRIVATE 命令对变量进行声明，达到隐藏上层模块变量的目的。

格式：PRIVATE <内存变量名表>

该命令并不是建立内存变量，而是声明变量（在本模块及其下层模块有效），使上层模块中的同名变量在当前模块及其下层模块暂时失效。一旦返回到上层模块时，那些被隐藏的同名变量就可以正常使用并保持原有的值。

另外，LOCAL 命令在建立局部变量的同时，也具有屏蔽同名变量的作用。与 PRIVATE 不同，LOCAL 命令只在它所在的模块内隐藏同名变量，一旦到了下层模块，这些同名变量就会重新出现。

【例 5.20】三种内存变量比较示例。

程序代码如下。

```
*主程序
clear
public x,y              &&定义全局变量 x,y
x="main"
y="main"
do subp5
?"main 中显示..."
?"x is",x               &&主程序中 x 的值
?"y is" ,y              &&主程序中 y 的值,已经在 subp6 中改变
?"z is", z              &&全局变量 z 一旦建立就一直有效
```

```
*过程 subp5
procedure subp5
  private x            &&屏蔽全局变量 x
  local y              &&屏蔽全局变量 y
  public z             &&定义全局变量 z
  x="subp5"
  y="subp5"
  z="subp5"
  do subp6
  ?"subp5 中显示..."
  ?"x is",x            &&subp6 中对 x 的值作了改变
  ?"y is" ,y           &&subp6 中对 y 的改变不影响此处的 y 值
  ?"z is", z
endproc
*过程 subp6
procedure subp6
  x="subp6"            &&此处的 x 是 subp5 中的 x
  y="subp6"            &&此处的 y 是主程序中的 y
  z="subp6"
endproc
```

5.4　面向对象程序设计

前面几节介绍的程序设计方法是面向过程的，强调的是解决问题的过程，是传统的程序设计模式，采用的是结构化程序设计方法。所谓结构化，一是强调在编写程序时使用三种基本控制结构，二是在系统设计时，采用“自顶向下，逐步细化，模块化”的设计方法。随着信息系统的加速发展，应用程序日趋复杂化和大型化，传统的软件开发技术难以满足发展的新要求。20 世纪 80 年代后，面向对象的程序设计技术日趋成熟并逐渐地为计算机界所理解和接受。面向对象的程序设计是目前应用开发中最常用的程序设计模式。在 Visual FoxPro 中，表单设计、报表设计、菜单设计都采用面向对象程序设计方法。

5.4.1　面向对象的基本概念

1. 对象与类

在面向对象程序设计中，现实世界的事物均可抽象为对象（Object）。例如，一个学生、一台计算机、一个表单或一个命令按钮都可以作为对象。每个对象都有自己的静态特征，例如，一个命令按钮有名字，按钮上有显示的文字。每个对象也有自己的动态特征，例如，一个命令按钮，当用户用鼠标单击时要执行规定的操作。在面向对象程序设计中，使用一组称为属性（Property）的数据来描述对象的静态特征，使用一组称为方法（Method）的过程来描述对象的动态特征。例如，一个命令按钮，用“Name”、“Caption”

属性来分别描述它的名字和按钮显示文字，用“Click”过程来描述当用户用鼠标单击时命令按钮要执行什么操作。

对象是系统中用来描述客观事物的一个实体，是构成系统的一个基本单位。对象被封装为由属性和方法组成的包，尽可能隐蔽对象的内部细节，只能通过对象提供的对外接口（如属性名和方法名）访问对象。

一个系统中一般包含了很多的对象，如果每个对象都完全独立地设计，其工作量是非常大的，而且效率很低。为了简化设计和提高效率，面向对象程序设计中提供了类（Class）的概念。

类是具有相同属性特征和行为规则的一类对象的一种统一描述。例如，对命令按钮来说，它们的属性的数据模式是相同的，不同的只是属性值；它们的方法规则是相同的，不同的可能只是具体实现的功能。比如“提交”按钮和“退出”按钮都有“Caption”属性，但“提交”按钮的“Caption” 属性值是“提交”，而“退出”按钮的“Caption” 属性值是“退出”；“提交”按钮和“退出”按钮都有“Click”方法，但“提交”按钮的“Click”方法完成的是提交的功能，而“退出”按钮的“Click”方法完成的可能是关闭当前的表单。

类可以看成是已经定义了的关于对象的特征和行为的模板。类给出了属于该类的全部对象的抽象定义，而对象则是符合这种定义的一个实体，所以，一个对象又称作类的一个实例（Instance）。例如，Visual FoxPro 6.0 中 CommandButton 是命令按钮类，“提交”按钮和“退出”按钮都是 CommandButton 类的实例。根据类可以很容易地生成对象，根据类生成对象的过程称为类的实例化。在实例化过程中，对象能自动继承创建它的类属性和方法，一般会给对象的属性和方法赋以默认值和默认方法代码，可以根据需要修改属性值和方法代码，也可以生成新的属性和方法。面向对象的编程语言都会提供常见类的定义，Visual FoxPro 6.0 就提供了很多基本的类，详见 5.4.2 节。

在实际编程过程中，有时仅有语言提供的基类是不够的，可以根据现有的类生成新的类，以某个类为起点创建的新类称为子类，前者称为父类。一个子类能自动继承其父类的全部特征，但也可以增加自己的属性和方法，使它具有与父类不同的特殊性。

2. 事件驱动

在面向对象的程序中，对象是系统的基本构件，那这些对象是怎样运行的？对象之间是如何协同工作的？这就需要理解面向对象程序的运行机制。在面向过程的程序中，要设计一个主控模块作为整个系统的入口，用主控模块来协调并驱动各模块的运行。而在面向对象程序中，无需设计主模块，各模块（对象）的运行采用的是一种称为事件驱动的机制。

事件是指由系统设定并能为对象识别和响应的动作。事件可以是用户的行为，如单击鼠标(Click)事件；也可以是系统行为，如系统时钟的定时时间到时事件（Timer）。对象的方法中有一类是和对象的事件相关的，称为事件方法，每个事件方法和一个具体的事件有设定好的对应关系。当作用在对象上某个设定事件发生时，对象会自动执行与该事件相联系的事件方法，完成过程代码设定好的功能。各对象的事件处理方法是由发生在该对象上的一个特定事件来触发的，面向对象程序就是利用这种机制来模拟对象对外部事件的反映进而完成由外部事件序列所规定的功能。外部事件序列可能是随机的，所以面向对象程序可以没有一个主控模块来控制和协调各对象的运行。

尽管每个对象所能识别的事件很多，但并不是每个对象都要用到它所能识别的所有事件，程序员只需为所用到的事件编写程序代码即可。对于有程序代码（称为事件驱动程序）的事件，当该事件发生时，即执行它的事件驱动程序，对于没有驱动程序的事件，当该事件发生时，应用程序没有任何反应。

一个事件方法也可以显式地调用，这样也相当于触发了该事件。例如，可按如下格式显式地调用命令按钮（Command1）的事件方法，相当于用户单击了该按钮。

```
thisform.command1.click
```

对应地，对象中那些不和特定事件对应的方法称为一般方法，只能显式地调用。

5.4.2　Visual FoxPro 6.0 中的类

1. Visual FoxPro 6.0 的基类

Visual FoxPro6.0 中预先定义的类，称为基类。基类所有的属性和方法都不可更改。表 5.4 列出了 Visual FoxPro 6.0 提供的基类类名和对应的中文名称。

表 5.4　Visual FoxPro 的基类

类　名	中文类名	分　类	图　标
ActiveDoc	活动文档	控件	
CheckBox	复选框	控件	
CommandButton	命令按钮	控件	
ComboBox	组合框	控件	
Custom	自定义	控件	
EditBox	编辑框	控件	abl
Header	表头	控件	
Hyperlink	超级链接	控件	
Image	图像	控件	
Label	标签	控件	A
Line	直线	控件	
ListBox	列表框	控件	
OLEBoundControl	捆绑型 OLE 控件	控件	OLE
OLEContainerControl	容器型 OLE 控件	控件	OLE
OptionButton	单选按钮	控件	
Seperator	分隔符	控件	
Shape	形状	控件	
Spinner	微调	控件	
TextBox	文本框	控件	abl

续表

类　名	中文类名	分　类	图　标
Timer	定时器	控件	
Column	表列	容器	
CommandGroup	命令按钮组	容器	
Container	容器	容器	
Control	控件	容器	
Form	表单	容器	
Formset	表单集	容器	
Grid	表格	容器	
OptionGroup	选项按钮组	容器	
Page	页面	容器	
PageFrame	页框	容器	
ProjectHook	项目	容器	
ToolBar	工具栏	容器	

这些基类所共有的最小属性集合见表 5.5。

表 5.5　Visual FoxPro 基类的最小属性集合

属　性	说　明
Class	类名
BaseClass	类的基类，即派生它的基类
ClassLibrary	类所在的类库
ParentClass	类的父类。直接由基类派生的类，其 ParentClass 和 BaseClass 相同

同样，它们都有一个可识别的最小事件集合，即每个基类都具有如下的基本事件：

1）Init：当对象创建时触发。

2）Destroy：当对象从内存中释放时触发。

3）Error：当类中的事件或方法程序过程中发生错误时触发。

2. 容器类和控件类

Visual FoxPro 的基类有两大主要类型：容器类和控件类，相应地可以分别生成容器对象和控件对象。

（1）容器类

可以包容其他对象的类称为容器类。例如，表单类中可以包含有其他的对象（如按钮、文本框等），所以说表单是一个容器类；在一个命令按钮组中可包含两个或两个以上的命令按钮，因此命令按钮组也是一个容器类。

（2）控件类

控件类不能容纳其他对象，控件类对象一般可以以图形化的方式显示出来并能与用户进行交互。由控件类创建的对象，在设计和运行时是作为一个整体对待的，构成控件对象的各部分是不能单独修改或操作的。Visual FoxPro 6.0 提供的控件类包括文本框类、组合框类、命令按钮类、定时器类和用于创建自定义类的 Custom 类等，其中 Custom 类、定时器类、表单集类、页框架类等是非可视类（它派生的对象在程序运行时不可见），其余的类为可视类。

3. 自定义类

Visual FoxPro6.0 提供的基类，可以满足一般编程的需要，用户也可以在这些基类的基础上创建子类。Visual FoxPro6.0 的类设计器能够可视化地创建新类，新创建的类保存在类库文件中，类库文件的默认扩展名为.VCX。

创建一个新类和新建数据库、表的操作方法类似，可以在项目管理器中新建，可以用“文件”菜单中的“新建”菜单项或直接用新建按钮新建，也可以直接使用命令：

CREATE CALSS　ClassName OF ClassLibraryName AS BaseClassName

其中，ClassName 是新建类的名字，ClassLibraryName 是指保存新类的类库文件名，BaseClassName 是指父类的名字，父类可以是基类也可以是其他已经存在的类。

创建新类时可以在父类的基础上添加新的属性和方法。类创建后可以通过简单的环境设置就可以和基类一样使用了，在此不再赘述。

4. 对象的引用

根据 Visual FoxPro 6.0 中的类可以很方便地创建对象，创建的方法将在第 6 章详细讲述。在一个应用程序中包含了很多对象，如表单集、表单、命令按钮等等，由于容器对象的存在，使得对象之间可能为不同层次的嵌套关系。在对其中的某一对象操作时，需要用一种方法来描述它所在的层次位置、对象名、属性名或方法名，从而实现该对象的引用和操作。程序中这种对对象位置的描述，称为对象的引用。在引用对象时，经常要用到表 5.6 所示的几个属性或关键字。

表 5.6　对象引用时的属性和关键字

属性或关键字	引　用
Parent	对象的上一层容器类对象
This	表示对象本身
ThisForm	包含当前对象的表单
ThisFormset	包含当前对象的表单集

其中，Parent 是对象的一个属性，指向该对象的直接容器对象，而 This、ThisForm、ThisFormset 是三个关键字，它们分别表示当前对象、包含当前对象的表单、包含当前对象的表单集。这三个关键字只能使用在对象的方法代码中。

例如，可以使用下面的语句来设置对象的属性（假设 Command1 为命令按钮名）。

```
thisform. command1.caption="退出"
this.caption="退出"
this.parent.backcolor=rgb(255,255,0)
```

这里，第 1 行语句可以使用在表单或表单上对象的方法代码中，第 2 行语句只能使用在 Command1 命令按钮的代码中，第 3 行语句只能使用在表单上对象的方法代码中。

小　结

Visual FoxPro 既是一种数据库管理系统，还是一种面向对象的数据库程序设计语言，对于开发数据库应用系统来说，掌握程序设计的方法是必不可少的。本章学习了传统的结构化程序设计和面向对象的程序设计两种基本方法，介绍了 Visual FoxPro 建立程序的过程、程序的基本结构、面向对象的基本概念与 Visual FoxPro 基类及对象的引用方法等。学好程序设计是开发数据库应用系统的基础。

习　题

一、单项选择题

1．在 Visual FoxPro 中，用于建立或修改程序文件的命令是（　　）。

A．MODIFY　<文件名>　　B．MODIFY COMMAND <文件名>

C．MODIFY PROCEDURE <文件名>　　D．上面 B 和 C 都对

2．在 Visual FoxPro 中，程序文件的扩展名是（　　）。

A．DBF　　B．TXT　　C．PRG　　D．MPR

3．欲执行程序 temp.prg，应该执行的命令是（　　）。

A．DO PRG temp.prg　　B．DO temp.prg

C．DO CMD temp.prg　　D．DO FORM temp.prg

4．在 Visual FoxPro 程序中，注释行使用的符号是（　　）。

A．//　　B．*　　C．#'　　D．{ }

5．退出 Visual FoxPro 的操作方法是（　　）。

A．从文件下拉菜单中选择"退出"选项

B．用鼠标左按钮单击关闭窗口按钮

C．在命令窗口中输入 QUIT 命令，然后按 Enter 键

D．以上方法都可以

6．有关数据输入输出的三个命令中，不需要以 Enter 键表示输入结束的命令是（　　）。

A．INPUT　　B．WAIT

C．ACCEPT　　D．以上均不需要

7．组成 Visual FoxPro 应用程序的基本结构是（　　）。

A．顺序结构、分支结构和模块结构　　B．顺序结构、分支结构和循环结构

C．逻辑结构，物理结构和程序结构　　D．分支结构、重复结构和模块结构

8．Visual FoxPro 的 DO CASE…ENDCASE 语句属于（　　）。

A．顺序结构　　B．分支结构　　C．循环结构　　D．模块结构

9．在 DO WHILE…ENDDO 循环语句中，循环体执行的次数最少可以是（　　）。

A．0　　B．1　　C．2　　D．不确定

10．在 DO WHILE…ENDDO 循环结构中，LOOP 命令的作用是（　　）。

A．终止程序的运行

B．退出循环，返回程序开始处继续执行

C．转到 DO WHILE 语句行，开始下一次循环

D．终止本次循环，将控制转到本循环结构 ENDDO 后面的第一条语句继续执行

11．在 Visual FoxPro 中，在指定范围内扫描表文件，查找满足条件的记录并执行循环体，应该使用的循环语句是（　　）。

A．FOR 循环　　B．DO WHILE 循环

C．SCAN 循环　　D．以上都可以

12．下列有关 SCAN 循环结构，叙述正确的是（　　）。

A．SCAN 循环结构中的 LOOP 语句，可将程序流程直接指向循环开始语句 SCAN，首先判断 EOF（）函数的真假

B．SCAN 循环结构必须 SCAN 和 ENDSCAN 成对使用，不可单独使用

C．SCAN 循环结构的循环体中必须写有 SKIP 语句

D．SCAN 循环结构，如果省略了 FOR<条件>和 WHILE<条件>子句，则直接退出循环

13．在 Visual FoxPro 中，如果希望跳出 SCAN…ENDSCAN 循环体，执行 ENDSCAN 后面的语句，应使用（　　）。

A．LOOP 语句　　B．EXIT 语句　　C．BREAK 语句　　D．RETURN 语句

14．在 Visual FoxPro 中，过程的返回语句是（　　）。

A．GO BACK　　B．COME BACK

C．RETURN　　D．BACK

15．若将过程放在过程文件中，可在应用程序中使用下列（　　）命令打开过程文件。

A．SET ROUTINE TO<文件名>

B．SET PROCEDURE TO<文件名>

C．SET PROGRAM TO<文件名>

D．SET FUNCTION TO<文件名>

16．下列关于接收参数和传送参数的说法中，正确的是（　　）。

A．传送参数和接收参数的名称必须相同

B．传送参数和接收参数排列顺序和数据类型必须一一对应

C．接收参数的语句 PARAMETERS 可以放在程序中的任意位置

D．通常传送参数的语句 DO…WITH 和接收参数的语句 PARAMETERS 不必搭配成对，可以单独使用

17．定义某变量为全局变量的命令是（　　）。

A．PRIVATE　　B．LOCAL

C．PUBLIC　　D．PARAMETERS

18．在 Visual FoxPro 中，程序中不需要用 PUBLIC 等命令明确声明和建立，可直接使用的内存变量是（　　）。

A．局部变量　　B．私有变量

C．公共变量　　D．全局变量

19．在 Visual FoxPro 中，如果希望内存变量只能在本模块(过程)中使用，不能在上层或下层模块中使用，说明该种内存变量的命令是（　　）。

A．PRIVATE　　B．LOCAL

C．PUBLIC　　D．不用说明，在程序中直接使用

20．下列叙述中，正确的是（　　）。

A．在命令窗口中被赋值的变量均为局部变量

B．在命令窗口中用 PRIVATE 命令说明的变量均为局部变量

C．在被调用的下级程序中用 PUBLIC 命令说明的变量都会是全局变量

D．在程序中用 PRIVATE 命令说明的变量均为全局变量

21．关于内存变量的调用，下列说法中正确的是（　　）。

A．私有变量只能被本层模块程序调用

B．私有变量能被本层模块和下层模块程序调用

C．局部变量不能被本层模块程序调用

D．局部变量能被木层模块和下层模块程序调用

22．面向对象的设计方法与传统的面向过程的方法有本质不同，它的基本原理是（　　）。

A．模拟现实世界中不同事物之间的联系

B．强调模拟现实世界中的算法而不强调概念

C．使用现实世界的概念抽象地思考问题从而自然地加以解决

D．鼓励开发者在软件开发的绝大部分过程中都用实际领域的概念去思考

23．在 Visual FoxPro 中，下面关于属性、事件、方法叙述错误的是（　　）。

A．属性用于描述对象的状态

B．方法用于表示对象的行为

C．事件代码也可以像方法一样被显式调用

D．基于同一个类产生的两个对象的属性不能分别设置自己的属性值

24．在 Visual FoxPro 中，下面关于属性、方法和事件的叙述错误的是（　　）。

A．属性用于描述对象的状态，方法用于表示对象的行为

B．基于同一个类产生的两个对象可以分别设置自己的属性值

C．事件代码也可以像方法一样被显式调用

D．在创建一个表单时，可以添加新的属性、方法和事件

25．在 Visual FoxPro 中，扩展名为.VCX 的文件是（　　）。

A．菜单文件　　B．项目文件

C．表单文件　　D．可视类库文件

26．创建一个名为 myteacher 的新类，保存新类的类库名称是 mylib，新类的父类是 Teacher，正确的命令是（　　）。

A．CREATE CLASS mylib OF myteacher AS Teacher

B．CREATE CLASS myteacher OF Teacher AS mylib

C．CREATE CLASS myteacher OF mylib AS Teacher

D．CREATE CLASS Teacher OF mylib AS myteacher

27．在 Visual FoxPro 中，容器层次中的对象引用属性 parent 的含义是指（　　）。

A．当前对象所在的表单集　　B．当前对象所在的表单

C．当前对象的直接容器对象　　D．当前对象

28．对象的相对引用中，要引用当前操作的对象，可以使用的关键字是（　　）。

A．Parent　　B．ThisForm　　C．ThisFormSet　　D．This

29．有如下一段程序：

```
set talk off
a=1
b=0
do while a<=100
   if .not. a/2=int(a/2)
      b=b+a
   endif
   a=a+1
endd0
?b
set talk on
return
```

该程序的功能是（　　）。

A．求 1 到 100 之间的累加和

B．求 1 到 100 之间的累加和除以 2 的商

C．求 1 到 100 之间的偶数之和

D．求 1 到 100 之间的奇数之和

30．下列程序实现的功能是（　　）。

```
use 奖牌表
do while not eof( )
   if 奖牌数>=10
      skip
      loop
    endif
```

```
    display
    skip
enddo
use
```

A．显示所有奖牌数多于或等于 10 的记录

B．显示所有奖牌数少于 10 的记录

C．显示第一条奖牌数多于或等于 10 的记录

D．显示第一条奖牌数少于 10 的记录

二、程序题

1．写出下列程序段的输出结果。

```
accept to a
if a=[123]
   s=0
endif
s=1
?s
```

2．写出下列程序段的输出结果。

```
set exact on
s="ni"+space(2)
if s=="ni"
   if s="ni"
    ?"one"
   else
    ?"two"
   endif
else
   if s="ni"
    ?"three"
   else
    ?"four"
   endif
endif
return
```

3．写出下列程序段的输出结果。

```
dime a(6)
a(1)=1
a(2)=1
for i=3 to 6
    a(i)=a(i-1)+a(i-2)
```

```
next
    ?a(6)
```

4．写出下列程序段的输出结果。

```
x=34567
y=0
do while x>0
   y=x%10+y*10
   x=int(x/10)
enddo
?y
```

5．写出下列程序段的输出结果。

```
one="work"
two=""
a=len(one)
i=a
do while i>=1
   two=two+substr(one,i,1)
i=i-1
enddo
?two
```

6．写出下列程序段的输出结果。

```
clear
x=12345
y=0
do while x>0
  y=y+x%10
  x=int(x/10)
enddo
?y
```

7．写出下列程序段的输出结果。

```
set talk off
s=0
i=5
x=11
do while s<=x
  s=s+i
  i=i+1
enddo
?s
set talk on
```

8．当前盘当前目录下有数据库 db_stock，其中有数据库表 stock.dbf，该数据库表的内容如下：

股票代码	股票名称	单价	交易所
600600	青岛啤酒	7.48	上海
600601	方正科技	15.20	上海
600602	广电电子	10.40	上海
600603	兴业房产	12.76	上海
600604	二纺机	9.96	上海
600605	轻工机械	14.59	上海
000001	深发展	7.48	深圳
000002	深万科	12.50	深圳

写出执行下列程序段屏幕上显示的结果。

```
close database
a=0
use stock
go top
do while .not. eof()
   if 单价>10
      a=a+1
    endif
    skip
enddo
?a
```

9．写出下列程序段的输出结果。

```
s=0
for x=2 to 10 step 2
  s=s+x
endfor
?s
return
```

10．写出下列程序段的输出结果。

```
x=8
do while .t.
    x=x+1
    if x=int(x/3)*3
       ?x
    else
       loop
    endif
    if x>10
       exit
    endif
```

```
    enddo
```

11．写出下列程序段的输出结果。

```
x1=20
x2=30
set udfparms to value
do test with x1, x2
?x1, x2
procedure test
parameters a, b
x=a
a=b
b=x
endpro
```

12．写出下列程序段的输出结果。

```
clear
a=5
b=20
set udfparms to reference
do sq with(a), b
?a, b
procedure sq
parameters x1,y1
x1=x1*x1
y1=2*x1
endproc
```

13．写出下列程序段的输出结果。

```
clear
store 3 to x
store 5 to y
plus((x),y)
?x,y
procedure plus
parameters a1,a2
a1=a1+a2
a2=a1+a2
endproc
```

14．写出下列程序段的输出结果。

```
clear
do a
return
```

```
procedure a
s=5
do b
?s
return
procedure b
s=s+10
return
```

15．写出下列程序段的输出结果。

```
x=2
y=3
?x,y
do subl
?? x,y
procedure subl
private y
x=4
y=5
return
```

16．写出下列程序段的输出结果。

```
*程序名：test.prg
set talk off
private x,y
x="数据库"
y="管理系统"
do subl
?x+y
set talk on
return
*子程序：subl
procedu subl
local x
x="应用"
y="系统"
x=x+y
return
```

17．编写程序，实现以下功能：从键盘输入学生成绩，若成绩大于等于 80 分，则输出“优良”，成绩小于 60 分，则输出“不及格”，否则输出“中等”。

18．编写程序，实现以下功能：从键盘输入百分制成绩，转换成等级（A、B、C、D、E 共五个等级）输出。

19．编写程序，输出“学生”表中 1995 年之后出生的学生记录。

20．编写程序，找出 100-999 之间的所有“水仙花数”。“水仙花数”是指一个三位数，各位数字的立方和等于该数本身。

21．编写程序，求解百钱买百鸡问题，“鸡翁一，值钱五；鸡母一，值钱三；鸡雏三，值钱一；百钱买百鸡，则翁，母，雏各几何？”

22．编写程序，输出九九乘法表。

第6章 表单设计

本章要点

- 创建表单
- 向表单中添加新方法
- 表单上常用对象/控件的创建及其处理

学习目标

- 熟练掌握表单设计器的使用
- 掌握常用控件的常用属性和方法
- 熟练掌握查询表单的设计

表单（Form），也称为窗口，是 Visual FoxPro 软件中人机交互的主要界面，表单内可以包含 Visual FoxPro 的很多对象，产生标准的窗口或对话框。表单设计是 Visual FoxPro 面向对象程序设计的典型实例。

6.1 表单概述

表单类是 Visual FoxPro 中的最常用的基类，根据表单类可以很容易地创建表单对象。面向对象程序一般都从设计表单开始，把表单作为应用系统的人机交互的主要界面。表单是一个大的容器，应用系统中的各种对象都可以放入表单中使之形成有机的整体。

6.1.1 表单属性

表单属性定义表单对象的静态特征，例如，表单的大小、颜色、标题栏文本等。创建表单对象时会根据表单类给各属性设定默认值，可以根据需要重新设置一些属性的值。表单常用的属性如表 6.1 所示。

表 6.1 表单的几种常用属性

属 性	默 认 值	说 明
AutoCenter	.F.	指定表单在首次显示时，是否自动在主窗口内居中
BackColor	255,255,255	表单背景色
Caption	Form1	表单的标题
Closable	.T.	能否通过双击窗口菜单图标来关闭表单
Left,Top		表单位置
Height, Width		表单的高和宽
MaxButton	.T.	表单是否有最大化按钮
MinButton	.T.	表单是否有最小化按钮
Name	Form1	在代码中用以引用表单的名称
ShowWindow	0-在屏幕中	表单是否在屏幕中、悬浮在顶层表单中或作为顶层表单出现，用代码表示：0-在屏幕中，1-在顶层表单中，2-作为顶层表单
TitleBar	1-打开	表单的标题栏是否可现
Visible	.T.	表单是否可见
WindowState	0-普通	表单是否最小化、最大化还是正常状态，用代码表示：0-普通，1-最小化(只用于 Windows)，2-最大化

6.1.2 表单方法

表单方法定义表单对象的动态特征，例如，初始化、释放、获得焦点等。和表单属性类似，创建表单对象时会根据表单类给各方法设定默认过程代码，可以根据需要重新设置一些方法的过程代码以完成指定的操作。

1. 事件方法

表单事件是表单为响应某一事件而设定的方法。每个事件方法和一个具体的事件有设定好的对应关系。常用的表单事件方法如表 6.2 所示。

表 6.2 表单的几种常用事件方法

方　法	引 发 时 间	说　明
Init	表单建立时	在此事件之前将先引发它所包含所有对象的 Init 事件
Destroy	表单释放时	在此事件之后将先引发它所包含所有对象的 Destroy 事件
Error	代码运行出错时	当表单方法代码运行时出错，会把错误类型和错误发生的位置等参数传递给此事件方法，由它根据参数进行相关处理
Load	表单建立之前	运行表单时先引发表单的 Load 事件，再引发表单的 Init 事件
Unload	Destroy 之后	释放表单时先引发表单的 Destroy 事件，再引发表单的 Unload 事件
Click	鼠标单击时	其他对象也有此事件方法
DbClick	鼠标双击时	其他对象也有此事件方法
RightClick	鼠标右击时	其他对象也有此事件方法

表单的 Load、Init、Destroy、Unload 四个事件方法在表单运行或释放时会按上表所列的顺序引发，表单设计时可以把一些表单运行或释放时需要执行的代码写入相应方法，表单运行时会自动执行这些代码。

2. 一般方法

除了事件方法，表单中还有一些不和特定事件对应的一般方法，常用的一般方法如表 6.3 所示。

表 6.3 表单的几种常用一般方法

方　法	说　明
Release	将表单从内存中释放（清除）
Refresh	重新绘制表单。其他可见对象也有此事件方法
Show	显示表单，该方法将表单的 Visible 属性置为.T.，并使表单成为活动对象
Hide	隐藏表单，该方法将表单的 Visible 属性置为.F.

一般方法不会由事件引发，只能显式地调用。

表单对象的属性、方法会自动从表单类中继承得到，也可以在此基础上为表单新建一些属性或方法以满足一些特殊需要，但不能新建表单的事件方法，只能新建一般方法。新建属性与方法的具体步骤详见例 6.4 与例 6.5。

6.2 使用表单向导创建表单

表单向导为用户快速地创建表单提供了一条捷径。在向导的引导下，用户可以很轻松地完成表单的创建工作。表单的内容一般是和表或视图相关，Visual FoxPro 提供了两

个表单向导，如果表单的内容只与一个表或视图相关，使用“表单向导”；如果表单的内容与两个具有一对多关系的表或视图相关，使用“一对多表单向导”。

6.2.1 使用表单向导创建表单

【例6.1】 设计一个表单，对“学生”表中数据进行编辑。

步骤如下。

（1）调用表单向导

在“文件”菜单中的“新建”菜单项或直接用新建按钮新建，打开 “新建窗口”，如图6.1所示，在“文件类型”组框中选择“表单”，然后单击“向导”按钮，在“向导选取”对话框中选“表单向导”，如图6.2所示，进入表单向导。

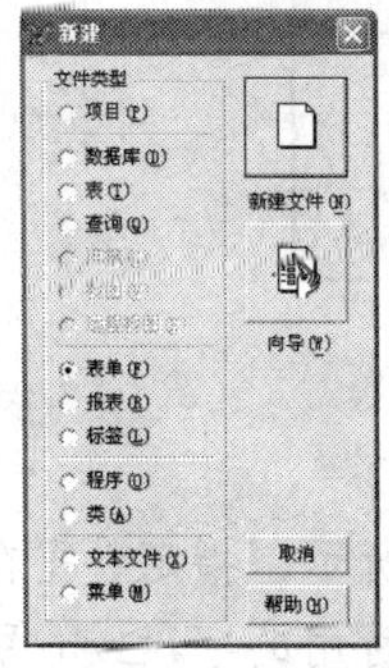

图6.1 新建窗口

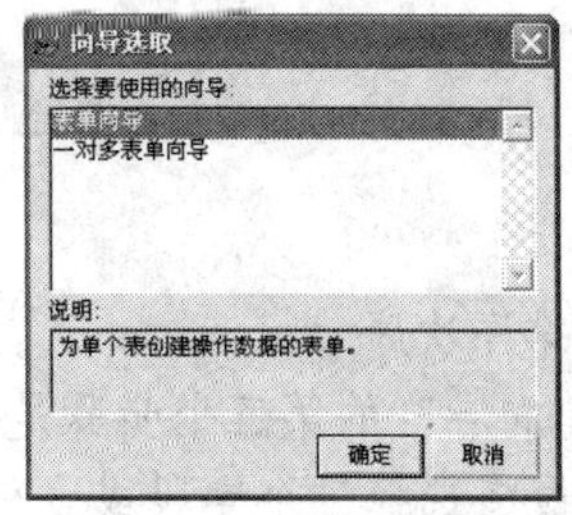

图6.2 向导选取

（2）字段选取

在“表单向导”的“步骤1 - 字段选取”对话框中，如图6.3所示，单击“数据库和表”下拉列表框右侧的带有“...”图标的按钮，在出现的“打开”对话框中选定将被作为表单数据源的表，如果当前有打开的数据库，数据库中所有的数据库表和视图都显示出来供选择；如果当前没有打开的数据库，默认打开自由表，可以按 浏览按钮打开表，如果选择的表是数据库表，会自动打开所属的数据库。选择“学生”表，该表的所有字段名称会自动显示在“可用字段”列表框中，单击 按钮可以选择部分字段，单击 按钮选择全部字段，此处选择全部字段，单击“下一步”按钮。

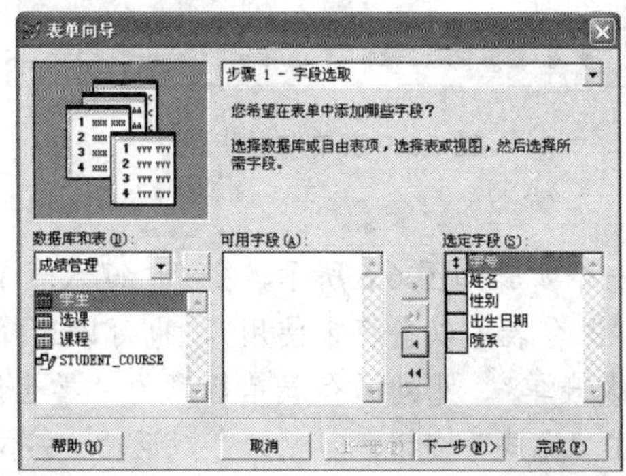

图6.3 表单向导步骤1

（3）选择表单样式

表单样式设置是调用“表单向导”的第二个步骤，如图 6.4 所示，表单的样式主要有：标准式、凹陷式、阴影式、边框式、浮雕式、新奇式、石墙式、亚麻式和彩色式，按钮样式有文本按钮、图形按钮、无按钮和定制四项，可以根据实际情况选取相应的表单样式和按钮类型。此处选择默认的标准式和文本按钮，单击“下一步”按钮。

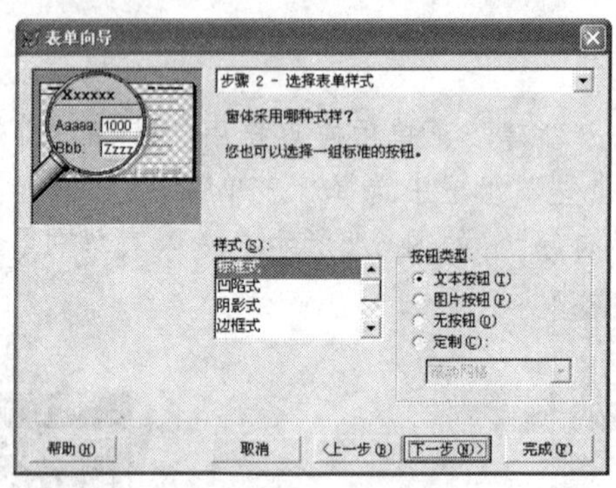

图 6.4　表单向导步骤 2

（4）排序次序

“表单向导”的第三个步骤是“排序次序”，如图 6.5 所示，指定数据在表单中的排序次序，最多选择三个字段或索引标识来排序记录。在“可用的字段或索引标识”列表框中列出了表中所有的字段和索引标识。此处选学号字段，单击添加按钮，添加到“选定字段”列表框中，单击“下一步”按钮。

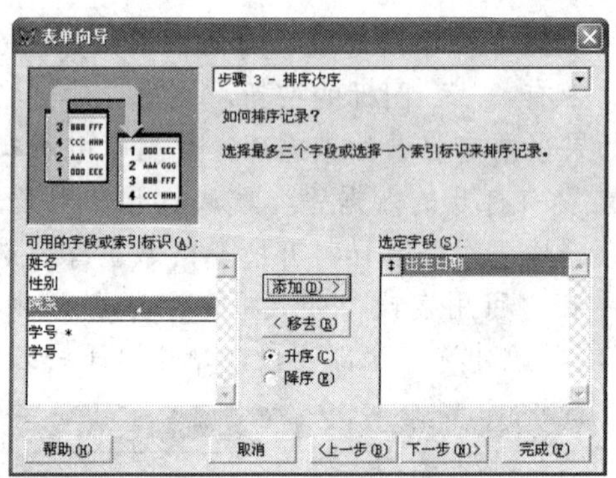

图 6.5　表单向导步骤 3

（5）保存表单

“表单向导”的最后一个步骤如图 6.6 所示，在“请键入表单标题”文本框中可以修改表单标题，可以选择“保存表单以备将来使用”，也可以选择“保存并运行表单”或“保存表单并用设计器修改表单”。此处保存表单标题为“学生信息编辑”，选择“保存表单以备将来使用”，单击“完成”按钮，出现保存对话框，按文件名“student_edit.scx”保存，即可完成该表单的创建过程。表单保存产生两个文件，一个为表单文件，扩展名为.SCX，一个为表单备注文件，扩展名为.SCT。

图 6.6 表单向导步骤 4

6.2.2 使用一对多表单向导创建表单

【例 6.2】 设计一个表单，对学生选课的信息进行编辑。

学生选课的信息需要用到“学生”表和“选课”表，这两个表通过公共字段“学号”具有“一对多”的关系，步骤如下。

（1）新建表单

在“向导选取”对话框中选“一对多表单向导”，如图 6.2 所示，进入一对多表单向导。

（2）从父表中选定字段

如图 6.7 所示，选择父表“学生”中所有字段，单击“下一步”按钮。

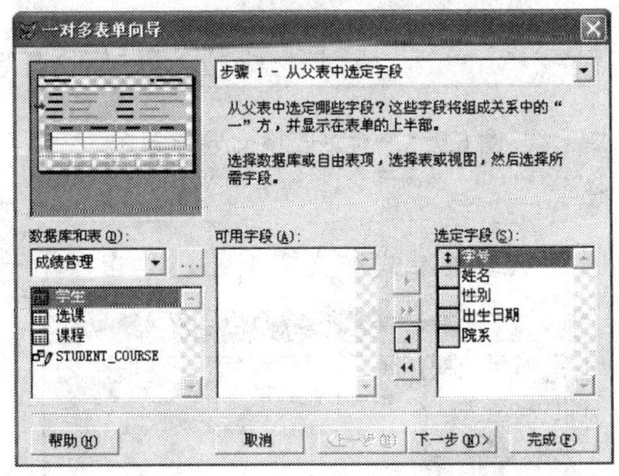

图 6.7 一对多表单向导步骤 1

所谓父表，就是指一对多关系中的一方，相应的多方称为子表。由于一对多关系的存在，表单在显示和处理父表中的当前记录时，能够同步地显示和处理相关子表中的所有与之匹配的多条记录。因此利用一对多表单可实现对相关表内数据的同步访问和处理，即实现数据的联动。

（3）从子表中选定字段

如图 6.8 所示，选择子表“选课”中“课程号”、“成绩”字段，单击“下一步”按钮。

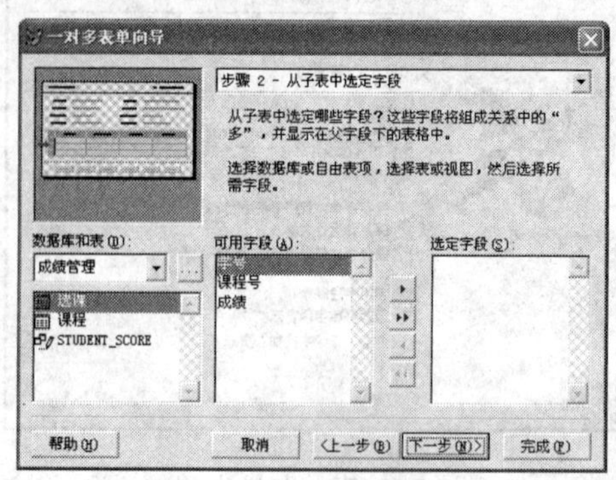

图 6.8　一对多表单向导步骤 2

（4）建立表之间的关系

如图 6.9 所示，选择两表的公共字段“学号”，单击“下一步”按钮。

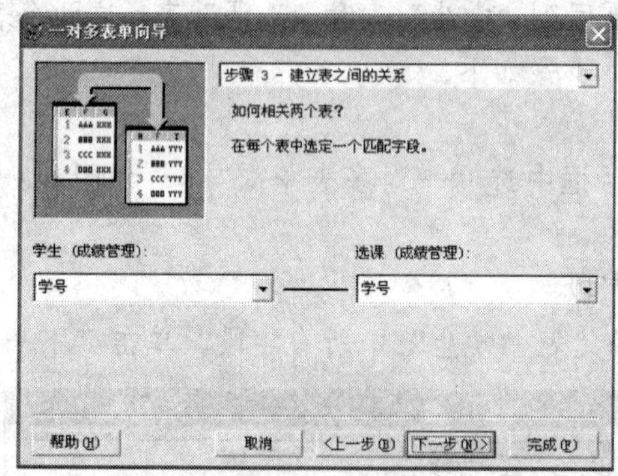

图 6.9　一对多表单向导步骤 3

（5）选择表单样式

如图 6.10 所示，选择默认的标准式和文本按钮，单击“下一步”按钮。

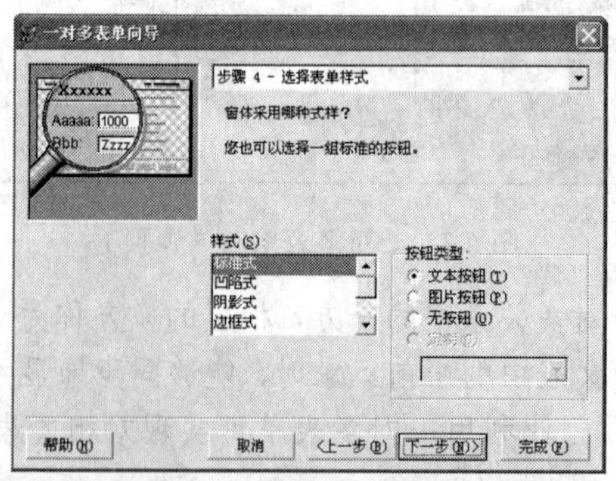

图 6.10　一对多表单向导步骤 4

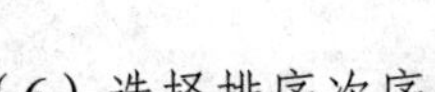

（6）选择排序次序

如图 6.11 所示，选择“院系”字段，添加到“选定字段”列表框中，单击“下一步”按钮。

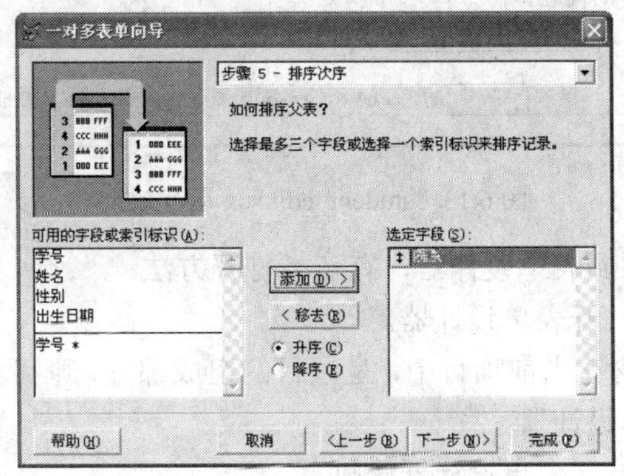

图 6.11　一对多表单向导步骤 5

（7）保存表单

如图 6.12 所示，在“请键入表单标题”文本框中键入表单标题“成绩信息编辑”，选择“保存表单以备将来使用”，单击“完成”按钮，以文件名“score_edit.scx”保存。

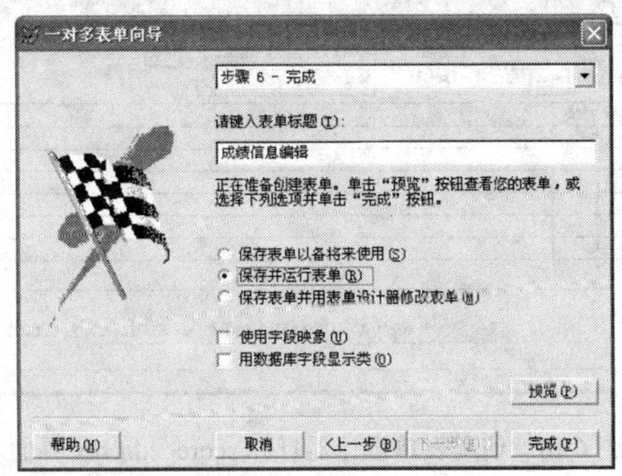

图 6.12　一对多表单向导步骤 6

6.2.3　表单的运行与修改

创建表单完成，以.SCX 文件的形式保存在磁盘上，可以用 DO FORM 命令运行表单，该命令可以在命令窗口中输入并且执行，也可以加入到应用程序当中。

格式：DO FORM <表单文件名>|?

表单文件中的扩展名.SCX 可以省略。

例如，在命令窗口中输入“DO FORM student_edit.scx”，运行利用表单向导创建的表单，可以得到如图 6.13 所示的表单。

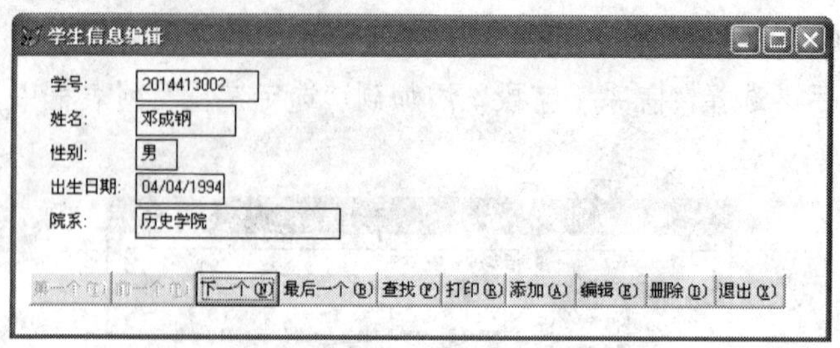

图 6.13 student_edit.scx 运行效果

表单的修改必须用到表单设计器，有三类打开方法：

1）使用打开菜单打开表单设计器。

2）如果表单被包含在当前项目中，是项目的组成部分，则可在项目管理器窗口“文档”选项卡内打开表单设计器。

3）使用表单命令打开表单设计器修改。

格式：MODIFY FORM <表单文件名>|?

例如，在命令窗口中输入“MODIFY FORM score_edit.scx”，则会在表单设计器中打开表单“score_edit”，如图 6.14 所示。

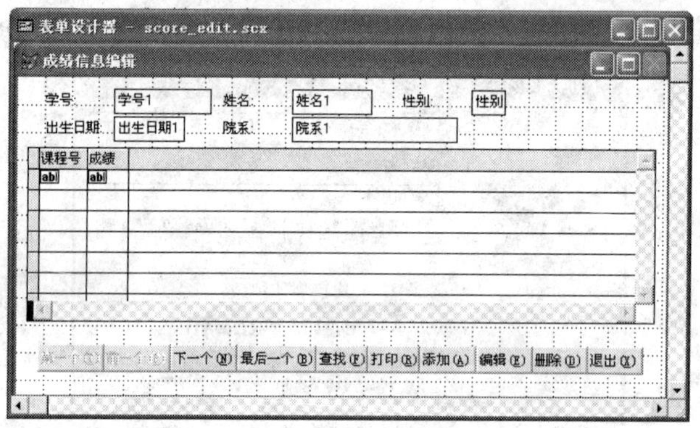

图 6.14 使用表单设计器打开 score_edit.scx 界面

6.3 使用表单设计器设计表单

利用表单向导适合生成比较规范的表单，但是不够灵活，要想设计实用有特色的表单，需要用到表单设计器。表单设计器是 Visual FoxPro 提供的一个基本工具，可以直接创建表单，也可以修改已经创建的表单。

6.3.1 打开表单设计器

可以使用如下的三种方法打开表单设计器。

1）在“项目管理器”中选择“文档”选项卡中的表单，然后单击“新建”按钮，并在打开的“新建表单”对话框中选择“新建表单”，如图 6.15 所示。

2）在 Visual FoxPro “文件”中选择“新建”菜单项或直接单击常用工具栏中“新建”按钮，指定新建文件类型为“表单”，然后单击“新建”按钮，如图 6.1 所示。

3）在命令窗口中输入命令 CREATE FORM。打开表单设计器后，表单设计器窗口显示在 Visual FoxPro 主窗口中，如图 6.16 所示。

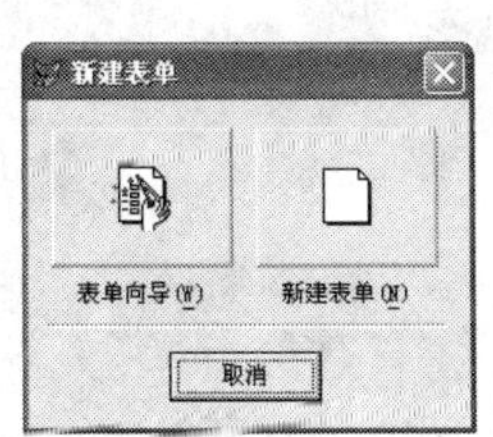

图 6.15 “新建表单”对话框

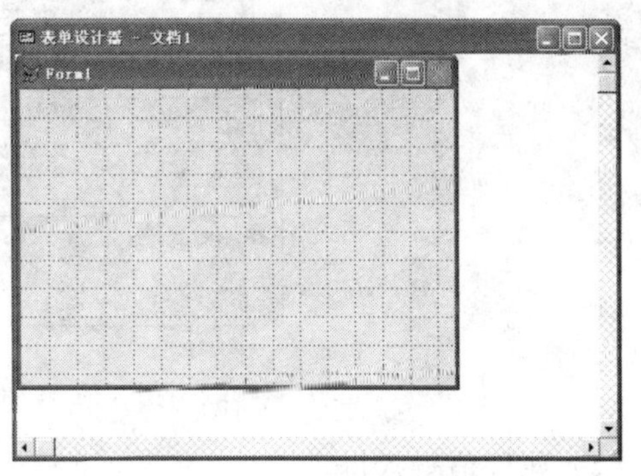

图 6.16 “表单设计器”窗口

6.3.2 表单设计器环境

表单设计器窗口打开后，还可以根据需要打开属性设置窗口、表单控件工具栏、布局工具栏等辅助工具，可以通过 Visual FoxPro 系统菜单中的“显示”命令实现这些工具的打开或关闭。此外，Visual FoxPro 的系统菜单中会增加“表单”菜单项。在表单设计器环境中利用这些工具，可以交互式地、可视化地设计表单。

1. 表单设计器窗口

表单设计器窗口就是设计完成后运行时显示的表单，分两部分：标题栏和主窗口。窗口的大小、色彩等外观要素可以通过属性设置改变。

2. 属性窗口

属性窗口如图 6.17 所示，主要含有以下几种组件。

（1）对象列表

这是一个下拉式列表，其中以树形结构分层列出了当前表单及其下所有对象的名字。从这里可以选择要设置属性的对象，对选中对象的属性进行设置。

（2）属性分类页

属性分类页的作用是按照分类的形式显示属性、事件和方法程序，共有五个分类选项卡，分别是“全部”、“数据”、“方法程序”、“布局”和“其他”。

（3）属性列表

按字母顺序排列列出了当前选项卡的所有属性名和它的当前取值或方法程序名及其当前状态。

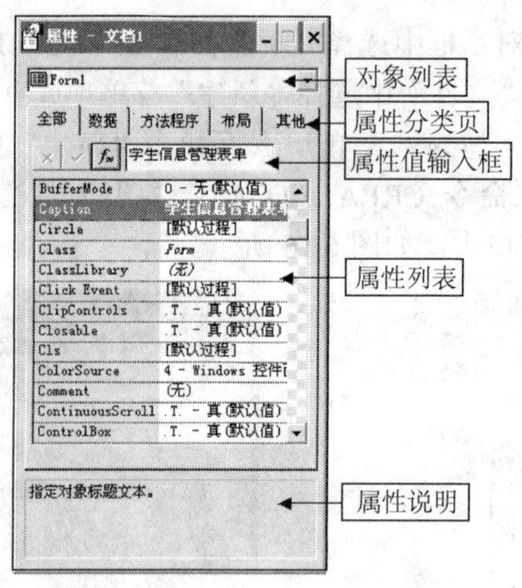

图 6.17 “属性”窗口

（4）属性值输入框

在这里可通过输入或选择修改当前选定的属性的取值。有些属性是只读属性，设计时不可更改，这时属性值输入框会自动隐藏或变为不可用。

（5）属性说明

属性说明是对当前选定属性的文字解释。

在属性窗口中，可以给属性赋值，对于一个对象的绝大多数属性，其数据类型通常是固定的，例如，表单的 Height（高度）和 Width（宽度）属性只能赋以数值型数据，表单的 Caption（标题）属性值只能是字符型的。但也有些属性的数据类型是不固定的，例如，文本框的 Value（值）属性值可以任意类型的。

一般来说，要为属性设置一个字符型数据，可以直接在属性值输入框中输入字符即可，不需要输入定界符，否则会把定界符也作为字符串的一部分。对于既可以接收字符型数据又可以接收数字型数据的属性如文本框的 Value 属性，如果直接输入 100，系统会接收到数值型数据 100，要输入字符串"100"，在属性值输入框中输入="100"。

要通过表达式为属性赋值，可以在属性值输入框中输入等号后再输入表达式，或者单击属性值输入框中输入左侧的函数按钮在表达式生成器中输入表达式。表达式在运行初始化对象时会计算，将结果赋值给属性。

有些属性的值需要从系统提供的一组值中选定，可以单击属性值输入框右侧的下拉箭头选择。

另外，每个属性系统都设置了一个默认值，要把属性值设为默认值，可以在属性条目上单击鼠标右键，在快捷菜单中选“设置为默认值”，如果当前“设置为默认值”项是暗淡的不可用，说明当前值就是默认值。

在属性窗口中，也可以直接编辑方法程序代码，方法是在相应的方法程序条目上双击鼠标，打开代码编辑窗口就可以编辑程序了。如果用户编辑了方法程序，该条目显示为“[用户自定义过程]”，否则显示为“[默认过程]”。一般情况下，只编写几个对象中

需要专门定义的方法程序，其他的采用类定义的默认过程。在大多数情况下，代码编写时在表单中的对象上直接双击鼠标打开代码编写窗口完成，很少在属性窗口中编写代码。

3. 表单设计器工具栏

表单设计器工具栏如图 6.18 所示，这几个按钮依次是：设置 Tab 键次序、数据环境、属性窗口、代码窗口、表单控件工具栏、调色板工具栏、布局工具栏、表单生成器、自动格式。

图 6.18 表单设计器工具栏

表单设计器工具栏是表单设计时用到的所有工具的总入口，按下某个按钮，可以打开相应的窗口或工具栏。

4. 表单控件工具栏

表单控件工具栏如图 6.19 所示，其中包括 4 个辅助按钮和 21 个控件按钮。

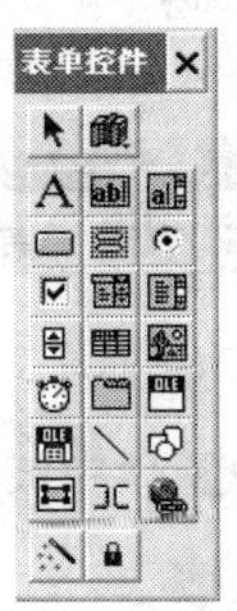

图 6.19 控件工具栏

此处的 21 个控件实际上是 Visual FoxPro 提供的最常用的基类。利用控件按钮，可以可视化地在表单上生成各种类型的对象。方法如下。

1）单击工具栏中需要的控件按钮，将鼠标指针移到表单上时，指针变成十字形；

2）在表单上从某点开始，按住鼠标左键拖动，当拖出的框线达到要求的大小时，松开按键，在表单上即出现新添加的控件。例如，在表单上创建命令按钮对象，过程如图 6.20 所示。

在下一节中将详细介绍这些控件的使用。

四个辅助按钮的作用如下。

1）选定按钮：在默认情况下，处于按下状态，表示不可创建对象，单击表单控件工具栏其他按钮，选定按钮会自动弹起，可以创建选定类型的控件对象。

2）查看类按钮：单击该按钮，可以将保存在类库文件中的自定义的类添加到表单控件工具栏上。

3）按钮锁定按钮：当该按钮按下时，可以从表单工具栏中选定某种控件按钮，然后连续在表单上生成该类对象。

4）生成器锁定按钮：当该按钮按下时，每次向表单添加控件对象时都会自动打开相应的生成器，借助生成器可以方便地完成属性设置。

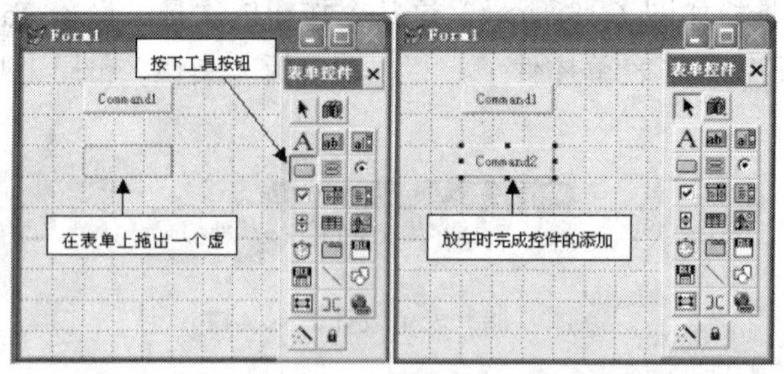

图 6.20　创建命令按钮示例

5. 布局工具栏

布局工具栏如图 6.21 所示，这几个按钮依次是：左边对齐、右边对齐、顶边对齐、底边对齐、垂直居中对齐、水平居中对齐、相同宽度、相同高度、相同大小、水平居中、垂直居中、置前、置后。

图 6.21　布局工具栏

布局工具按钮可以方便地调整表单窗口中被选中对象的相对大小和位置。布局工具栏中各按钮的功能如表 6.4 所示。

表 6.4　布局工具栏各按钮功能

布局工具按钮	说　明
左边对齐	让选定的所有对象沿其中最左边对象的左侧对齐
右边对齐	让选定的所有对象沿其中最右边对象的右侧对齐
顶边对齐	让选定的所有对象沿其中最顶端对象的顶端对齐
底边对齐	让选定的所有对象沿其中最底端对象的底端对齐
垂直居中对齐	使选定的所有对象的中心处在一条垂直轴上
水平居中对齐	使选定的所有对象的中心处在一条水平轴上
相同宽度	调整选定的所有对象宽度与其中最宽者宽度相同
相同高度	调整选定的所有对象高度与其中最高者高度相同
相同大小	调整选定的所有对象的大小，宽度与其中最宽者宽度相同高度，高度与其中最高者高度相同
水平居中	使选定对象在表单中水平居中
垂直居中	使选定对象在表单中垂直居中
置前	使选定对象移至其他（位置重叠）对象之前
置后	使选定对象移至其他（位置重叠）对象之后

6. 设置 Tab 键次序

当表单运行时，用户可以按 Tab 键选择表单中的控件，使焦点在控件间移动。控件的 Tab 次序决定了选择控件的次序。按表单设计器工具栏的设置 Tab 键次序按钮或在在系统菜单“显示”中选“Tab 键次序”菜单项，表单上标识出当前各对象的 Tab 键次序，如图 6.22 所示。可以在各对象单击鼠标改变 Tab 键次序。以后表单运行时，按 Tab 键就按新的顺序在对象之间移动焦点。

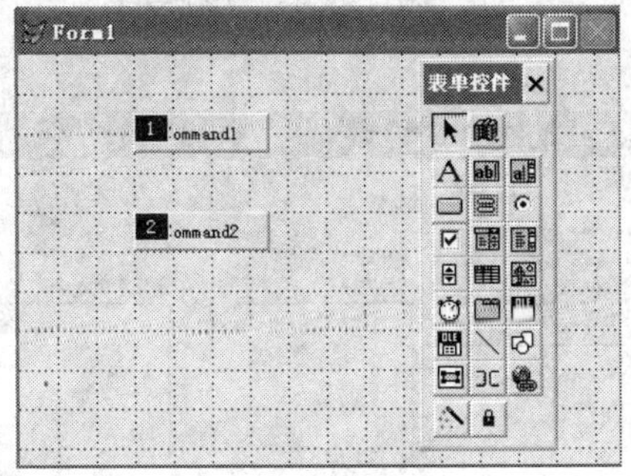

图 6.22　交互方式设置 Tab 键次序

上面设置 Tab 键次序的方式称为“交互”，Visual FoxPro 还提供了另一种设置 Tab 键次序的方式。在系统菜单“工具”选中“选项”，打开“表单选项”卡，可以将 Tab 键次序改为“按列表”，如图 6.23 所示。改过之后，按表单设计器工具栏的设置 Tab 键次序按钮或在在系统菜单“显示”中选“Tab 键次序”菜单项，会以列表的方式标识出各当前对象的 Tab 键次序，如图 6.24 所示。可以选中对象条目，按下鼠标左键拖动改变 Tab 键次序。

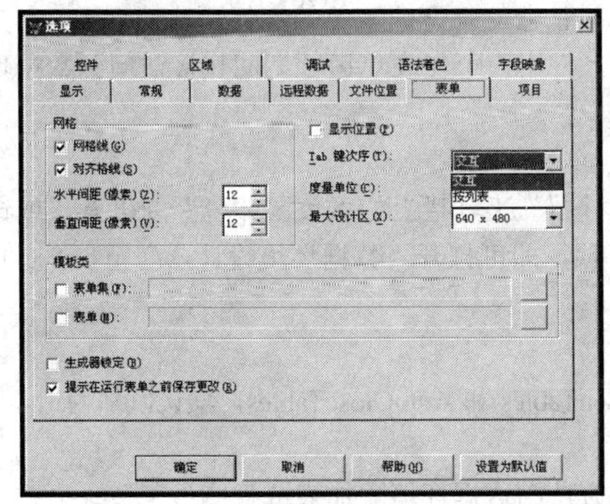

图 6.23　Tab 键次序设置方式

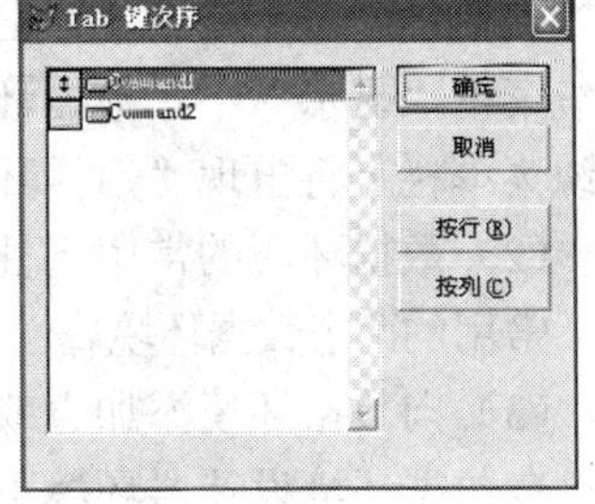

图 6.24　交列表方式设置 Tab 键次序

7. “表单”菜单

打开表单设计器后，Visual FoxPro 的系统菜单中会增加“表单”菜单项，其中的命令主要用于创建、编辑表单或表单集。

选择“表单”菜单中的“快速表单”菜单项，和表单设计器中的表单生成器按钮工具一样，将打开“表单生成器”对话框如图 6.25 所示。通过表单生成器，可以从某个表或视图中选择若干字段，这些字段将以控件对象的形式添加到表单上，能够快速创建一个规范的表单。

选择“表单”菜单中的“新建属性”、“新建方法程序”菜单项，可以为表单增加属性或方法。选择“表单”菜单中的“执行表单”可以运行当前编辑的表单，相当于执行 DO FORM 命令。

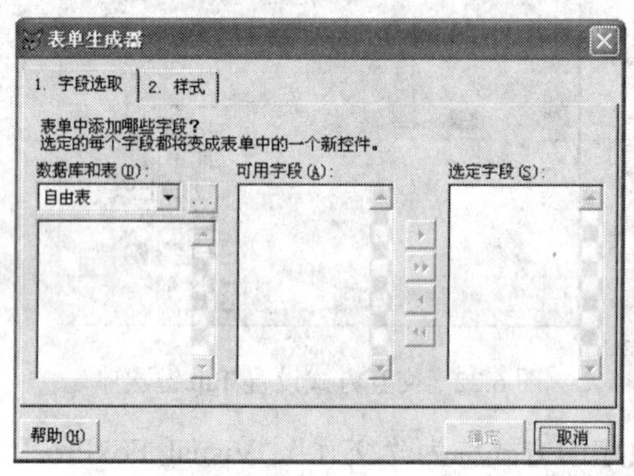

图 6.25　表单生成器

8. 数据环境

数据环境（Data Environment）是表单的一个基本对象，用户可在数据环境中预定义表单中各控件的数据来源，以备在添加字段控件时直接使用。一旦将表或视图添加到表单的数据环境中，它们就会随着表单设计器的打开或表单的运行而自动打开，当关闭或释放表单时，它们也会随之关闭。因此，用户可在表单运行期间直接访问到数据环境中的任何一个表。

（1）打开数据环境设计器

表单设计器环境下，单击“表单设计器”工具栏上的“数据环境”按钮，或选择系统菜单“显示”中“数据环境”菜单项，即可打开“数据环境设计器”窗口，此时，系统菜单栏上将出现“数据环境”菜单。

（2）数据环境的常用属性

常用的两个数据环境属性是 AutoOpenTables 和 AutoCloseTables，默认值都为.T.-真。

（3）向数据环境添加表或视图

在数据环境设计器环境下，按下列方法向数据环境添加表或视图：在系统菜单中选择 “数据环境”中“添加”菜单项，或右键单击“数据环境设计器”窗口，然后在弹出的快捷菜单中选择“添加”命令，打开“添加表或视图”对话框，如图 6.26 所示。如果数据环境原来是空的，那么在打开数据环境设计器时，该对话框就会自动出现。选择所需表，单击“添加”即可。

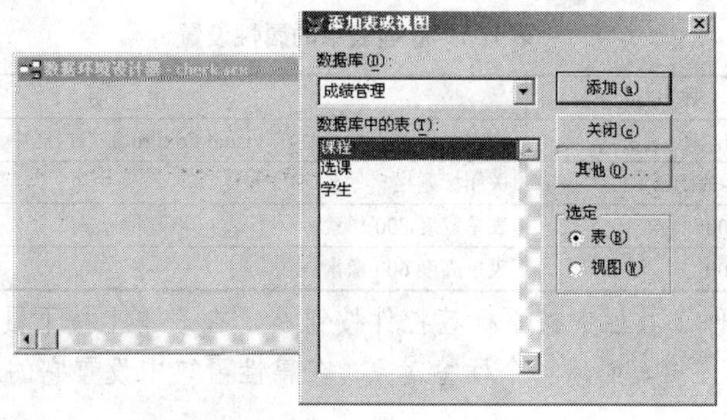

图 6.26　表单数据环境

（4）从数据环境中移去表或视图

在“数据环境设计器”窗口中，选择要移去的表或视图，在系统菜单中选择“数据环境”中“移去”菜单项，也可以用鼠标右键单击要移去的表或视图，然后在弹出的快捷菜单中选择“移去”命令。

（5）在数据环境中设置关系

设置关系的方法为：将主表的某个字段（作为关联表达式）拖曳到子表的相匹配的索引标记上既可。如果子表上没有与主表字段相匹配的索引，也可以将主表字段拖动到子表的某个字段上，这时应根据系统提示确认创建索引。

6.3.3 设计表单

【例 6.3】 学生成绩管理系统实例：设计系统的欢迎表单。表单界面如图 6.27 所示。

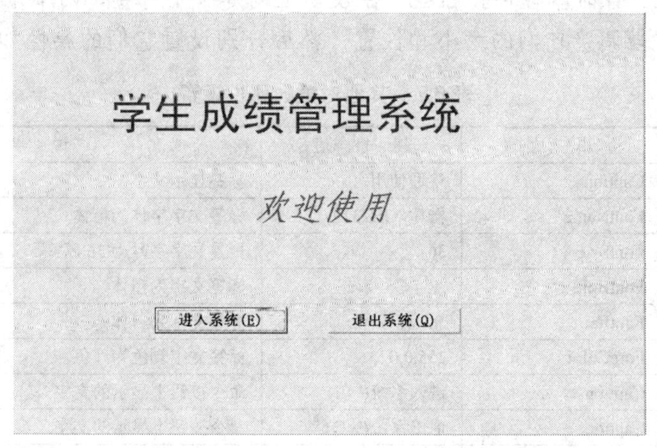

图 6.27　欢迎表单

设计步骤如下。

1）新建表单，打开表单设计器。

2）在属性窗口中设置表单的属性，如表 6.5 所示，其他属性取默认值。

表 6.5　欢迎表单的属性设置

属　性	属 性 值	说　明
AutoCenter	.T. -真	指定表单首次显示时在 Visual FoxPro 窗口内居中
TitleBar	0-关闭	关闭标题栏
Width	800	表单宽度 800 像素
Height	600	表单高度 600 像素

3）在表单控件工具栏中按下标签控件按钮，在表单上按下鼠标左键拖动一个矩形区域，松开鼠标左键，创建一个标签对象。在属性窗口中设置它的属性如表 6.6 所示。

表 6.6　第一个标签的属性设置

属　性	属 性 值	说　明
Name	Label1	标签对象名
Caption	学生成绩管理系统	标签显示文字
Alignment	2– 中央	标签文本相对标签区域居中对齐
Width	500	标签区域宽度 500 像素
Height	100	标签区域高度 100 像素
Left	150	标签区域距表单左边距 150 像素
Top	100	标签区域距表单上边距 100 像素
FontName	黑体	标签文字字体为黑体
FontSize	48	标签文字字号为 48 磅
ForeColor	0,0,255	标签文字颜色为蓝色

4）和步骤 3）中的方法一样，分别在表单控件工具栏上选中标签控件按钮、命令按钮控件按钮、计时器控件按钮，在表单上创建一个标签、两个命令按钮和一个计时器对象，并适当调整它们的大小和位置，然后分别设置它们的属性如表 6.7 所示。

表 6.7　其他对象的属性设置

对　象	属　性	属 性 值	说　明
Label2	Caption	欢迎使用	标签显示文字
	FontName	楷体_GB2312	标签文字字体为楷体
	FontSize	36	标签文字字号为 36 磅
	FontBold	.T. -真	标签文字为粗体
	FontItalic	.T. -真	标签文字为斜体
	ForeColor	255,0,0	标签文字颜色为红色
Command1	Caption	进入系统(\<E)	命令按钮上显示的文字
Command2	Caption	退出系统(\<Q)	命令按钮上显示的文字
Timer1	Interval	20	指定调用计时器事件的间隔为 20 毫秒

在为控件设置 Caption 属性时，可以将其中的某个字符定义为控件的访问键，方法是在该字符前插入“\<”，如表 6.7 中命令按钮控件 Command1 和 Command2 的 Caption 属性。对于命令按钮、复选框、选项按钮，按下相应的访问键，将激活该控件，使该控件获得焦点，相当于鼠标单击该控件。而对于标签控件，按下相应的访问键，将把焦点

传递给Tab键次序中紧跟着标签的下一个控件。

5）在计时器对象（Timer1）上双击，打开代码窗口，在其Timer过程输入如下代码。

```
**判断 label2 标签的右边界是否已到表单的左边界
if thisform.label2.left+thisform.label2.width>0
**不是，label2 标签左移一个像素点
   thisform.label2.left=thisform.label2.left-1
**是，label2 标签回到表单的右边界
else
  thisform.label2.left=thisform.width
endif
```

6）和步骤5）中的方法一样，分别输入“进入系统”（Command1）命令按钮和“退出系统”（Command2）命令按钮的Click过程代码。

Command1的Click过程代码如下。

```
thisform.timer1.interval=0        &&关闭计时器
do form check.scx                 &&调用验证表单，check.scx 由例 6.4 生成
thisform.release                  &&关闭“欢迎”表单
```

Command2的Click过程代码：

```
thisform.timer1.interval=0                  &&关闭计时器
thisform.release                            &&关闭“欢迎”表单
```

7）保存表单，文件名为welcome.scx。

8）在表单设计器打开并且为活动窗口时，按常用工具栏的运行按钮!或在在系统菜单“表单”中选“执行表单”菜单项运行表单，也可以在命令窗口执行命令“do form welcome.scx”运行表单。

6.4 表单常用控件

控件可分为基本型控件和容器型控件。基本型控件不包含其他控件，如标签、命令按钮、文本框、列表框等。容器性控件则可包含其他控件，如命令按钮组、选项按钮组、表格等。在本节中介绍一些常用控件的属性和方法。

6.4.1 标签

标签（Label）用于在表单中显示某些固定不变的文本信息。如标题文字、数据输入框的提示、操作说明等。在运行表单时，标签的内容是不能被访问的，即它不响应用户的任何事件。如果想改变它的某些属性，也只能通过相关对象的事件代码来实现。标签控件的常用属性见表6.8。

表 6.8 标签的常用属性

属 性	属性初值	说 明
Caption	Label1	标签文字
ForeColor	RGB(0,0,0)	文字的颜色
FontName	宋体	标签文字的字体
FontBold	.F.	是否为粗体
FontSize	9	文字的大小
Enabled	.T.	是否响应由用户引发的事件

6.4.2 文本框

文本框（TextBox）是表单中最常用的输入输出控件，所能处理的通常是单项数据或单行文本，可用来显示和编辑表中的字符型、数值型、日期型等字段，或用于内存变量的显示和修改。通过文本框可以把变量（内存变量、字段变量、数组元素等）的当前值显示出来。

文本框除了具有一些前面提到的通用属性以外，还具有表 6.9 中所列的一些属性。

表 6.9 文本框的常用属性

属 性	说 明
ControlSource	与对象建立联系的数据源
Value	指定或返回文本框的当前内容
InputMask	输入或显示数据时的格式，输入掩码种类及功能详见表 3.3
PasswordChar	指定文本框控件内是显示用户输入的字符还是显示占位符
ReadOnly	控件内的数据是否为只读状态

6.4.3 命令按钮

命令按钮（CommandButton）控件用于控制程序的运行或完成某些具体的操作过程，如关闭表单，在表单中移动记录指针，对表中的记录进行添加、修改或查询以及运行报表等。命令按钮的常用属性如表 6.10 所示。

表 6.10 命令按钮的常用属性

属 性	说 明
Caption	按钮的标题文本
Enabled	按钮能否响应由用户引发的事件
Default	设置为.T.时，命令按钮成为默认选择按钮，按 Enter 键执行该按钮的 Click 事件。默认值为.F.
Cancel	设置为.T.时，当表单运行时，按 Esc 键执行该按钮的 Click 事件。默认值为.F.

命令按钮最常用的方法是 Click 事件方法。

【例 6.4】学生成绩管理系统实例：设计用户验证表单 check.scx，表单界面如图 6.28 所示。

设计步骤如下。

1）新建表单 check.scx，打开表单设计器。

2）设置属性。在表单上分别利用标签工具A、文本框工具ab|和命令按钮工具□创建两个标签、两个文本框、两个命令按钮对象，并分别设置它们的属性，如表 6.11 所示。

表 6.11 对象的属性设置

对 象	属 性	属性值	说 明
Check_Form	Caption	用户验证	指定表单标题栏显示的文字
	AutoCenter	.T. -真	指定表单首次显示时在 Visual FoxPro 窗口内居中
Label1	Caption	用户名：	指定标签显示文字
Label2	Caption	密码.	指定标签显示文字
Text2	PasswordChar	*	指定文本框内按占位符*显示用户输入的每个字符
Command1	Caption	登录	指定命令按钮上显示的文字
	Default	.T. -真	指定按 Enter 键后执行该按钮
Command2	Caption	取消	指定命令按钮上显示的文字
	Cancel	.T. -真	指定按逃跑键后执行该按钮

3）布局对象。在表单上同时选中 Label1 和 Label2 对象，单击“布局”工具栏上“左对齐”按钮，使两个标签左对齐；同时选中 Text1 和 Text2 对象，单击“布局”工具栏上“相同大小”按钮，使两个文本大小相同；选中 Command1 和 Command2 对象，单击“布局”工具栏上“相同大小”按钮和“底边对齐”按钮，使两个命令按钮大小相同、底边对齐。

4）设置 Tab 键次序。按表单设计器工具栏的设置 Tab 键次序按钮或在系统菜单“显示”中选“Tab 键次序”菜单项，设置当前各对象的 Tab 键次序。

5）设置数据环境。将 user.dbf 表添加到表单数据环境（user.dbf 由第 4 章例 4.1 生成）。

6）为表单新建属性。在系统菜单中选择“表单”中“新建属性”菜单项，打开“新建属性”对话框，在名称处输入新建的属性名 num，在说明处输入“记录登录次数，初值为 0”，如图 6.29 所示。

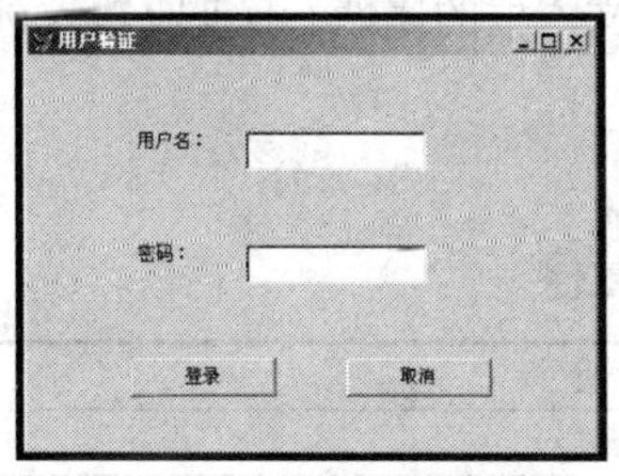

图 6.28 用户验证表单

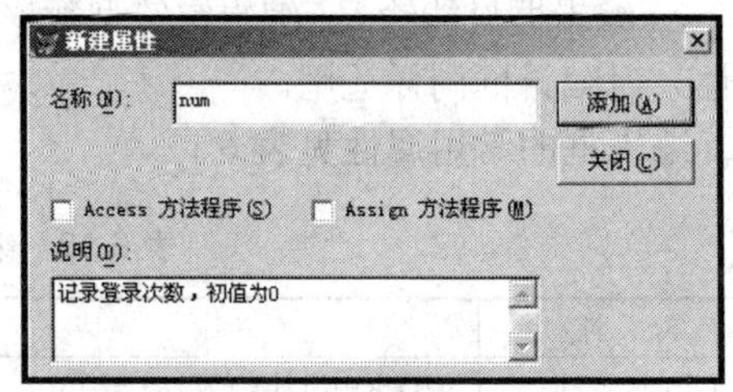

图 6.29 新建属性对话框

关闭对话框，在表单的属性窗口中找到新属性 num，置初值为 0。

7）分别输入“验证”（Command1）命令按钮和“取消”（Command2）命令按钮的 Click 过程代码。

Command1 的 Click 过程代码如下:

```
curname=alltrim(thisform.text1.value)  &&取得输入的用户名
curpwd=alltrim(thisform.text2.value)   &&取得输入的密码
thisform.num=thisform.num+1            &&累加登录次数
select user                            &&选择"用户"表所在的工作区
**在"用户"表查找输入的用户名
go top
locate for alltrim(name)==curname and alltrim(pwd)==curpwd
if eof()
**如果找不到，判断是否已登录了 3 次
   if thisform.num=3
**如果已登录了 3 次，退出登录
      messagebox("用户不存在或密码错误，登录失败!")
      thisform.release                 &&关闭“验证”表单
   else
**如果登录次数不足 3 次，允许继续登录
      messagebox("用户不存在或密码错误，重新输入!")
   endif
else
   do form main.scx           &&调用主表单，main.scx 由 8.2.2 节生成
   thisform.release           &&关闭"验证"表单
endif
```

command2 的 click 过程代码:

```
thisform.release              &&关闭"验证"表单
```

6.4.4 编辑框

与文本框一样，编辑框（EditBox）也用来输入、编辑数据，但它有自己的特点。

1）编辑框实际上是一个完整的字处理器，利用它能够选择、复制、剪切、粘贴正文；可以实现自动换行（字卷绕）；能够有自己的垂直滚动条；可以用箭头键在正文里面移动光标。

2）编辑框只能输入、编辑字符型数据，前面有关文本框的属性（不包括 PasswordChar 属性）对编辑框同样适用。

编辑框的常用属性见表 6.12。

表 6.12 编辑框的常用属性

属 性	说 明
ScrollBars	编辑框中所具有的滚动条类型
SelStart	编辑框中选定文本的起始位置
SelLength	编辑框中选定文本的长度
SelText	在编辑框中已选定文本的内容
Enabled	编辑框是否响应用户引发的事件
ReadOnly	控件内的数据是否为只读状态
Visible	控件是可见还是隐藏

6.4.5 复选框

复选框（Checkbox）用来表示具有两种状态的控件对象，如果条件为.T.，则在控件文字前面的方框中加一个“√”，否则即为.F.。因此，复选框常用来定义对象的某个可选项是否有效；可将表中的逻辑型字段指定为它的控制源。

复选框有以下两个比较常用的属性，见表6.13。

表6.13 复选框的常用属性

属 性	说 明
Caption	复选框的标题文本
Value	复选框当前状态的值，当Value值为0或.F.时复选框未被选定，当Value值为1或.T.时复选框被选定

【例6.5】 学生成绩管理系统实例：设计教师信息浏览表单。表单界面如图6.30所示。

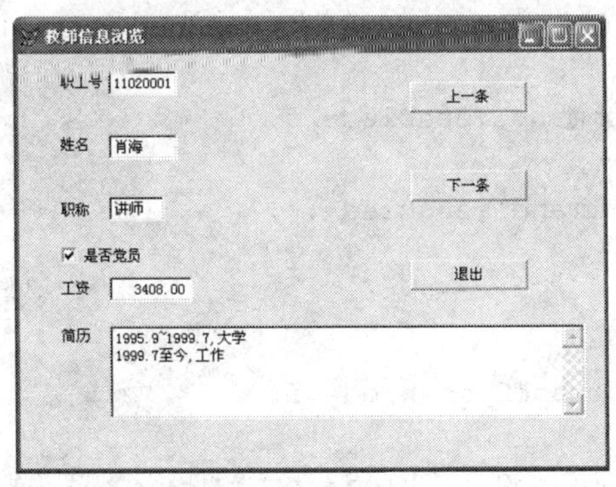

图6.30 教师信息浏览表单

设计步骤如下：

1）新建表单，打开表单设计器，设置表单的Caption属性为“教师信息浏览”。

2）设置数据环境。将“教师.dbf”表添加到表单数据环境。

3）将数据环境中“教师”表的各字段用鼠标拖到表单上，每个字段会生成一个标签和一个控件对象，如图6.30中左边6个字段。字符型数据、数值型数据生成文本框控件，逻辑性数据生成复选框控件，备注型数据生成编辑框控件。

4）在表单的右边分别创建“上一条”、“下一条”、“退出”（Command1-Command3）三个按钮。

5）设置表单的Init事件代码：

```
*init 事件代码
select 教师
go top
if reccount()=1                              &&表中只有一条记录
    thisform.command1.enabled=.f.
    thisform.command2.enabled=.f.
endif
```

6）表单新建方法。在系统菜单中选择“表单”中“新建方法”菜单项，打开“新建方法程序”对话框，在名称处输入新建的方法名 myMethod，在说明处输入“设置按钮的有效性”，如图 6.31 所示。该方法程序根据记录指针的当前内容设置按钮是否有效。其代码如下。

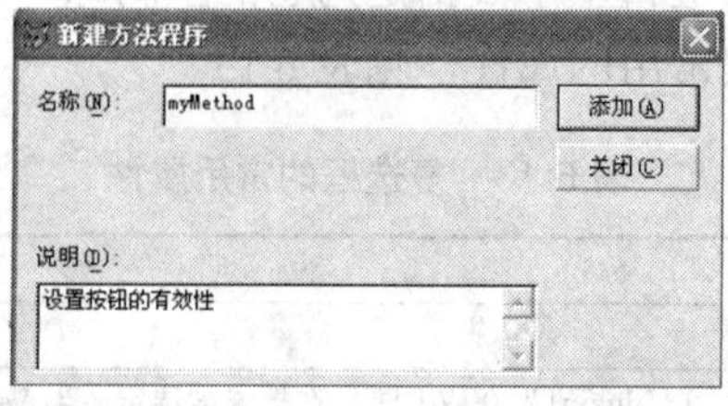

图 6.31 新建方法程序对话框

```
    if bof()                                      &&记录指针指向文件首
       go top
       thisform.command1.enabled=.f.
    else
       thisform.command1.enabled=.t.
    endif
    if eof()                                      &&记录指针指向文件尾
       go bottom
       thisform.command2.enabled=.f.
    else
       thisform.command2.enabled=.t.
    endif
    thisform.refresh                  &刷新表单，表单上的所有控件也都被刷新
```

7）设置按钮“上一条”与“下一条”的 Click 事件代码。

“上一条”按钮的 Click 事件代码：

```
    skip -1
    thisform.mymethod
```

“下一条”按钮的 Click 事件代码：

```
    skip 1
    thisform.mymethod
```

8）设置“关闭”按钮的 Click 事件代码：

```
    thisform.release
```

9）保存表单，文件名为 teacher_browse.scx。

6.4.6 列表框

在表单设计中，有时希望能从一个数据列表中选择某项数据，例如，从一组文件名中选择某个文件，从一个人员名单中选择某个人的名字等。像这样的工作在 Visual

FoxPro 中可以通过列表框来实现。列表框（ListBox）控件是个可滚动的项目列表，在列表框控件中可以显示有多项数据的数据项列表，从中选择一项或几项。当某项数据的允许取值仅为固定的若干项时，常常用它在表单中为用户设置一种灵活方便的选择式录入数据的环境。

列表框常用的几个属性如表 6.14 中所示。

表 6.14　列表框的常用属性

属　性	值类型	说　明
ColumnCount	数值	列表中数据项的列数
ControlSource	字串	绑定列表框与控制源，为变量名，可用来保存选定数据项的值
List	字串数组	数据项的字符串数组
ListIndex	数值	最近一次点击的数据项的序号
ListCount	数值	列表行数
MultiSelect	逻辑值	是否可以多项选择
RowSource	字串	列表内容来源
RowSourceType	数值	列表来源类型，用代码表示：0-无（默认值），1-值，2-别名，3-SQL 语句，4-查询，5-数组，6-字段，7-文件，8-结构，9-弹出菜单
Selected	逻辑数组	列表项是否被选中
Value		所选列表项的值，类型由列表的类型决定

【例 6.6】列表框的应用：按下图设计一个表单。要求表单运行时，List1 列表框显示“学生”的所有字段，单击左箭头按钮时，List1 中选择的字段加入到 List2 中。

操作步骤如下。

1）按图 6.32 所示在表单中加入两个列表框、两个标签、两个命令按钮。

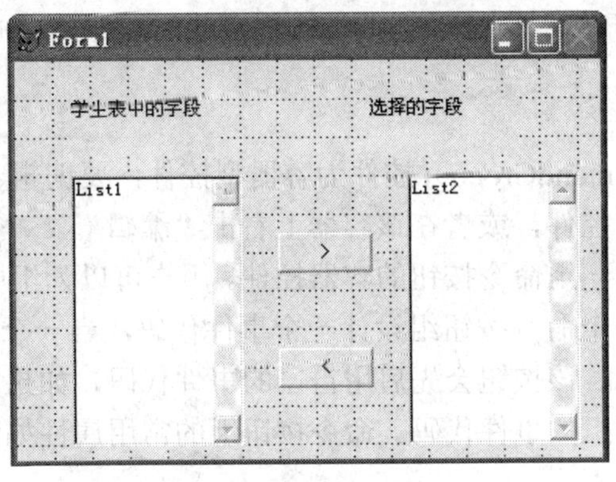

图 6.32　列表框举例表单

2）为表单添加数据环境。

3）将 List1 的 RowSourcetype 属性设置为“8-结构”，RowSource 属性设为“学生”表。

4）在右箭头按钮（Command1）的 Click 事件中加入如下代码。

```
for i=1 to thisform.list1.listcount
  if thisform.list1.selected(i)
      thisform.list2.additem(thisform.list1.list(i))
  endif
endfor
```

在左箭头按钮（Command2）的 Click 事件中加入如下代码。

```
for i=1 to this.parent.list2.listcount
     if this.parent.list2.selected(i)
         this.parent.list2.removeitem(i)
     endif
endfor
```

5）保存表单，文件名为 form6-6.scx。

6.4.7 组合框

组合框（ComboBox）与列表框类似，也是用于提供一组条目供用户从中选择。上面介绍的有关列表框的属性、方法，组合框同样具有（除 MultiSelect 外），并且具有相似的含义和用法。组合框和列表框的主要区别在于：

1）对于组合框，通常只有一个条目是可见的。用户可以单击组合框上的下箭头按钮打开，组合框能够节省显示空间。

2）组合框不提供多重选择的功能，没有 MultiSelect 属性。

3）组合框有两种形式：下拉组合框（Style 属性为 0）和下拉列表框（Style 属性为 2）。对下拉组合框，用户既可以从列表中选择，也可以在编辑区输入。对下拉列表框，用户只可从列表中选择。

6.4.8 命令按钮组

命令按钮组（CommandGroup）控件为容器型控件，要编辑容器中的单个控件可以从“属性”窗口选择子控件，或者在该容器上右击“编辑”。

命令按钮组是包含一组命令按钮的容器控件。用户可以为组中的每个按钮单独设计事件代码，也可以为整个命令按钮组设计一个事件代码，当一个事件（如 Click）在组中的某个按钮上发生时，该按钮会先启用自己的事件代码，如果没有自己的事件代码，则会启用整个命令按钮组的事件代码。命令按钮组的常用属性如表 6.15 所示。

表 6.15 命令按钮组的常用属性

属　性	说　明
ButtonCount	命令按钮组中命令按钮的数目，默认值是 2
Buttons	存取命令按钮组中各按钮的数组
Value	命令按钮组当前的状态

6.4.9　选项按钮组

选项按钮组（OptionGroup）也称为选项组，是包含一组选项按钮的容器控件。用户只能从中选择一个按钮。当用户选择某个选项按钮时，该按钮即成为被选中状态，而选项组中的其他选项按钮，不管原来是什么状态，都变为未选中状态。被选中的选项按钮中会显示一个圆点。选项按钮组的编辑和设计与命令按钮组是类似的。选项按钮组常用属性如表 6.16 所示。

表 6.16　选项按钮组的常用属性

属　性	说　明
ButtonCount	选项组中选项按钮的数目，默认值是 2
Buttons	存取选项组中各按钮的数组
Value	选项组当前的状态
ControlSource	为选项组指定要绑定的数据源

【例 6.7】命令按钮组、选项按钮组应用示例，按图 6.33 设计一个表单，要求：用户单击确定按钮时，在编辑框中显示用户对选项组的选择。

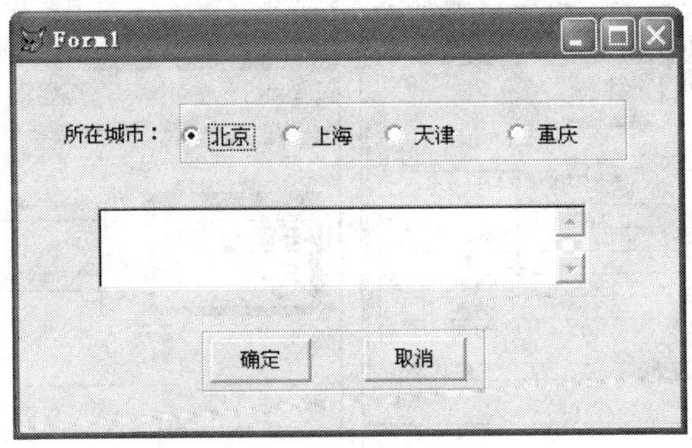

图 6.33　控件综合举例表单

操作步骤如下。

1）按图 6.33 所示在表单中加入一个标签、一个选项按钮组、一个编辑框、一个命令按钮组，并分别设置它们的 Caption 属性。

2）在命令按钮组（Commandgroup1）的 Click 事件中加入如下代码。

```
if this.value=2
    thisform.release
else
     thisform.edit1.value="你所在城市："+;
     thisform.optiongroup1.buttons(thisform.optiongroup1.value).;
     caption
endif
```

3）保存表单，文件名为 form6-7.scx。

6.4.10 表格

表格（Grid）是一种容器控件，其外形与 Browse 窗口相似，按行和列的形式显示数据。通常用于浏览或编辑多行多列数据。

1. 使用表格生成器设计表格

右击表格，在弹出的快捷菜单中选择“生成器”命令，打开“表格生成器”对话框，如图 6.34 所示。

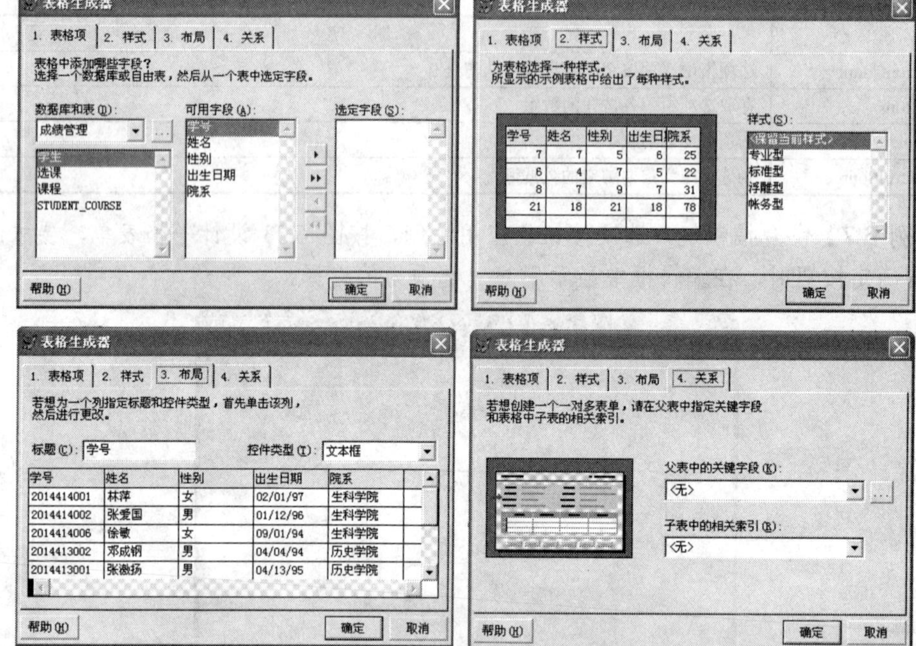

图 6.34　表格生成器的使用方法

1）“表格项”选项卡：用于设置表格内显示字段。

2）“样式”选项卡：指定表格的样式。

3）“布局”选项卡：调整行高、列宽；设置列标题；选择控件类型。

4）“关系”选项卡：设置一个一对多关系，指明父表中的关键字段与子表中的相关索引。

使用表格生成器的方法如下：

1）如果表单上的表格是一个子表，该子表应添加到数据环境当中，并且建立起主表与它的关联。若它就是一个单一的表格，也应将它添加到“数据环境”中。

2）在表单上添加一个表格控件，大致调整一下它的大小和位置。

3）选定表格，单击右键，在快捷菜单中选择“生成器”，打开生成器窗口（图 6.34），对各个选项卡设置。

4）设置结束后按“确定”按钮，在表单中就生成表格。

2. 常用表格属性

作为容器，表格常用属性如表 6.17 所示。

表 6.17　表格的常用属性

属　性	说　明	属　性	说　明
RecordSourceType	表格数据源的类型	LinkMaster	表格控件中所显示的子表的父表名称
RecordSource	表格数据源	ChildOrder	子表的索引
ColumnCount	表格的列数.	RelationalExpr	基于主表字段的关联表达式

RecordSourceType 属性的取值范围及含义如下。

1）0：表。数据来源于由 RecordSource 属性指定的表，该表能被自动打开。

2）1：别名。数据来源于已打开的表，由 RecordSource 属性指定该表的别名。

3）2：提示。运行时，由用户根据提示选择表格数据源。

4）3：查询（.QPR）。数据来源于查询，由 RecordSource 属性指定一个查询文件。

5）4：SQL 说明。数据来源于 SQL 语句，由 RecordSource 属性指定一条 SQL 语句。

例如，在数据环境中将“学生”表拖入表单中，则会在表中生成表格控件，并且该表格控件的 RecordSourceType 属性为“1：别名”，RecordSource 属性为“学生”。

3. 常用的列属性

列作为表格的子控件，常用属性如表 6.18 所示。

注　意

设计时要设置列对象的属性，首先得选择列对象，选择列对象有以下两种方法。

1）从属性窗口的对象列表中选择相应列。

2）右击表格，在弹出的快捷菜单中选择“编辑”命令，这时表格进入编辑状态（表格的周围有一个粗框），用户可用鼠标单击选择列对象。

表 6.18　常用的列属性

属　性	说　明
ControlSource	列中显示的数据源
CurrentControl	列对象中显示和接收数据的控件
Sparse	用于确定 CurrentControl 属性影响列中的所有单元格还是只影响活动单元格

4. 常用的标头属性

列标头（Header）也是一个对象，有它自己的属性、方法和事件，设计时要设置标头对象的属性，首先得选择标头对象，选择标头对象的方法与选择列对象的方法类似。常用的属性为 Caption 属性和 Alignment 属性，Caption 属性的默认值为表的字段名。

5. 调整表格的行高和列宽

一旦指定了表格的列的具体数目，就可以用两种方法来调整表格的行高和列宽。

1）设置表格的 HeaderHeight 和 RowHeight 属性调整行高；设置列对象的 Width 属性调整列宽。

2）让表格处于编辑状态下，将鼠标指针置于表格两列的标头之间，这时，鼠标指针变为水平双箭头的形状，拖动鼠标，调整列至所需要的宽度；将鼠标置于表格左侧的第一个按钮和第二个按钮之间，这时，鼠标指针变成垂直双箭头的形状，拖动鼠标，调整行至所需要的高度。

【例 6.8】实例学生成绩管理系统：设计系统的学生成绩查询表单，表单界面如图 6.35 所示。

设计步骤：

1）建立表单 student_query，添加如图 6.35 所示的控件。

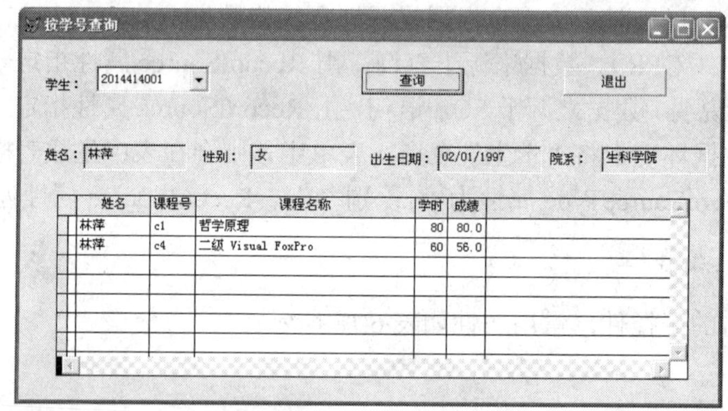

图 6.35　按学号查询表单

2）打开数据环境设计器窗口，向数据环境添加数据库表“学生”表、“课程”表与“选课”表。

3）为 5 个标签控件 Label1~Label5 和 2 个命令按钮控件 Command1~Command2 如图 6.35 所示分别设置 Caption 属性，组合框控件 Combo1 的 RowSourceType 属性设置为“6-字段”，RowSource 属性设置为“学生.学号”，Style 属性设置为“2-下拉列表框”。4 个文本框控件 Text1~Text4 的 ReadOnly 属性设置为 .T.，表格控件 Grid1 的 RecordSourcetype 属性设置为“4-SQL 说明”。

4）设置按钮“查询”的 Click 事件代码如下。

```
    xh=alltrim(thisform.combo1.value)
    select 姓名，性别，出生日期，院系 from 学生 where 学生.学号 = xh into;
array xs
    thisform.text1.value=xs(1)
    thisform.text2.value=xs(2)
    thisform.text3.value=xs(3)
```

```
thisform.text4.value=xs(4)
thisform.grid1.recordsource=";
select 学生.姓名, 课程.*, 选课.成绩;
 from  成绩管理!学生 inner join 成绩管理!选课;
    inner join 成绩管理!课程 ;
   on  选课.课程号 = 课程.课程号 ;
   on  学生.学号 = 选课.学号;
 where 学生.学号 = xh;
 into cursor lsb"
```

“退出”按钮的Click代码如下。

```
thisform.release
```

6.4.11 页框

页框（PageFrame）控件是个可包含多个页面（Page）的容器对象，其中的每个页面又可包含多个控件。在运行表单时，只能同时显示出一个页面中的内容，要想在多个页面间进行切换，可通过单击选项卡或单击自定义的换页按钮的方式来实现。页框的常用属性如表6.19所示。

注　意

若要向页面中添加控件，必须在“编辑”状态下。

表6.19　页框的常用属性

属　性	说　明
PageCount	一个页框对象所包含的页（Page）对象的数量
Pages	存取页框中某个页对象的数组
ActivePage	页框中活动页的页号，或使页框中的指定页成为活动的

小　　结

界面设计是数据库应用系统开发的重要组成部分，用来实现人机交互。界面设计的好坏决定用户对软件系统的第一印象。本章介绍了利用表单建立界面的方法，Visual FoxPro表单设计采用面向对象技术，重点介绍了基本型控件与容器型控件的使用方法。

对于本书实例“学生成绩管理系统”而言，本章完成界面的设计，实现用户与系统的人机交互，包括：欢迎表单、用户验证表单、查询表单和数据录入表单等，由于篇幅的限制，本章介绍了部分表单的设计过程，其他相关表单的设计学生可自学练习。

习　题

1. 在 Visual FoxPro 中，表单（Form）是指（　　）。

A. 数据库中个各个表的清单　　B. 一个表中各个记录的清单

C. 数据库查询的列表　　D. 窗口界面

2. 表单文件的扩展名是（　　）。

A. FRM　　B. PRG　　C. SCX　　D. VCX

3. 设有一个表单 Form1，若要修改该表单，正确的命令是（　　）。

A. MODIFY COMMAND Form1　　B. MODIFY FORM Form1

C. DO Form1　　D. EDIT Form1

4. 在 Visual FoxPro 中调用表单 mf1 的正确命令是（　　）。

A. DO mf1　　B. DO FROM mf1　　C. DO FORM mf1　　D. RUN mf1

5. 在运行表单时，下列有关表单事件的引发次序叙述正确的是（　　）。

A. Destroy→Init→Load　　B. Destroy→Load→Init

C. Init→Destroy→Load　　D. Load→Init→Destroy

6. 将当前表单从内存中释放的正确语句是（　　）。

A. ThisForm.Close　　B. ThisForm.Clear

C. ThisForm.Release　　D. ThisForm.Refresh

7. 在 Visual FoxPro 中，释放表单时会引发的事件是（　　）。

A. UnLoad 事件　　B. Init 事件　　C. Load 事件　　D. Release 事件

8. 使用（　　）工具栏可以在表单上对齐和调整控件的位置。

A. 调色板　　B. 布局　　C. 表单控件　　D. 表单设计器

9. 控件可以分为容器类和控件类，以下（　　）属于容器类控件。

A. 标签　　B. 命令按钮　　C. 复选框　　D. 命令按钮组

10. 假设某表单的 Visible 属性的初值是.F.，能将其设置为.T.的方法是（　　）。

A. Hide　　B. Show　　C. Release　　D. SetFocus

11. 在表单设计中，经常会用到一些特定的关键字、属性和事件。下列各项中属于属性的是（　　）。

A. This　　B. ThisForm　　C. Caption　　D. Click

12. 下面关于数据环境和数据环境中两个表之间关系的陈述中，正确的是（　　）。

A. 数据环境是对象，关系不是对象

B. 数据环境不是对象，关系是对象

C. 数据环境是对象，关系是数据环境中的对象

D. 数据环境和关系都不是对象

13．在表单数据环境中，将环境中所包含的表字段拖到表单中，根据字段类型的不同将产生相应的表单控件，下列各项中，对应正确的一项是（　　）。

A．字符型字段——标签　　B．逻辑型字段——文本框

C．备注型字段——编辑框　　D．数据表——列表框

14．下面有关表单控件基本操作的陈述中，错误的是（　　）。

A．要在“表单控件”工具栏中显示某个类库文件中自定义类，可以单击表单控件工具栏中的“查看类”按钮，然后在弹出的菜单中选择“添加”命令

B．要在表单中移动某个控件，可以按住 Shift 键并拖动该控件

C．要使表单中所有被选控件具有相同的大小，可单击“布局”工具栏中的“相同大小”按钮

D．要设置 Tab 键的次序，可以以交互方式和列表两种方式设置

15．计时器控件设置时间间隔的属性是（　　）。

A．Enabled　　B．Caption　　C．Interval　　D．Value

16．在 Visual FoxPro 中，标签的缺省名字为（　　）。

A．Label1　　B．List1　　C．Edit1　　D．Text1

17．在当前表单的 Label1 控件中显示系统时间的语句是（　　）。

A．Thisform.Label1.Caption=TIME( )

B．Thisform.Label1.Value=TIME()

C．Thisform.Label1.Text=TIME( )

D．Thisform.Label1.Control=TIME( )

18．以下所列各项属于命令按钮事件的是（　　）。

A．Parent　　B．This　　C．ThisForm　　D．Click

19．假设在表单设计器环境下，表单中有一个文本框且已经被选定为当前对象。现在从属性窗口中选择 Value 属性，然后在设置框中输入：={^2001-9-10}-{^2001-8-20}。请问以上操作后，文本框 Value 属性值的数据类型为（　　）。

A．日期型　　B．数值型　　C．字符型　　D．以上操作出错

20．不可以作为文本框控件数据来源的是（　　）。

A．日期型字段　　B．备注型字段　　C．数值型字段　　D．内存变量

21．为了在文本框输入时隐藏信息(如显示“*”)，需要设置的属性是（　　）。

A．Value　　B．ControlSource　　C．PasswordChar　　D．InputMask

22．在文本框控件设计中，若在文本框中只能输入数字和正负号，需要设置的属性是（　　）。

A．InputMask　　B．PasswordChar　　C．ControlSource　　D．Maxlength

23．在 Visual FoxPro 的表单控件中，可以保存编辑多行文本的控件是（　　）。

A．标签　　B．文本框　　C．编辑框　　D．列表框

24．下列关于编辑框的说法中，不正确的是（　　）。

A．编辑框用来输入、编辑数据

B．编辑框实际上是一个完整的字处理器

C．在编辑框中只能输入和编辑字符型数据

D．编辑框中不可以剪切、复制和粘贴数据

25．在列表框控件设计中，确定列表框内的某个条目是否被选定应使用的属性是（　　）。

A．Value　　B．ColumnCount　　C．ListCount　　D．Selected

26．下面对表单控件的描述不正确的是（　　）。

A．列表框中可以进行多重选择　　B．组合框中可以进行多重选择

C．选项组中只能选中 1 个选项按钮　　D．复选框中不可以选中多个选项

27．假设表单上有一选项组，包括“男”、“女”两个单选按钮，且第一个单选按钮“男”被选中。该选项组的 Value 属性值为（　　）。

A．.T.　　B．"男"　　C．1　　D．"男"或 1

28．在 Visual FoxPro 的表单设计中，决定选项组中单选按钮个数的属性是（　　）。

A．ButtonCount　　B．Buttons　　C．Browse　　D．BorderStyle

29．表单里有一个选项按钮组，包含两个选项按钮 Option1 和 Option2。假设 Option2 没有设置 Click 事件代码，而 Option1 和选项按钮组以及表单都设置了 Click 事件代码。那么当表单运行时，如果用户单击 Option2，系统将（　　）。

A．执行表单的 Click 事件代码　　B．执行选项按钮组的 Click 事件代码

C．执行 Option1 的 Click 事件代码　　D．不会有反应

30．表单中的复选框控件属性中，用于表示当前选中状态的属性是（　　）。

A．Selected　　B．Caption　　C．Value　　D．Enabled

31．在命令按钮组中，ButtonCount 指定命令按钮的个数，它的默认值是（　　）。

A．0　　B．1　　C．2　　D．5

32．在表单设计器环境下，要选定表单中某选项按钮组里的某个选项按钮，可以（　　）。

A．单击选项按钮

B．双击选项按钮

C．先右击选项组，并选择“编辑”命令，然后再单击选项按钮

D．以上 B 和 C 都可以

33．假定一个表单里有一个文本框 Textl 和一个命令按钮组 CommandGroup1，命令按钮组是一个容器对象，其中包含 Command1 和 Command2 两个命令按钮。如果要在 Command1 命令按钮的某个方法中访问文本框的 Value 属性值，下面表达式正确的是（　　）。

A．ThisForm.Text1.Value　　B．This.Parent.Value

C．Parent.Text1.Value D．This.Parent.Text1.Value

34．在表单中为表格控件指定数据源的属性是（ ）。

A．DataSource B．DataFrom C．RecordSource D．RecordFrom

35．页框控件也称作选项卡控件，则用于指明一个页框对象所包含的页对象的数量的属性是（ ）。

A．Tabs B．PageCount C．ActivePage D．Pages

36．有一个记录学生信息的表单，表单名为 FormStudent，该表单中含有一个页框 PgStudentlnfo，将该页框的第 2 页(PageFamily)的标题设置为“家庭成员”的代码是（ ）。

A．FormStudent.PageFamily.Caption="家庭成员"

B．FormStudent.PgStudentlnfo.Title="家庭成员"

C．Thisform.PgStudentlnfo.PageFamily.Caption="家庭成员"

D．Thisforın.PgStudentlnfo.PageFamily.Tide="家庭成员"

第7章 报表设计

本章要点

- 报表的类型
- 报表向导、报表设计器的使用
- 快速报表

学习目标

- 熟练掌握报表向导的使用
- 掌握报表设计器的使用
- 掌握快速报表的使用

如果要将数据库处理结果输出到打印机上，则需设计报表。报表是最实用的打印文档，主要包括两部分内容：数据源和布局。数据源是报表的数据来源，布局则定义了报表的打印格式。

7.1 使用报表向导创建报表

7.1.1 报表向导

使用报表向导是建立报表的一种常用方法。可以作为报表数据源的有：数据库表、自由表、查询、视图、临时表。用报表向导生成报表的具体步骤如下。

（1）启动报表向导

启动报表向导有以下多种途径。

1）从“文件”菜单中的“新建”命令，在“新建”对话框选择“报表”，在单击右侧的“向导”按钮。

2）直接单击“标准”工具栏上的“报表向导”图标按钮。

3）从“工具”菜单内的“向导”子菜单中选择“报表”命令。

4）在“项目管理器”对话框的“文档”选项卡中选择“报表”项，然后单击“新建”按钮，再选择“报表向导”命令。

启动报表向导后，出现“向导选取”对话框，如图7.1所示，然后选取“报表向导”或“一对多报表向导”。

注 意

如果报表的数据源是一个表则选取“报表向导”，多张表则选取“一对多报表向导”。

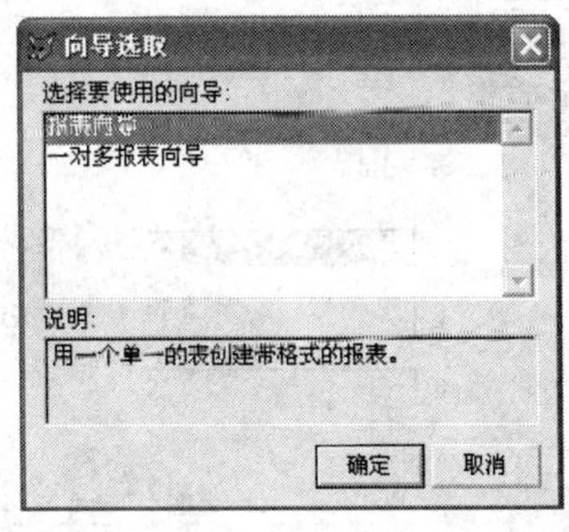

图7.1 “向导选取”窗口对话框

（2）在报表向导中分六个步骤进行相应设置

【例7.1】 学生成绩管理系统实例：用报表向导为“课程”表创建报表，报表中包括“课程”表的全部字段，报表样式用“经营式”，报表中数据按“课程号”升序排列，报表文件名为course_report.frx。其余按缺省设置。

1）打开“课程”表。

2）启动“报表向导”，如图 7.1 所示。

3）在“报表向导”的“步骤 1 - 字段选取”对话框中，如图 7.2 所示，“可用字段”列表框列出了“课程”表的所有字段。选中所有字段后单击“下一步”按钮即可进入到步骤 2。

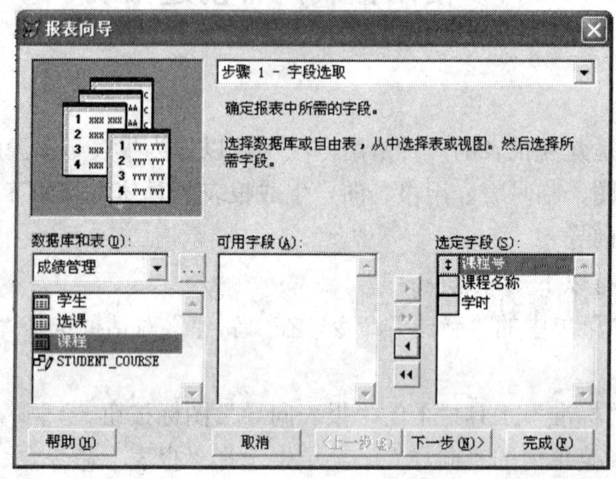

图 7.2　报表向导步骤 1

4）在“报表向导”的“步骤 2 - 分组记录”对话框中，如图 7.3 所示，用来确定数据的分组方式，最多可建立三层分组。

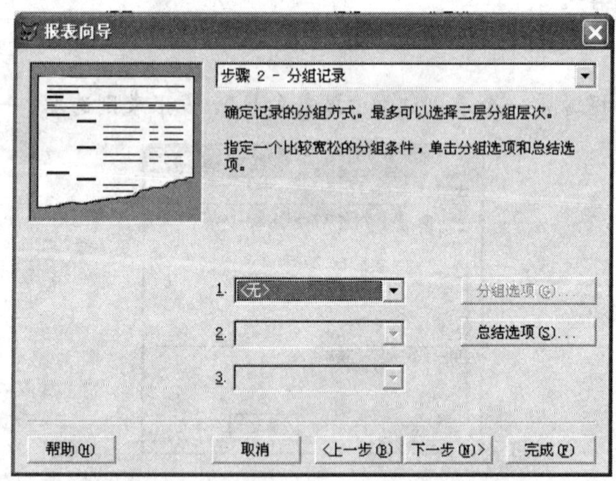

图 7.3　报表向导步骤 2

5）在“报表向导”的“步骤 3 - 选择报表样式”对话框中，如图 7.4 所示。在“样式”列表框中选择“经营式”，单击“下一步”按钮。

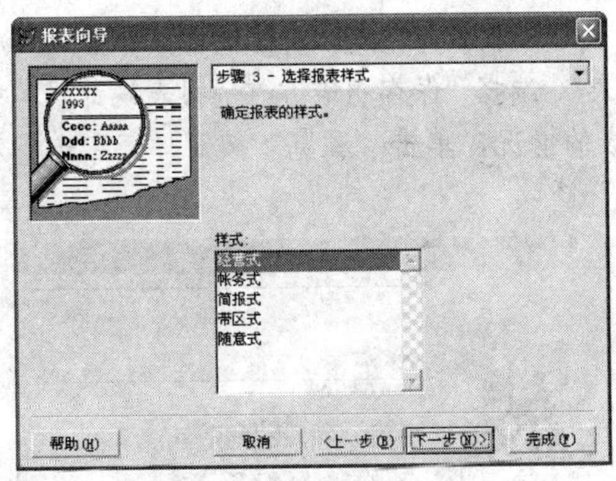

图 7.4 报表向导步骤 3

6）在“报表向导”的“步骤 4 - 定义报表布局”对话框中，如图 7.5 所示，确定报表的布局方式，比如列数、方向等。

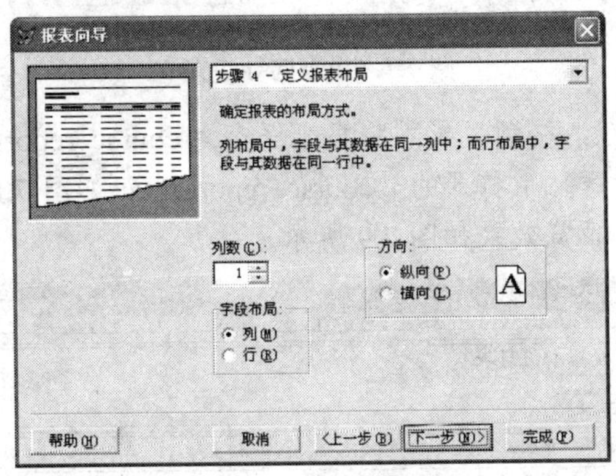

图 7.5 报表向导步骤 4

7）在“报表向导”的“步骤 5 - 排序记录”对话框中，如图 7.6 所示，在左边的“可用的字段或索引标识”列表框内选择“课程号”，添加到右边“选定字段”列表框中，选择升序方式。

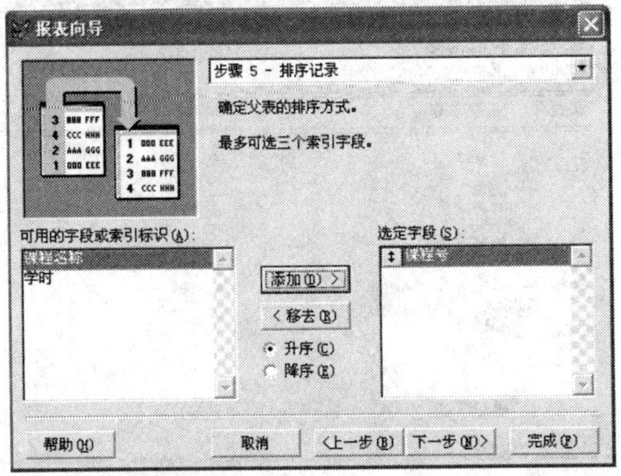

图 7.6 报表向导步骤 5

8）在“报表向导”的“步骤 6 - 完成”对话框中，如图 7.7 所示，给报表设置标题，可设为“课程基本信息表”，选择“保存报表并在“报表设计器”中修改报表”，单击“完成”。如要查看生成报表的情况，单击“预览”按钮，查看一下效果，若对预览效果不满意，可单击“上一步”修改。

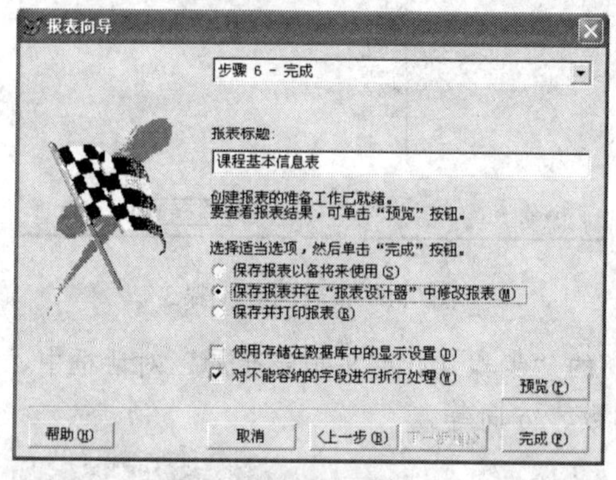

图 7.7　报表向导步骤 6

9）将报表文件保存，按题目要求将报表保存为 course_report.frx。

10）在“报表设计器”中打开的“course_report.frx”如图 7.8 所示。单击工具栏上的按钮可预览报表，预览效果如图 7.9 所示。

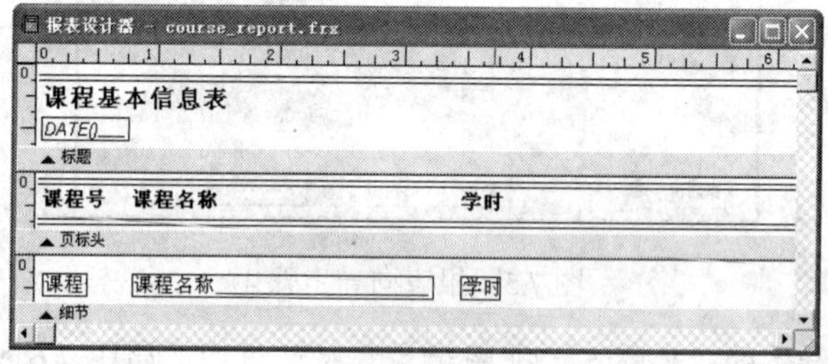

图 7.8　course_report.frx

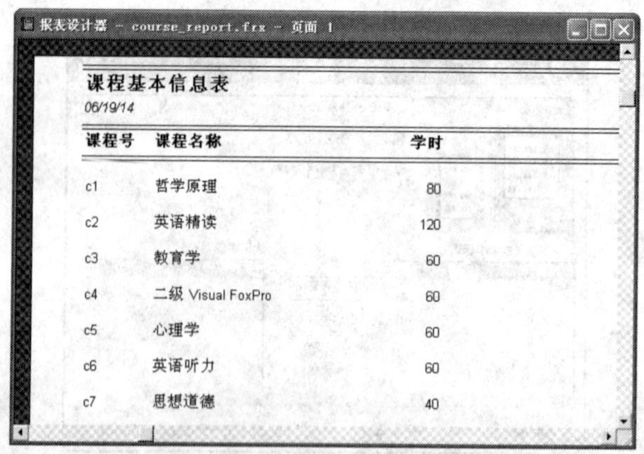

图 7.9　course_report.frx 预览效果

7.1.2 一对多报表向导

如果报表的数据源是多个表，则选择一对多报表向导。一对多报表向导的使用方法与报表向导类似。

【例 7.2】学生成绩管理系统实例：使用一对多报表向导建立报表，要求：父表为“课程”，子表为“选课”，从父表中选择字段“课程号”、“课程名称”，从子表中选择字段“学号”、“成绩”，两个表通过“课程号”建立联系，按照“课程号”升序排序，报表标题为“选课基本信息表”，生成的报表文件名为 course_score_report.frx。

操作步骤如下。

1）启动报表向导，选择“一对多报表向导”。

2）在“步骤 1 - 从父表选择字段”对话框中，如图 7.10 所示。在“数据库和表”列表框内选择父表“课程”，在“可用字段”列表框选择字段“课程号”与“课程名称”添加到右侧“选定字段”列表框。

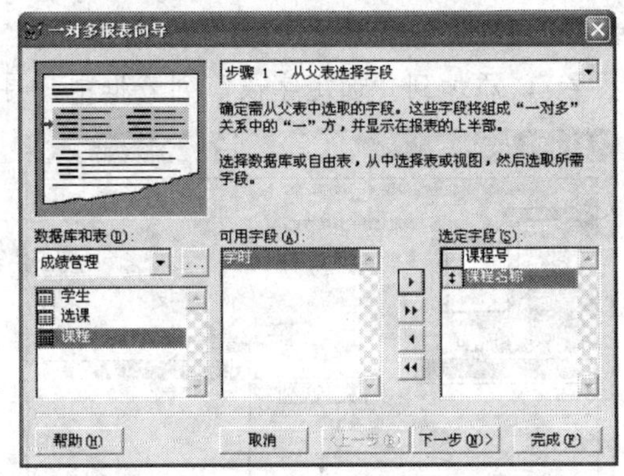

图 7.10 一对多报表向导步骤 1

3）在“步骤 2 - 从子表选择字段”对话框中，如图 7.11 所示，在“数据库和表”列表框内选择子表“选课”，在“可用字段”列表框选择字段“学号”与“成绩”添加到右侧“选定字段”列表框。

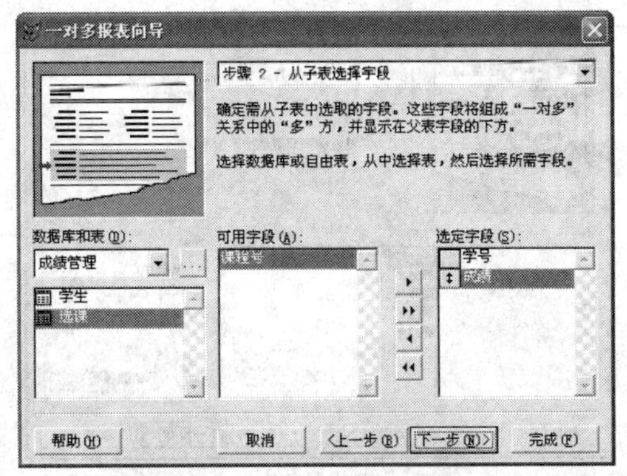

图 7.11 一对多报表向导步骤 2

4）在“步骤 3 -为表建立关系”对话框中，如图 7.12 所示，确定两个表建立关系的方式，以公共字段作为两个表联系的纽带。

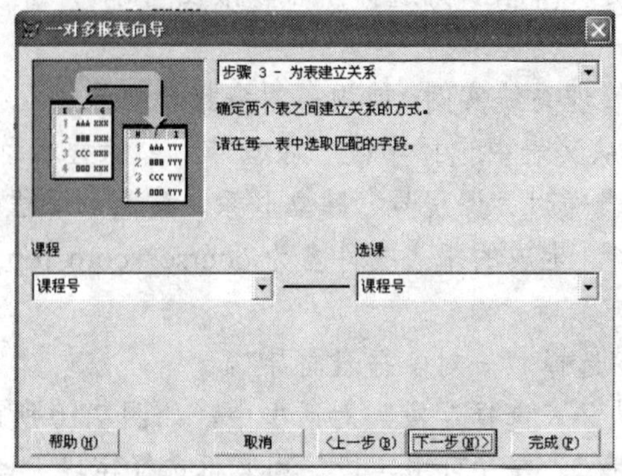

图 7.12　一对多报表向导步骤 3

5）在“步骤 4 - 排序记录”对话框中，如图 7.13 所示，在“可用的字段或索引标识”列表框中选择“课程号”，添加到“选定字段”列表框中，再设定为“升序”方式。

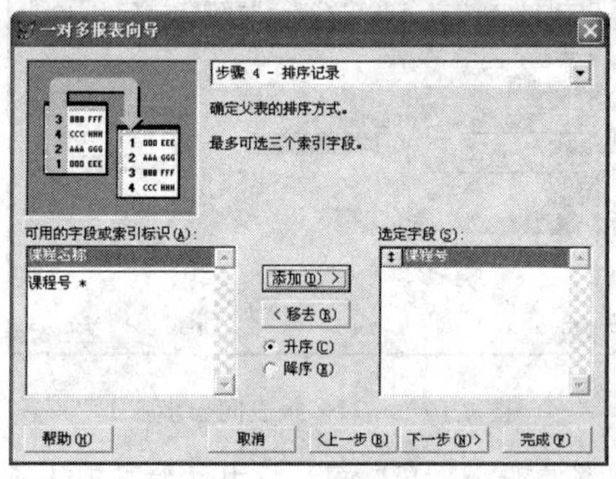

图 7.13　一对多报表向导步骤 4

6）在“步骤 5 - 选择报表样式”对话框中，选择所需样式，如图 7.14 所示。

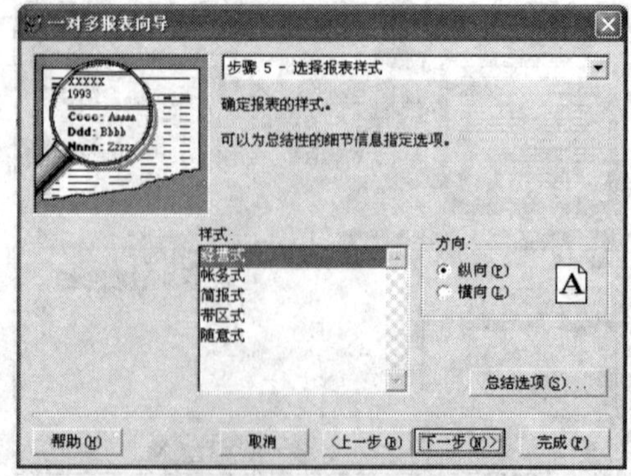

图 7.14　一对多报表向导步骤 5

7）在“步骤6 - 完成”对话框中，如图7.15所示，在“报表标题”下方的文本框中输入标题“选课基本信息表”，选择“保存报表并在“报表设计器”中修改报表”，单击“完成”。

图7.15　一对多报表向导步骤6

8）将报表文件保存，并按题目要求将报表保存为course_score_report.frx。预览效果如图7.16所示。

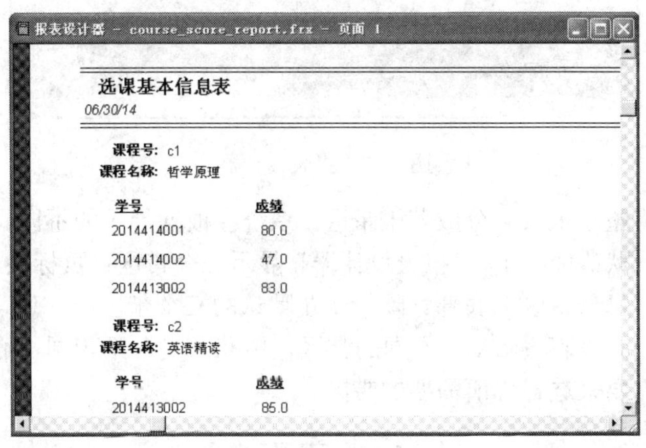

图7.16　course_score_report.frx预览效果

7.2　使用报表设计器创建报表

如果已有一个空白报表，或者通过向导生成了一个不太满意的报表，那么可以在报表设计器中打开报表来修改和定制其布局。使用报表设计器可使用户在格式编排、打印和总结数据时获得最大的灵活性。

7.2.1　报表设计器

用报表设计器设计报表首先要启动报表设计器。启动报表设计器的方法如下。

方法一：在项目管理器中“文档”选项卡中单击“报表”，单击右侧“新建”按钮，出现“新建”对话框，在“新建”对话框内单击“新建报表”即可。

方法二：使用菜单创建，单击“文件”中的“新建”，出现“新建”对话框，在“新建”对话框内单击“新建报表”即可。

方法三：可以在命令窗口键入命令来打开报表设计器，命令格式如下：

CREATE REPORT [<报表文件名>]

直接打开已存在的报表文件也可启动报表设计器。报表设计器界面如图 7.17 所示。报表设计器相关的工具栏可以通过系统菜单“显示”中的“工具栏”开启或关闭。在报表设计器环境下也可以使用系统提供的“快速报表”功能创建一个格式简单的报表，并在此基础上利用报表设计器修改得到满意的报表。

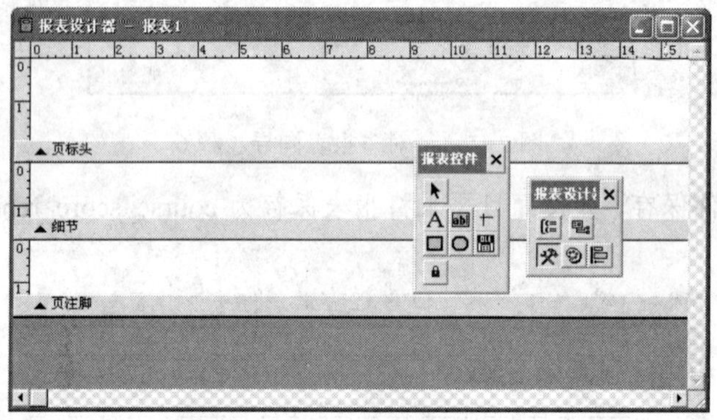

图 7.17 报表设计器

报表设计器将整个报表划分成若干带区，系统会根据带区的不同，决定不同带区中内容的打印方式。默认情况下，“报表设计器”显示三个带区：页标头、细节和页注脚。一个分隔符栏位于每一带区的底部。除了系统默认的三个带区外，还可以将表 7.1 中列出的其他带区添加到报表设计器，不同的带区作用和意义各不相同，用户可以根据自己设计报表的实际需要来选择你所需要的带区。

表 7.1 报表带区及作用

带 区	作 用	使 用 方 法
标题	每张报表打印一次，如报名标题	从“报表”菜单中选择“标题/总结”带区
页标头	每页打印一次，如表的字段名称	默认可用
列标头	分栏报表中每列打印一次	从“文件”菜单中选择“页面设置”，设置“列数”>1
组标头	数据分组时，每组打印一次	从“报表”菜单中选择“数据分组”
细节带区	每记录打印一次，如表的字段值	默认可用
组注脚	数据分组时，每组打印一次	从“报表”菜单中选择“数据分组”
列注脚	分栏报表中每列打印一次	从“文件”菜单中选择“页面设置”，设置“列数”>1
页注脚	每页打印一次，如日期	默认可用
总结	每张报表打印一次	从“报表”菜单中选择“标题/总结”带区

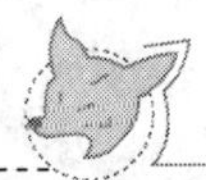

每个带区的大小是可调的，将鼠标指向分隔符栏，当鼠标箭头变成垂直双箭头时，可以拖动鼠标来改变带区的高度。

报表各带区包含不同类型的报表对象：字段、正文、框、线条和图形等。每个对象都是一个独立的单位，用户可以编辑。

与报表有关的工具栏中，最主要的是图7.17所示的“报表设计器”工具栏，其常用按钮如下。

1）“数据分组”按钮：显示“数据分组对话框”，用于创建数据分组及指定其属性。

2）“数据环境”按钮：显示报表的“数据环境”设计器。

3）“报表设计工具栏”按钮：显示或关闭“报表控件”工具栏。

4）“调色板工具栏”按钮：显示或关闭“调色板”工具栏。

5）“布局工具栏”按钮：显示或关闭“布局”工具栏。

7.2.2 快速报表

当生成空白报表时，利用报表设计工具的“快速报表”功能创建简单报表。

【例7.3】学生成绩管理系统实例：为“学生”表创建一个快速报表。

操作步骤如下。

1）在“文件”菜单中选择“新建”命令。

2）在“新建”对话框中选择“报表”项并单击“新建”按钮，出现报表设计器窗口。

3）在“报表”菜单中选择“快速报表”命令。如果没有打开数据源，系统会弹出“打开”对话框。此时，选择“学生”表，然后单击“确定”按钮，出现“快速报表”对话框，如图7.18所示。

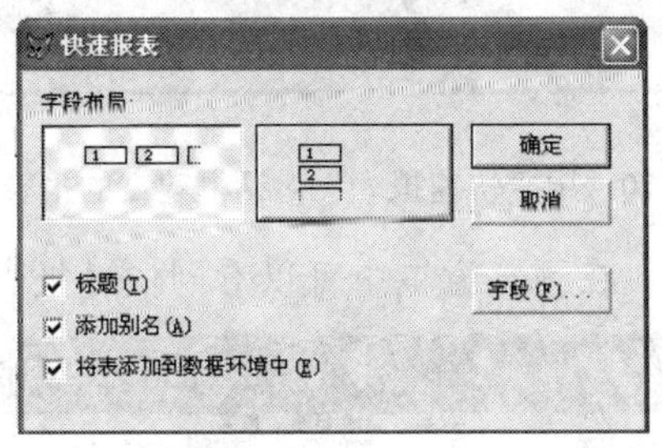

图7.18 “快速报表”对话框

利用对话框为报表选择所需的字段、字段布局及标题和别名。对话框各选项的含义如下。

- “字段布局”区：左侧为“列布局”按钮，右侧为“行布局”按钮。选择“列布局”可使字段在页面上从左到右排列，选择“行布局”按钮可使字段在页面上从上到下排列。
- “标题”复选框：确定是否将字段名作为标签控件的标题置于相应字段的上面或旁边。

- “添加别名”复选框：在报表设计器窗口中，确定是否为所有字段添加别名。
- “将表添加到数据环境中”：确定是否将所有与选中字段相关的表都加入到报表的数据环境中去。
- “字段”按钮：单击该按钮将激活“字段选择器”对话框，如图 7.19 所示，用于选择输出的字段。字段的选择只需将所有字段列表框中的字段添加或全部添加到可用字段列表框中。

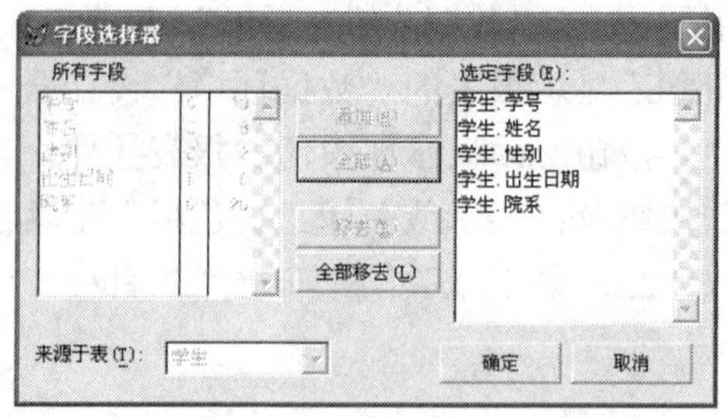

图 7.19 “字段选择器”对话框

在本例中，保持默认值不变，单击“确定”按钮，完成快速报表的建立，如图 7.20 所示。

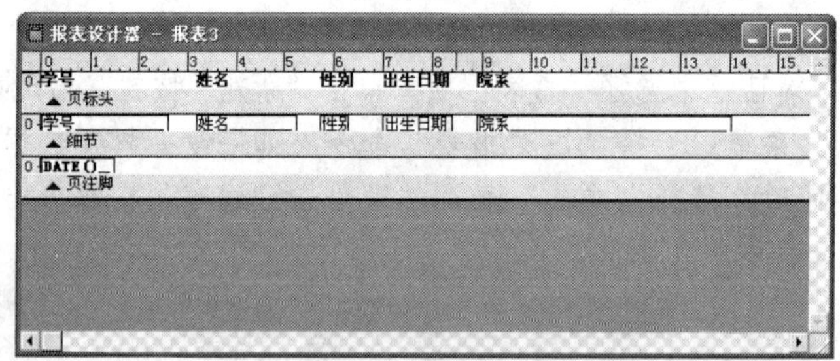

图 7.20 用“快速报表”对话框建立的报表布局

4）选择“预览”命令，在预览窗口中可以看到快速报表的结构，如图 7.21 所示。

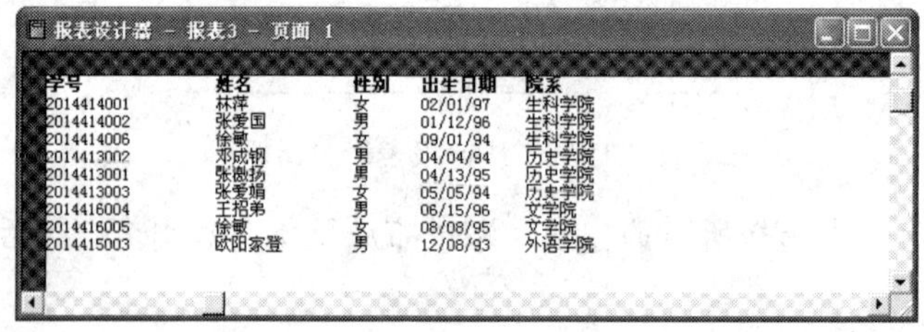

学号	姓名	性别	出生日期	院系
2014414001	林萍	女	02/01/97	生科学院
2014414002	张爱国	男	01/12/96	生科学院
2014414006	徐敏	女	09/01/94	生科学院
2014413002	邓成钢	男	04/04/94	历史学院
2014413001	张徽扬	男	04/13/95	历史学院
2014413003	张爱娟	女	05/05/94	历史学院
2014416004	王招弟	男	06/15/96	文学院
2014416005	徐敏	女	08/08/95	文学院
2014415003	欧阳家登	男	12/08/93	外语学院

图 7.21 预览建立的报表

5）单击“保存”按钮，将该报表保存为 student_report.frx。

7.2.3 使用报表设计器设计报表

生成一个空的报表文件后，或打开建立一个简单的报表时，可使用报表设计器设计报表。在报表设计器中可设置报表数据源、更改报表的布局、添加报表控件和设计数据分组等。

1. 数据环境

Visual FoxPro 报表具有数据源和布局两部分，设计报表时首先要确定数据源，如果创建的报表总是使用相同的数据源，就可以通过报表设计器提供的数据环境来设置数据源。使用数据环境设置数据源的最大优点在于每次运行报表时数据源会自动打开，用户不必以手动方式再去打开数据源。除了使用“报表设计器”工具栏的按钮之外，也可以在报表设计器上右击鼠标在弹出的快捷菜单中选择“数据环境”（图 7.22）。

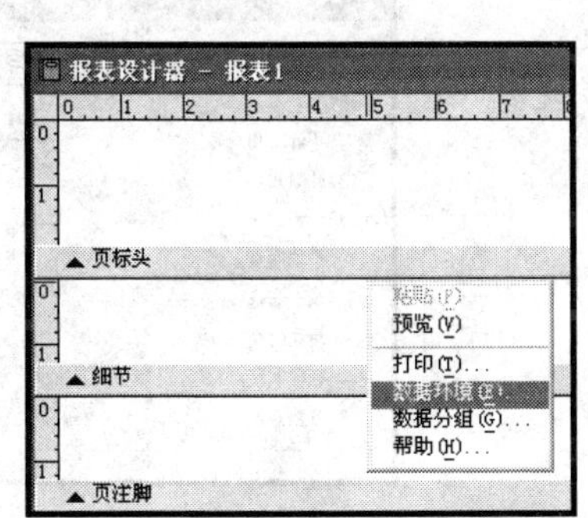

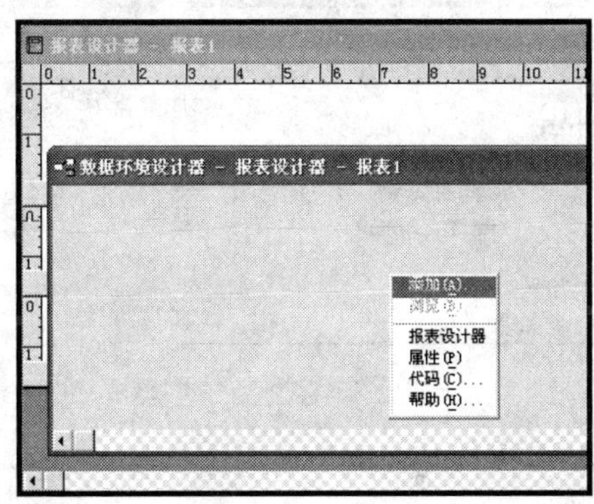

图 7.22 报表设计器的数据环境

2. 使用控件

报表设计器中，为了给某个带区增加内容需要在报表中添加相应的控件。报表控件工具栏（图 7.23）提供了各种控件供用户插入。以下介绍报表的常用控件。

（1）标签控件A

报表的标题或者报表中一些说明性的文字需要使用标签控件来完成。

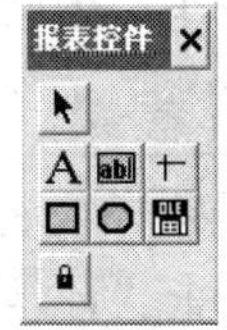

图 7.23 报表控件工具栏

（2）线条、矩形、圆角矩形控件

用户可以在报表上添加一些图形或线条使报表更加美观。方法是，单击“报表控件”工具栏上的“线条”、“矩形”或“圆角矩形”控件，然后用鼠标在需要添加图形的带区内拖曳光标得到图形。

（3）域控件

在报表中添加表或视图中的字段、变量和表达式的计算结果可以通过添加域控件的方法进行，也可以通过“数据环境设计器”添加。

控件的使用主要有以下三种操作。

1）选定控件：想选定某个控件单击该图形控件即可，若想同时选定多个图形可以先单击选定一个控件，按住 shift 键后依次单击其他控件。

2）编辑控件：编辑已经添加好的图形可以单击该图形控件将其选定，然后单击 Visual FoxPro 系统菜单“格式”中的“绘图笔”进行设置即可。另外还可以双击该图形控件在该图形的对话框内进行设置。单击选定图形后还可以通过拖动图形周围尺寸柄的方法改变图形大小。

3）删除控件：先将需删除的控件选定，然后按键盘上的 Delete 键。

如果使用域控件按钮，方法如下。

1）从“报表控件”工具栏中，插入一个“域控件”。双击该控件，弹出“报表表达式”对话框，如图 7.24（a）所示。

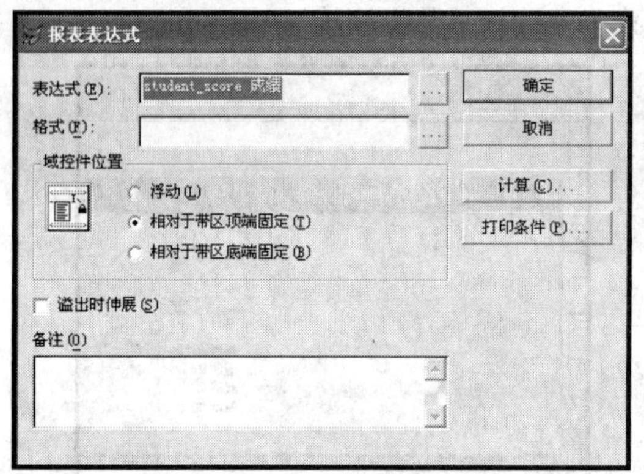

（a）报表表达式

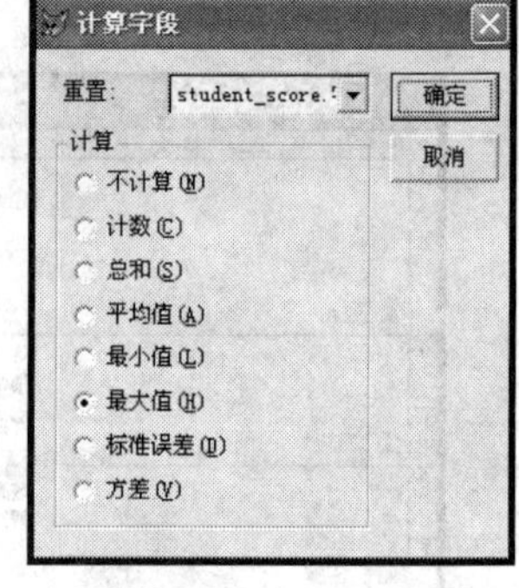

（b）计算字段

图 7.24　“报表表达式”对话框

2）在“报表表达式”对话框中，单击“表达式”框后的对话按钮，弹出“表达式生成器”对话框。

3）在“表达式生成器”对话框中，双击“字段框”内所需的字段名，然后点击“确认”按钮。表名和字段名将出现在“报表表达式”对话框的“表达式”框内。

注　意

如果“字段框”为空，则应该向数据环境添加表或视图。如果添加的是可计算字段，可以单击“计算”按钮，打开“计算字段”对话框，如图 7.24（b）所示。

4）在“报表表达式”对话框中，选择“确定”按钮。

3. 数据分组

为了使报表清晰明了，通常将具有某种相同信息的数据打印在一起，这就是数据分组。如果将“教师”表中具有相同职称的教师信息打印在一起，这就需要根据“职称”字段对数据进行分组。

报表布局并不给数据排序，只是按它们在数据源中存在的顺序处理数据。例如，数据源为“教师”表的报表若根据“职称”字段分组，报表每遇到一个不同的职称值，就产生一个新组。因此，为了使数据源适用于分组处理数据，必须对数据源进行合适的索引或排序。可以通过为表设置索引或者使用有序的视图、查询作为数据源达到分组显示记录的目的。

可以添加一个或多个组，更改组的顺序，重复组标头或者更改或删除组带区。分组允许明显地分隔每组记录和为各组显示介绍和总结性数据。组的分隔基于分组表达式。表达式通常由一个以上的表字段生成，但也可以相当复杂。

分组之后，报表布局就有了组标头和组注脚带区，可以向其中添加控件。一般地，组标头带区中包含组所用字段的“域控件”，可以添加线条、矩形、圆角矩形或希望出现在组内第一条记录之前的任何标签。组注脚通常包含组总计和其他组总结性信息。

（1）添加数据分组

1）从“报表”菜单中或报表设计器右键快捷菜单中，选择“数据分组”，弹出“数据分组”对话框，如图 7.25 所示。

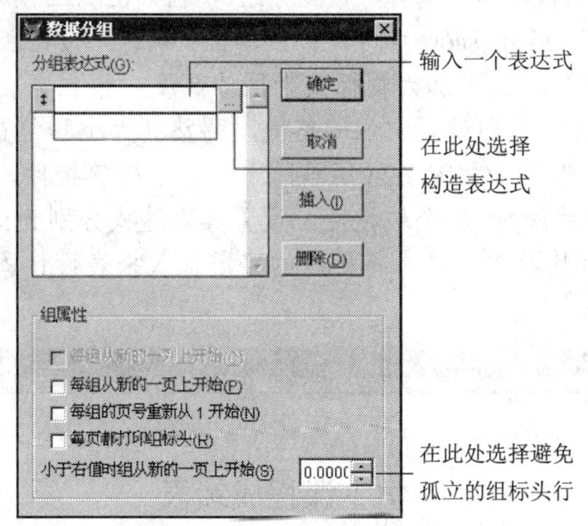

图 7.25 “数据分组”对话框

2）在第一个“分组表达式”框内键入分组表达式，也可以选择对话按钮，在“表达式生成器”对话框中创建表达式。

3）在“组属性”区域，选定想要的属性。

4）单击“确定”按钮。

添加表达式后，可以在带区内放置任意需要的控件。通常，把分组所用的域控件从“细节”带区移动到“组标头”带区。

（2）添加多个数据分组

在报表内最多可以定义 20 级的数据分组。嵌套分组有助于组织不同层次的数据和总计表达式。

添加多个分组的方法与之前讲述的一般方法类似，只需在图 7.25 中输入多个分组表达式。多个分组按照它们被创建时的顺序在“数据分组”列表中编号。在“报表设计器”

内，组带区的名字包含该组的序号和一个缩短了的分组表达式。具有最小编号的组标头和注脚出现在离“细节”带区最近的地方。

如果修改或删除组带区，从“报表”菜单中，选择“数据分组”，在弹出的对话框中修改或删除或更改分组次序。

【例 7.4】 实例学生成绩管理系统：使用报表设计器设计报表 student_score_report.frx，分组显示学生成绩，包括每个学生的姓名、学号、课程号、课程名称、成绩，在报表中，添加 1 个数据分组，分组表达式为学号，要求统计每个学生的平均分。

操作步骤如下。

1）启动报表设计器生成一个空白报表，打开“数据环境”按钮，打开“数据环境设计器”窗口。

2）在数据环境窗口中右击鼠标启动快捷菜单，从中选择“添加”添加数据源，在弹出的“添加视图或表”对话框中，选定“视图”，本例选择第 4 章例 4.55 建立的视图 student_score 为数据源，视图 student_score 已按学号字段排序。

3）在报表设计器右键单击，选择“数据分组”，在如图 7.22 所示的“数据分组”对话框中输入分组表达式：student_score.学号，然后单击“确认”按钮。

4）设计页标头带区。适当加大页标头带区的高度，根据需要在页标头带区添加多个标签控件、线条控件，分别设置它们的格式，调整其大小和位置，详细过程略。

5）设计组标头 1 带区。如图 7.26 所示，添加 2 个标签控件，标签标题分别为“学号:”和“姓名:”；然后添加 2 个域控件，设置其表达式分别为：student_score.学号、student_score.姓名。可从数据环境中将相应的字段拖入报表设计器的相应区域生成相应的域控件。

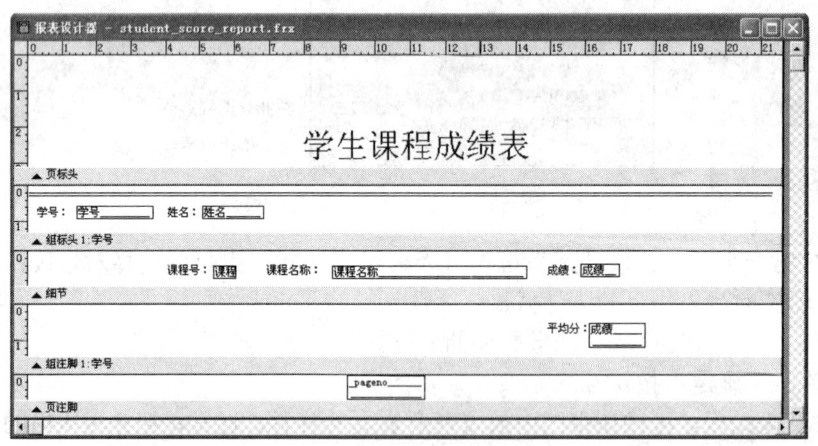

图 7.26 例 7.4 报表布局

6）设计细节带区。如图 7.26 所示，在细节带区添加 3 个标签控件，标签标题分别为“课程号:”、“课程名称:”和“成绩:”；然后添加 3 个域控件，设置其表达式分别为：student_score.课程号、student_score.课程名称、student_score.成绩。可从数据环境中将相应的字段拖入报表设计器的相应区域生成相应的域控件。调整上述控件的大小、位置、

字体、字号和对齐方式，添加必要的线条控件，使其布局美观。

7）设计组注脚 1 带区。如图 7.26 所示，添加 1 个标签控件：平均分；然后添加 1 个域控件，设置其表达式均为 student_score.成绩，设置为可计算字段，单击如图 7.24 所示的“计算”按钮，选择“平均值”计算方式，重置方式设置为“student_score.学号”。

8）设计页注脚带区。如图 7.26 所示，添加 1 个域控件，设置其表达式均为_pageno。

9）报表设计完毕。所设计的报表格式如图 7.26 所示。单击“保存”，命名为 student_score_report.frx。单击“预览”按钮，如图 7.27 所示。

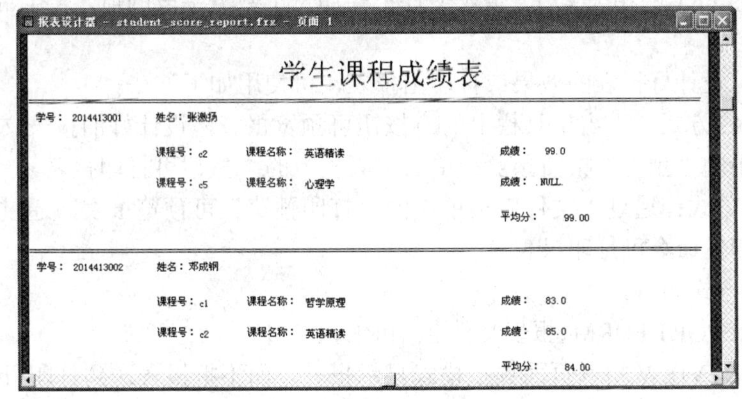

图 7.27 例 7.4 结果报表的预览效果

4. 多栏报表

可以设计一种分为多个栏目打印输出的报表，叫做多栏报表。设计多栏报表需要对“页面设置”，“列标头”带区与“列注脚”带区等栏目进行设置。

单击系统菜单“文件”中的“页面设置”，出现“页面设置”对话框，如图 7.28 所示。在对话框中调整列数列表框内的数字，可以设置报表的栏目数，如将列数设置为“3”，则整个报表页面将被平均分成三部分。同时，在报表设计器中将添加一个“列标头”带区和一个“列注脚”带区。在“页面设置”对话框内还可以设置打印顺序。

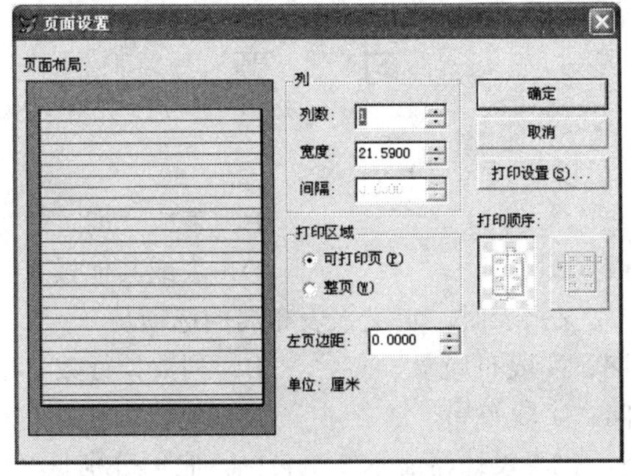

图 7.28 “页面设置”对话框

可以利用报表控件工具栏选取所需控件向多栏报表进行添加，需要注意的是添加控件时不要超过报表设计器中带区的宽度，以免打印时内容重叠。

7.3 报表输出

报表文件的扩展名为.FRX，该文件存储报表设计的详细说明，每个报表文件还带有文件扩展名为.FRT 的相关文件。报表文件不存储每个数据字段的值，只存储数据源的位置和格式信息。

若要预览设计好报表的效果或打印出报表，可使用如下方法。

1）工具栏方式：单击工具栏上的按钮可预览报表，设计好的报表文件也可通过项目管理器中的“预览”按钮预览；单击工具栏上的!按钮可打印报表。

2）菜单方式：通过“文件”菜单中的“打印预览”可预览报表，通过“文件”菜单中的“打印”命令可打印报表。

3）命令方式如下。

格式：REPORT FORM 报表文件名 [PREVIEW]

其中，PREVIEW 指以页面预览模式显示报表，而不把报表送到打印机中打印。

小　　结

报表设计属于数据库应用系统的数据输出部分，将数据信息设计较好的格式通过打印机输出，可以保存、分析或报送。本章介绍了设计报表的三种方法：报表向导、快速报表、报表设计器。作为数据库应用系统的开发，报表设计一般采用报表向导或快速报表设计简单报表，然后进一步使用报表设计器加以修改。

对于本书所举实例“学生成绩管理系统”而言，本章完成了多个报表的设计，实现信息的打印输出，包括学生基本信息表，课程基本信息表，学生课程成绩表等。

习　　题

1．报表的数据源可以是（　　）。

A．表或视图　　　　B．表或查询

C．表、查询或视图　　　　D．表或其他报表

2．使用报表向导定义报表时，定义报表布局的选项是（　　）。

A．列数、方向、字段布局　　　　B．列数、行数、字段布局

C．行数、方向、字段布局　　　　D．列数、行数、方向

3．在默认情况下，报表设计器显示 3 个带区，它们分别是（　　）。

A．组标头、细节和组注脚　　　　B．页标头、细节和页注脚

C．标题、细节和页注脚　　D．标题、细节和总结

4．设计报表，不需要设计报表的（　　）。

A．标题　　B．细节　　C．页标头　　D．输出方式

5．在创建快速报表时，基本带区不包括（　　）。

A．标题　　B．页标头　　C．细节　　D．页注脚

6．在 Visual FoxPro 中，以下（　　）控件可以在报表设计器中使用。

A．标签　　B．线条

C．域控件　　D．以上三种都可以

7．为了在报表中插入一个文字说明，应该插入的控件是（　　）。

A．标签控件　　B．域控件　　C．OLE 对象　　D．圆角矩形

8．为了在报表中打印当前时间，应该插入一个（　　）。

A．标签控件　　B．文本控件　　C．OLE 对象　　D．域控件

9．如果要创建一个三级分组报表，第一级分组是“工厂”，第二级分组是“车间”，第三级分组是“工资总和”，当前索引的索引表达式应当是（　　）。

A．工厂+车间+工资总和　　B．工厂+车间+STR(工资总和)

C．车间+工厂十 STR(工资总和)　　D．STR(工资总和)+车间十工厂

10．在 Visual FoxPro 中，预览报表的命令是（　　）。

A．PREVIEW REPORT　　B．REPORT FORM... PREVIEW

C．DO REPORT... PREVIEW　　D．RUN REPORT... PREVIEW

11．在 Visual FoxPro 中，报表文件的扩展名是（　　）。

A．DBC　　B．FRX　　C．SCX　　D．MPR

第8章 菜单设计

本章要点

- 菜单的类型
- 两种不同类型菜单的设计

学习目标

- 掌握下拉式菜单的设计
- 掌握顶层表单菜单的设计
- 掌握快捷菜单的设计

在应用程序中菜单负责向用户提供便捷的操作界面，使得用户可以脱离 Visual FoxPro 系统而使用应用程序，便于一般用户操作。因此菜单系统的设计是应用程序用户界面设计中很重要的组成部分。

8.1 Visual FoxPro 菜单

应用程序的菜单系统在很大程度上影响着该系统的可用性，因此在设计一个应用程序时应该花费一定时间规划菜单。

8.1.1 菜单结构

Visual FoxPro 中的菜单有两种类型：条形菜单和弹出式菜单。条形菜单有它的内部名字和一组菜单项，每一个菜单项除了具有展示给用户的标题之外还有其内部名字；每个弹出式菜单也有其内部名字和一组菜单项，弹出式菜单的每个菜单项也有展示给用户的标题和内部名字。标题主要是展示给用户供用户选择，而内部名字是用于代码中。

常见的菜单系统有两种，分别是下拉式菜单和快捷菜单。比较典型的一般是下拉式菜单，由一个条形菜单和一组弹出式菜单组成，其中条形菜单作为主菜单，而弹出式菜单作为子菜单。

快捷菜单通常由一个或一组上下级的弹出式菜单构成，一般列出某个对象的相关操作，右击时可以弹出。

8.1.2 菜单设计的基本过程

为了提高菜单系统的质量，需要规划菜单。在规划完菜单系统后，便可以创建菜单了。在 Visual FoxPro 中，这个工作可以使用菜单设计器来完成，也可以通过菜单向导来生成。由于使用菜单向导创建菜单较为繁琐，一般用户选择菜单设计器创建菜单，基本过程如下。

1）打开菜单设计器，新建一个菜单。

2）在菜单设计器中定义菜单，制定菜单的各项内容，保存菜单文件（扩展名为.MNX）。

3）将菜单文件生成一个可执行的菜单程序文件（扩展名为.MPR）。

4）运行菜单程序。

8.2 下拉式菜单

8.2.1 下拉式菜单设计

使用 Visual FoxPro 提供的菜单设计器可以方便地进行下拉式菜单的设计，下面以“学生成绩管理系统实例”的主菜单为例说明其设计过程。

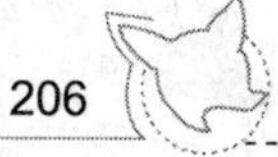

【**例 8.1**】学生成绩管理系统实例：设计主菜单。

（1）启动菜单设计器

方法一：单击菜单项目“文件”中的“新建”，在新建对话框内如图 8.1 所示单击最后一项“菜单”，单击右上角“新建文件”按钮，打开 “新建菜单”对话框如图 8.2 所示。在“新建菜单”对话框中单击“菜单”按钮，这样就可以打开“菜单设计器”窗口。

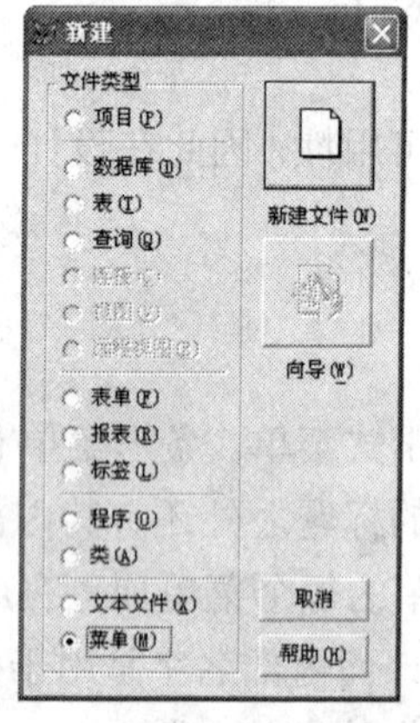

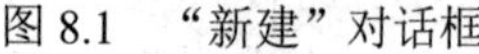
图 8.1 “新建”对话框

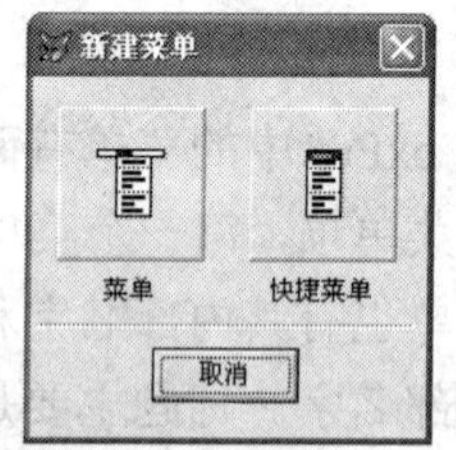

图 8.2 “新建菜单”对话框

方法二：使用命令调用“菜单设计器”。命令格式如下：

MODIFY MENU <文件名>

命令中的<文件名>为菜单定义文件（扩展名.MNX），<文件名>可以缺省，若<文件名>为新文件名则为新建菜单，否则打开已有的菜单。在本例中，可以键入命令：MODIFY MENU main。

方法三：使用项目管理器。在“项目管理器”窗口中，选择“其他”选项卡，选择其中的“菜单”图标，然后点击“新建”按钮，后面的步骤与方法一相同。

（2）定义菜单

进入菜单设计器后，就可以定义菜单了，图 8.3 为本例定义的菜单，主要由图 8.3 所示的四个部分组成。

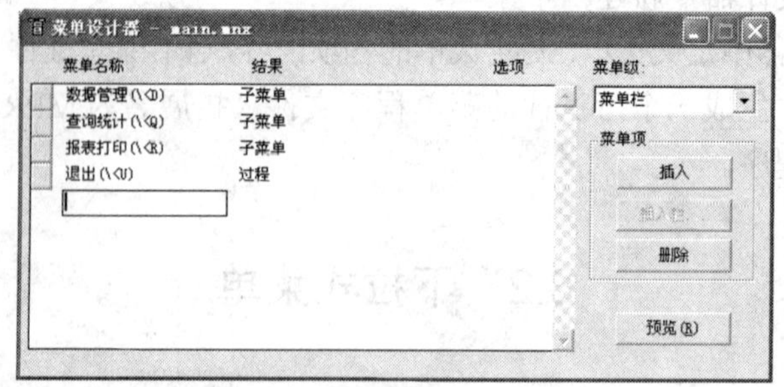

图 8.3 “菜单设计器”窗口

1）菜单名称。菜单项展示给用户的标题，通常选取能对该菜单项目功能进行高度概括的词语作为此菜单项的菜单名称，如“文件”、“编辑”、“查询”等。在指定菜单名称时可以设置该菜单项目的访问键，方法是在作为访问键的字符前加上“\<”。例如，要把字符“D”作为上图中“数据管理”菜单项的访问键，就在菜单名称框中输入“数据管理（\<D)”。

2）结果。“结果”下拉列表中定义了用户选择菜单标题或者菜单项时的操作，包括“命令”、“填充名称”、“子菜单”和“过程”。

- 命令：当单击某个菜单项目需要系统执行一条命令时就选择“命令”方式，然后单击“创建”按钮，此项右侧就会出现一个文本框，在文本框内输入需要执行的命令即可。
- 填充名称：选择此项，列表框右侧会出现一个文本框，用户可在其中输入该菜单项的内部名字或序号。
- 子菜单：若此菜单项有子菜单则选这个选项，单击“创建”按钮后出现图 8.4 所示的子菜单页，在其中可以定义子菜单。若要回到主菜单界面可在菜单级下方的下拉列表中选择“菜单栏”项目。在本例中，如图 8.3 所示，将菜单项“数据管理”，“查询统计”和“报表打印”设置为子菜单。图 8.4 实现了子菜单“数据管理”，具体设置内容可参照表 8.1。同理，子菜单“查询统计”各菜单项的设置可参照表 8.2；子菜单“报表打印”各菜单项的设置可参照表 8.3。

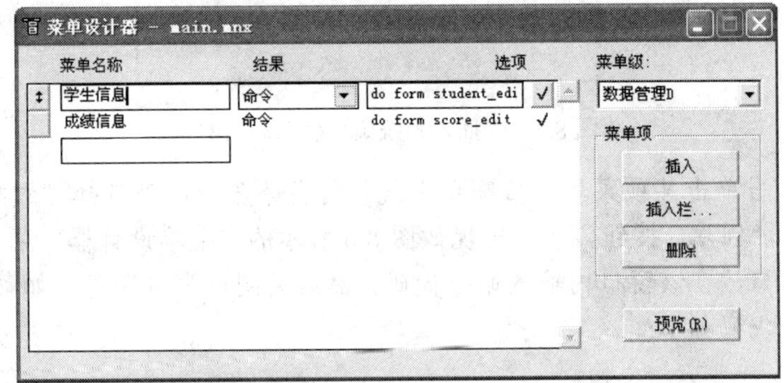

图 8.4 “菜单设计器”子菜单设计窗口

表 8.1 学生成绩管理系统“数据管理”子菜单各菜单项的设置

菜单名称	结果	命令代码	快捷键	备注
学生信息	命令	do form student_edit.scx	Atl+S	student_edit.scx 由例 6.1 生成
成绩信息	命令	do form score_edit.scx	Atl+C	score_edit.scx 由例 6.2 生成

表 8.2 学生成绩管理系统“查询统计”子菜单各菜单项的设置

菜单名称	结果	命令代码	备注
按学生查询	命令	do form student_query.scx	student_query.scx 由例 6.8 生成

表 8.3 学生成绩管理系统“报表打印”子菜单各菜单项的设置

菜单名称	结 果	命令代码	备注
学生基本信息表	命令	report form student_report.frx preview	student_report.frx 由例 7.3 生成
课程基本信息表	命令	report form course_report.frx preview	course_report.frx 由例 7.1 生成
学生课程成绩表	命令	report form student_score_report.frx. preview	student_score_report.frx.例 7.4 生成

在“菜单设计器”子菜单设计窗口中，单击菜单项下面的“插入栏”按钮会出现“插入系统菜单栏”对话框，如图 8.5 所示，该对话框列出了 Visual FoxPro 的系统菜单栏。此时，单击“插入”按钮（可多选）就可将多项 Visual FoxPro 的系统菜单栏加入到当前子菜单中。

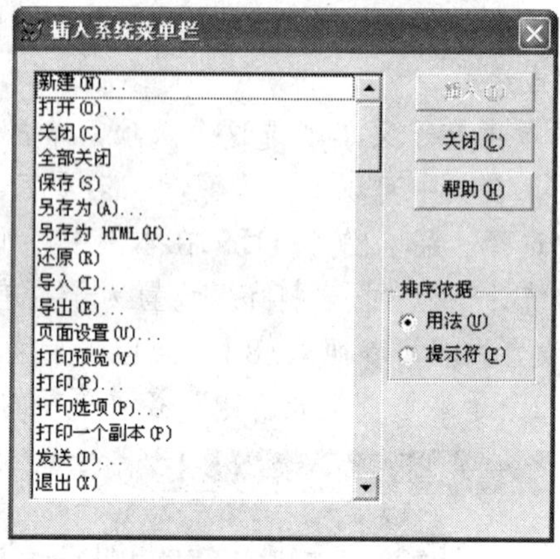

图 8.5 “插入系统菜单栏”对话框

- 过程：当单击某项菜单项目需要系统执行多条命令时就选择“过程”方式，然后单击“创建”按钮，就会出现如图 8.6 所示的“菜单设计器”菜单项过程代码设计窗口，在该窗口内输入命令代码，然后关闭该窗口即可。如菜单项“退出”的命令代码如下：

```
set sysmenu to default      &&回复系统菜单
```

通过 SET SYSMENU 命令可以允许或禁止在程序执行时访问系统菜单，也可以重新设置系统菜单。SET SYSMENU TO DEFAULT 将系统菜单恢复为缺省配置。SET SYSMENU SAVE 将当前系统菜单配置指定为缺省配置，SET SYSMENU NOSAVE 将缺省设置恢复成 Visual FoxPro 系统的标准配置。不带参数的 SET SYSMENU TO 命令将屏蔽系统菜单，使系统菜单不可用。

3）选项。单击“选项”下方的方块按钮（图 8.3）就会出现“提示选项”对话框（图 8.7）。如需制定某菜单项的快捷键，就在“提示选项”对话框中单击“键标签”右侧的文本框，然后在键盘上按快捷键，例如，按下 Ctrl+C 键，就会出现如图 8.7 所示对话框。

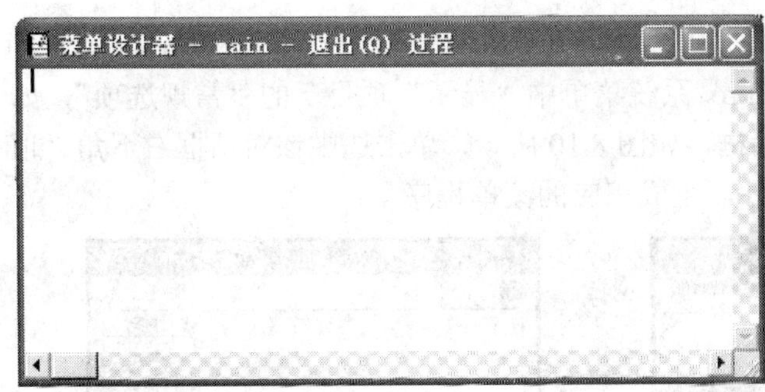

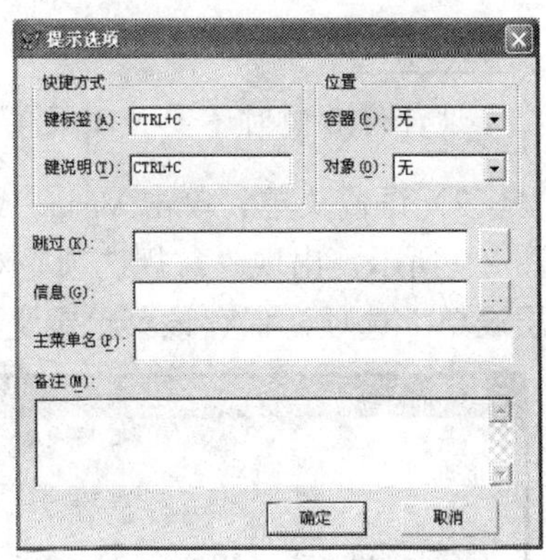

图 8.6　“菜单设计器”菜单项“退出”的过程代码设计窗口　　图 8.7　“提示选项”对话框

4）菜单级。在“菜单级”下拉列表框中可以选择要处理的菜单或者子菜单。

（3）保存菜单定义文件

注意扩展名为.MNX，菜单定义文件不能直接运行。

（4）生成菜单程序文件

单击 Visual FoxPro 系统菜单中“菜单”项目下的“生成”，出现生成对话框，如图 8.8 所示，定义好菜单程序文件的文件名（扩展名为.MPR），设置存盘位置即可。

图 8.8　生成菜单程序文件对话框

（5）运行菜单程序文件

方法一：单击 Visual FoxPro 系统菜单中“程序”项目下的“运行”，在对话框中选择要运行的菜单程序文件即可，或单击工具栏中的“!”工具按钮。

方法二：使用命令，命令格式

DO <文件名>

注　意

<文件名>中的扩展名.MPR 不可省。

例如，要运行菜单程序 main.mpr，应该在命令窗口中键入命令：DO main.mpr。

8.2.2　为顶层表单添加菜单

在设计应用程序时经常要为自己的应用程序界面设计一个菜单，也就是说为顶层表单添加菜单，这种操作只要在前面所讲的菜单设计的基础上再加几道工序就可以了，具体方法如下。

1）设计下拉菜单。按照前面叙述的下拉式菜单的设计方法在菜单设计器中把菜单项目设计好。

注　意

设计好后暂时不要关闭菜单设计器。

2）设置菜单。单击 Visual FoxPro 系统菜单中“显示”项目下的“常规选项”，如图 8.9 所示，出现“常规选项”对话框，如图 8.10 所示，单击选中该对话框右下角“顶层表单”选项，保存该菜单定义文件，生成相应的菜单程序文件。

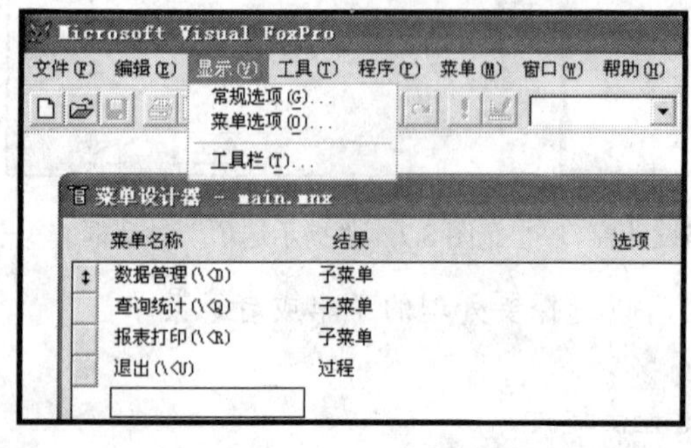

图 8.9　“显示”菜单

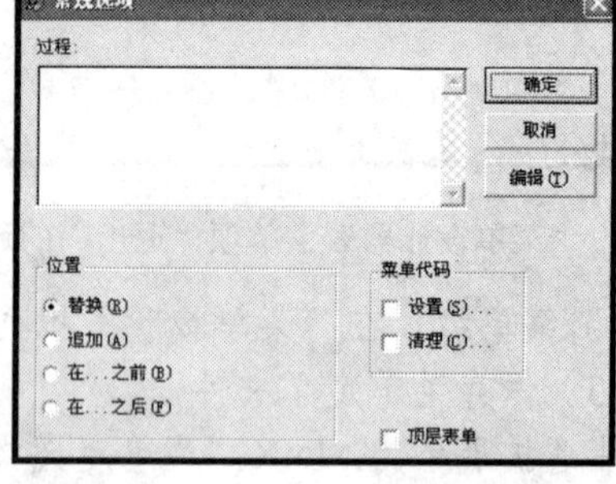

图 8.10　“常规选项”对话框

3）创建表单。例如，将例 8.1 创建的下拉菜单添加至顶层表单，可先创建表单 main.scx，将该表单的 ShowWindow 属性值设置为“2-作为顶层表单”，则 main.scx 成为顶层表单。将表单 main.scx 的 WindowState 属性值设置为“2-最大化”，使其运行时最大化显示。同时，将菜单 main.mnx 所调用的所有表单的 ShowWindow 属性值设置为“1 - 在顶层表单中”，使它们能显示在顶层表单 main.scx 中。

4）在顶层表单中设置调用菜单程序文件的代码。打开表单的 Init 事件代码编写窗口，在其中输入表单的 Init 事件代码，其中运行菜单程序文件的命令如下：

DO <文件名> WITH THIS[,“<菜单名>”]

注　意

<文件名>中.MPR 扩展名不可省，实参 THIS 表示当前对象（表单），实参“<菜单名>”为被添加的下拉式菜单的条形菜单指定一个内部名称，必须为字符串常量。

例如，在顶层表单 main.scx 中运行例 8.1 创建的下拉菜单程序文件 main.mpr，为 Init 事件添加代码如下：

```
do main.mpr with this, "main_menu"
```

5）在顶层表单中设置清除菜单的代码。为了在关闭表单时让菜单同时清除，需要在表单的 Destroy 事件代码中输入清除菜单的命令：

RELEASE MENU <菜单名> [EXTENDED]

这里的菜单名就可以用前面起的内部名字，如果加上 EXTENDED 则表示清除条形菜单时一起清除该条形菜单的所有下级子菜单。例如，main.scx 需要清除调用的菜单，为表单的 Destroy 事件添加的代码如下：

```
release menu main_menu extended
```

6）运行顶层表单。例如，上述顶层表单 main.scx 的运行界面如图 8.11 所示。

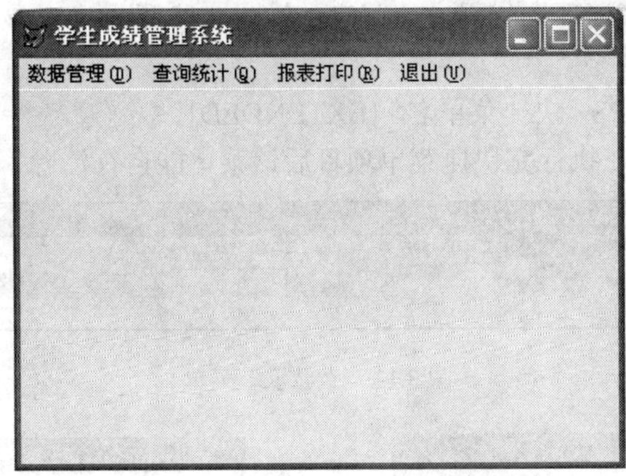

图 8.11 顶层表单菜单

8.3 快捷菜单

为了使应用程序的使用更加方便快捷，菜单系统除了有固定的下拉式菜单之外，还需要为一些特定的界面对象建立快捷菜单。一般来说下拉式菜单用来列出整个应用程序所具有的功能，而快捷菜单用来列出某些对象的功能。快捷菜单的结构与下拉式菜单稍有不同，快捷菜单没有条形菜单，只有一个弹出式菜单或一组具有上下级关系的弹出式菜单。我们通常用快捷菜单的菜单设计器建立快捷式菜单，方法如下。

1）启动快捷菜单设计器。单击菜单项目“文件”中的“新建”，在如图 8.1 所示的新建对话框内单击最后一项“菜单”，单击右上角“新建文件”按钮，打开 “新建菜单”对话框图，如图 8.2 所示。在“新建菜单”对话框图中单击“快捷菜单”按钮，就可以打开“快捷菜单设计器”窗口，如图 8.12 所示。

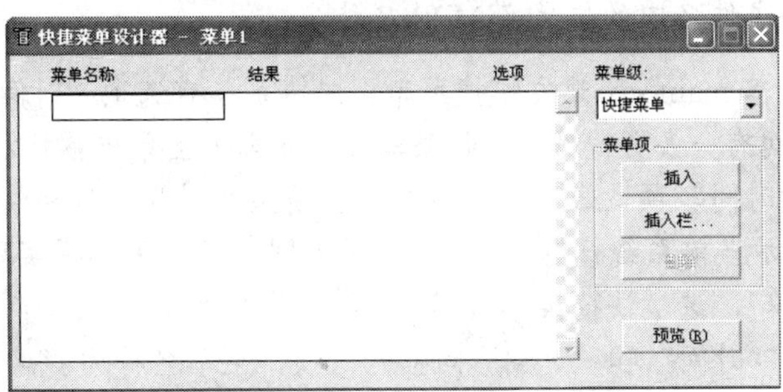

图 8.12 “快捷菜单设计器”窗口

2）采用 8.2.1 节建立下拉式菜单项目的方法在“快捷菜单设计器”窗口中定义菜单。

3）单击 Visual FoxPro 系统菜单中“显示”项目下的“常规选项”，如图 8.13 所示，出现“常规选项”对话框，如图 8.14 所示；单击选中该对话框右侧“清理”选项，单击“确定”按钮，出现“清理”代码设计窗口，如图 8.15 所示，在该代码窗口中输入如下格式命令代码：

RELEASE POPUPS <快捷菜单名> [EXTENDED]

该命令的作用是在执行完快捷菜单项目后该菜单能自行清除。

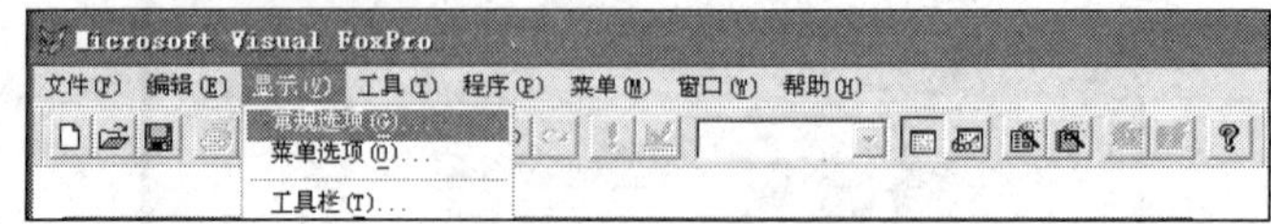

图 8.13 “显示”菜单

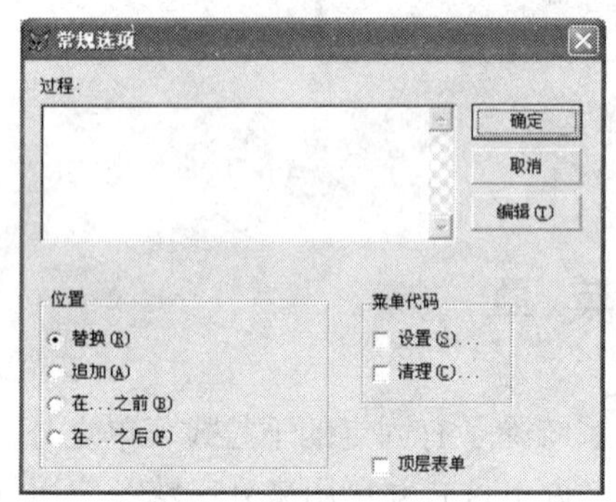

图 8.14 “常规选项”对话框

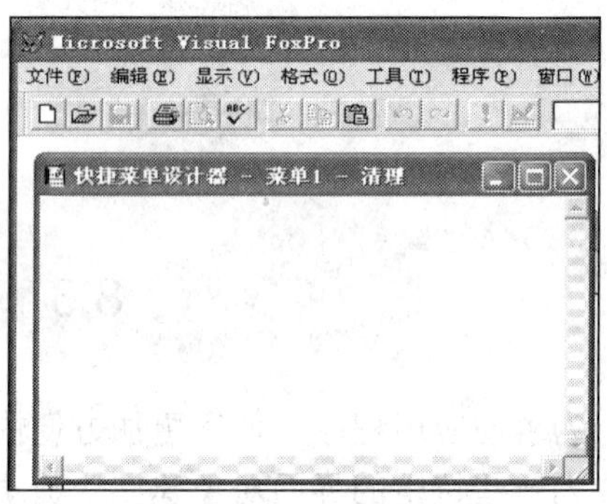

图 8.15 “清理”代码设计窗口

4）保存快捷菜单定义文件，生成相应的菜单程序文件。

5）打开需要建立快捷菜单的表单，在表单设计器中，为需要添加快捷菜单的对象的 RightClick 事件输入代码：

DO <快捷菜单程序文件名>

注 意

快捷菜单程序文件名中的扩展名.MPR 不能省略。

【例 8.2】为表单 main.scx 建立快捷菜单，快捷菜单有选项“时间”和“日期”；“时间”和“日期”之间有一条分隔线。运行表单时，在表单上单击鼠标右键弹出快捷菜单，选择快捷菜单的“时间”项，表单标题将显示当前系统时间，选择快捷菜单的“日期”项，表单标题将显示当前系统日期。注意：显示时间和日期用过程实现。操作步骤如下。

1）新建“菜单”，选“快捷菜单”，输入菜单项“时间”，“日期”，结果列都选“过程”（图 8.16）；在“时间”和“日期”间插入一项，菜单名称为“\-”（运行菜单时显示为分隔线）。

2）单击 Visual FoxPro 系统菜单中“显示”项目下的“常规选项”，出现“菜单选项”对话框，然后在“名称”框中键入快捷菜单的内部名称 mypopmenu。

3）单击 Visual FoxPro 系统菜单中“显示”项目下的“常规选项”，出现“常规选项”对话框，分别建立“设置”和“清理”过程。

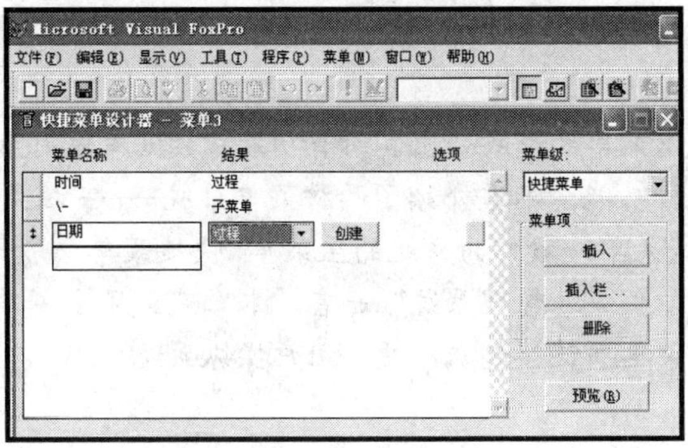

图 8.16　快捷菜单两个项目“时间”与“日期”

“设置”过程代码:

```
parameters myform
```

注　意

“设置”过程的功能是通过参数传递接收表单的名字，因为在菜单的代码中要对表单操作（修改 Caption 属性），如果在菜单代码中不需对表单操作，“设置”过程可以不用编辑。myform 是随意起的一个名字，通过它和表单 main 建立联系，在菜单代码中对它操作，就可完成对表单（main.scx）的操作。

“清理”过程代码:

```
release popups mypopmenu
```

注　意

“清理”过程的功能是在菜单程序结束后，释放菜单，否则，菜单会一直显示在表单上，popups 是关键词，表明是快捷菜单，mypopmenu 是当前菜单的内部名称。

4）单击菜单项目“时间”中过程右侧的“创建”按钮，在“时间”过程代码编辑窗口中输入 myform.caption = time( )。单击菜单项目“日期”中过程右侧的“创建”按钮，在“日期”过程代码编辑窗口中输入 myform.caption = dtoc(date( ))。

注　意

函数 TIME( )的结果是字符型；DATE( )的结果是日期型。

5）将快捷菜单定义文件保存为 mypopmenu.mnx，生成相应的菜单程序文件 mypopmenu.mpr。

6）打开表单文件 main.scx，编辑 RightClick 事件代码:

```
do mypopmenu.mpr with this
```

7）保存表单并运行。

小 结

应用程序一般是以菜单的形式列出其所有功能，数据库应用系统同样如此，用户通过菜单调用系统的各种功能。本章介绍了两种菜单系统——下拉式菜单与快捷菜单的设计方法与过程。下拉式菜单一般作为系统的主菜单，快捷菜单一般作为系统的辅助菜单。

对于本书实例“学生成绩管理系统”而言，本章完成了主菜单与辅助菜单的设计，将系统的所有功能与菜单项链接起来，便于用户操纵系统。

习 题

1．Visual FoxPro 支持两种类型的菜单，即（　　）。

A．条形菜单和下拉式菜单　　B．下拉式菜单和弹出式菜单

C．条形菜单和弹出式菜单　　D．下拉式菜单和系统菜单

2．在 Visual FoxPro 中，扩展名为 MNX 的是（　　）。

A．备注文件　　B．项目文件　　C．表单文件　　D．菜单文件

3．菜单程序文件的扩展名是（　　）。

A．MEM　　B．MNT　　C．MPR　　D．MNX

4．假设已经生成了名为 mymenu 的菜单文件，执行该菜单文件的命令是（　　）。

A．DO mymenu　　B．DO mymenu.mpr

C．DO mymenu.pjx　　D．DO mymenu.mnx

5．假设有菜单文件 mainmu.mnx，下列说法正确的是（　　）。

A．在命令窗口利用 DO mainmu 命令，可运行该菜单文件

B．首先在菜单生成器中，将该文件生成可执行的菜单文件 mainmu.mpr，然后在命令窗口执行命令：DO mainmu 可运行该菜单文件

C．首先在菜单生成器中，将该文件生成可执行的菜单文件 mainmu.mpr，然后在命令窗口执行命令：DO mainmu.mpr 可运行该菜单文件

D．首先在菜单生成器中，将该文件生成可执行的菜单文件 mainmu.mpr，然后在命令窗口执行命令：DO MEMU mainmu 可运行该菜单文件

6．使用 Visual FoxPro 的菜单设计器时，选中菜单项之后，如果要设计它的子菜单，应在结果下拉框中选择（　　）。

A．命令　　B．填充名称　　C．子菜单　　D．过程

7．定义菜单时，若要为菜单项编写相应功能的一段程序，则在“结果”列中选择（　　）。

A．填充名称　　B．子菜单　　C．过程　　D．命令

8．定义菜单时，若按文件名调用已有的程序，则在“结果”中选择（　　）。

A．填充名称　　B．子菜单　　C．过程　　D．命令

9．在菜单设计中，可以在定义菜单名称时为菜单项指定一个访问键。规定菜单项“查询”的访问键为“Y”的菜单名称定义是（　　）。

A．查询\<(Y)　　B．查询/<(Y)　　C．查询(\<Y)　　D．查询(/<Y)

10．要屏蔽系统菜单，使系统菜单不可用，下列命令正确的是（　　）。

A．SET SYSMENU SAVE　　B．SET SYSMENU TO SAVE

C．SET SYSMENU TO　　D．SET SYSMENU TO DEFAULT

11．如果在执行 SET SYSMENU SAVE 命令后，修改了系统菜单，那么执行（　　）命令就可以恢复 SET SYSMENU SAVE 命令执行之前的菜单配置。

A．SET SYSMENU DEFAULT　　B．SYSMENU =DEFAULT

C．SET SYSMENU TO DEFAULT　　D．SET DEFAULT TO SYSMENU

12．要为表单设计下拉式菜单，首先需要在菜单设计时，在“常规选项”对话框中选择“顶层表单”复选框；其次要将表单的 ShowWindow 属性值设置为（　　），使其成为顶层表单；最后需要在表单的 init 事件代码中添加调用菜单程序的命令。

A．0-在屏幕中　　B．1-顶层表单中

C．2-作为顶层表单　　D．3-在窗口中定义快捷键。

第 9 章 Visual FoxPro应用系统开发

本章要点

- 开发应用程序的步骤
- 应用程序开发实例

学习目标

- 掌握开发 Visual FoxPro 应用程序的步骤和方法
- 掌握项目管理器的使用

本章首先介绍开发数据库应用系统的一般步骤，然后介绍 Visual FoxPro 开发环境下应用系统连编和发布的方法，最后简要介绍了学生成绩管理系统的功能及结构。本章是前面各章节内容的综合应用，学习本章可以使读者对开发数据库应用系统的过程有一个清晰的把握。

9.1　数据库应用系统的开发步骤

数据库应用系统是指系统开发人员利用数据库系统资源开发出来的，面向某一类实际应用的软件系统。例如，以数据库为基础的财务管理系统、人事管理系统、图书管理系统等。无论是面向内部业务和管理的管理信息系统，还是面向外部，提供信息服务的开放式信息系统，从实现技术角度而言，都是以数据库为基础和核心的计算机应用系统。

要开发一个有效的数据库应用系统，必须用系统工程的观点来考虑问题，按照软件工程的原则和方法来规范开发过程。一般来说，一个小型数据库应用系统的开发一般有以下几个步骤。

（1）需求分析

开发数据库应用系统的首要任务是要准确地了解与分析用户需求，具体包括系统需要处理哪些数据、数据之间具有怎样的联系、对这些数据需要进行怎样的加工处理、数据结果以什么形式表现给用户等。

（2）系统设计

在明确用户的需求后，就可以确定应用系统要实现的功能，对系统进行整体的规划和设计，包括数据库的设计、系统界面的设计、系统功能模块的规划和设计。

（3）系统实现

依据前两个阶段的工作，建立具体的数据库和表，定义各种约束，建立系统初始数据；定义具体的查询和视图；具体设计系统的菜单、表单、报表，编写各种过程代码；设计系统的主程序。

在以上基本部件设计、调试通过的基础上，还要对整个系统进行测试。测试完成后，对系统打包并形成发行版本，使用户可以在满足系统要求的任一台计算机上安装运行。

（4）运行维护

系统提交用户使用后，根据用户遇到的问题或提出的新要求，不断对系统进行调整和修改。

按照软件工程的思想，在每个步骤完成后，需要提交相应的文档资料，作为下一步工作的依据。

9.2　应用程序的生成与发布

Visual FoxPro 作为一种优秀的桌面型关系数据库管理系统软件，非常适合小型数据库应用系统的开发。下面以本书实例“学生成绩管理系统”说明一下在 Visual FoxPro 下开发应用系统的以下几个组成部分。

1）一个或多个数据库，也可能是一些自由表、查询等数据，如第 3、4 章中建立了学生成绩管理系统的数据库“成绩管理”及相关的视图与查询。

2）用户界面，例如，各种表单、菜单、报表、标签等，如第 6 章建立了学生成绩管理系统需要的表单，第 7 章设计的报表与第 8 章设计的菜单。

3）数据处理程序，这些程序可能作为独立的程序文件存在，也有很大一部分存在于其他组件，如表单、菜单的内部，没有独立文件，如第 6 章建立表单与第 7 章建立菜单时用到较多数据处理程序。

4）一个主程序，作为应用系统的起始点，一般是独立的程序文件，也可以是表单或菜单等。

在 Visual FoxPro 中，通常把一个应用系统作为一个项目来管理。“项目管理器”是 Visual FoxPro 中处理数据和对象的主要组织工具，它为系统开发者提供了极为便利的工作平台，一方面提供了可视化的方法来分类组织和处理表、数据库、查询、视图、表单、菜单等一切相关文件，可以实现对文件的创建、加入、修改、删除等操作；另一方面可以将应用编译成应用程序文件，交付用户使用。

本书第 1 章介绍了项目管理器的相关内容，同时建立实例学生成绩管理系统的项目管理器文件：学生成绩管理.pjx。其他章节建立的相关文件，如数据库、表单、菜单等，需添加至该项目管理器中。当然，如果这些文件是在该项目管理器中创建，则无需再添加。作为一个简单的数据库应用系统，再设计一个主程序作为该系统的起点便可完成所有文件的创建。

9.2.1 主程序设计

主程序是整个应用系统的入口，任何应用系统必须指定一个主程序文件。当用户应用应用系统时，将首先启动主程序文件，然后主程序再依次调用所需的应用程序其他组件。主程序的任务主要包括：

1）初始化运行环境。

2）显示初始的用户界面。

3）控制事件循环。

4）当退出应用系统时，恢复原始的开发环境。

一般情况下，需要编写一个单独的程序文件作为主程序，也可以把设计好的表单或菜单作为主程序。需要注意，在作为主程序的表单或菜单的相应过程中要包含实现以上任务的代码。

1. 设置运行环境

主程序必须要做的第一件事就是对应用系统的运行环境进行初始化，例如，默认目录的设置、日期格式的设置等。在 Visual FoxPro 中，运行环境主要通过 SET 命令和设置系统变量的值来完成。Visual FoxPro 开发环境对 SET 命令和系统变量有一套完整的定义，可以先把这些定义先保存下来，然后根据应用系统的需要有取舍地对某些 SET 命令和系统变量重新设置，写入到主程序中。应用程序在退出时要恢复原始的开发环境，恢复存储变量原来的值。

从“工具”菜单中选择“选项”，在按下 Shift 键的同时选择“确定”按钮，就可以在“命令”窗口中显示开发系统的当前设置，即：

```
    SET TALK ON
    SET NOTIFY ON
    SET CLOCK OFF
    SET COMPATIBLE OFF
    ……
    STORE "c:\program files\microsoft visual studio\vfp98\wizard.app"
TO _WIZARD
    STORE "c:\program files\microsoft visual studio\vfp98\builder.app"
TO _BUILDER
    STORE "c:\program files\microsoft visual studio\vfp98\convert.app"
TO _CONVERTER
    STORE "c:\program files\microsoft visual studio\vfp98\spellchk.app"
TO _SPELLCHK
    STORE "c:\program files\microsoft visual studio\vfp98\genmenu.fxp"
TO _GENMENU
    STORE "c:\program files\microsoft visual studio\vfp98\browser.app"
TO _BROWSER
    STORE "c:\program files\microsoft visual studio\vfp98\gallery.app"
TO _GALLERY
    ……
```

2. 显示初始的用户界面

同 Windows 下其他应用程序一样，Visual FoxPro 中开发的应用系统展现给用户的初始界面一般情况下是一个表单，当然也可以是一个菜单或其他的用户组件。

在主程序中，可以直接使用 DO FORM 命令来运行一个表单，或直接使用 DO 命令来运行菜单。例如：

```
    do form welcome.scx
    do main.mpr
```

3. 控制事件循环

在显示出初始的用户界面之后，需要建立一个事件循环来等待用户的交互动作。控制事件循环主要用到两条命令：

```
    read events        &&启动事件循环
    clear events       &&清除事件循环
```

在执行 READ EVENTS 命令启动事件循环之后，应用系统将处于最后显示的用户界面元素控制之下，其他所有处理过程全部挂起，开始处理用户的鼠标点击、键盘输入等用户事件，直到执行到类似于 CLEAR EVENTS 清除事件循环的命令。

这两条命令放在程序中合适的位置非常重要。一般情况下，可以将 READ EVENTS 主程序中显示初始的用户界面之后，如：

```
do form welcome
read events
```

如果在初始化过程中没有 READ EVENTS 命令，在原开发环境中可以正确地运行应用系统程序，但在连编成应用程序或可执行文件后，在菜单或者主屏幕中运行应用系统，程序可能显示片刻，随即“奇怪”地返回到操作系统中。

和 READ EVENTS 命令相对应，必须确保在程序中存在一个可以执行结束当前事件循环的 CLEAR EVENTS 命令的机制，一般在表单的“退出”按钮或菜单的“退出”菜单项中加入这条命令。

4. 完整的主程序

如果编写一个单独的程序文件作为主程序，必须保证该程序能够控制应用系统的主要任务。例如，可以编写如下的学生成绩管理系统的主程序。

```
*********main.prg********
set talk off               &&设置初始环境
set safety off
set century on
_vfp.visible=.f.           &&关闭系统窗口，使初始用户界面直接显示在桌面上
do form welcome            &&调用初始用户界面
read events                &&启动事件循环
set talk on                &&恢复环境设置
set safety on
set century off
quit                       &&退回到操作系统
```

9.2.2 应用系统连编和发布

使用 Visual FoxPro 开发应用系统时，既可以在项目管理器下完成所有的工作，也可以先建立各部分组件，再利用项目管理器把所有部件统一管理起来。当使用项目管理器管理了所有的功能组件后，就可以进行应用系统的连编了。应用系统连编后，可以使用工具“安装向导”生成安装程序，进行系统的发布。

1. 设置文件的“包含”与“排除”

连编后，项目中的某些组件不需要在程序运行时更新，诸如程序、表单、菜单、报表、查询等，也包括一些运行时不需要或不允许修改的表，连编时可以将它们设置为“包

含”。设置为“包含”的文件在连编后将变为只读文件，不能再修改。

“排除”是与“包含”相对的。那些在连编后运行时需要更新的项目，在连编时需要标记为“排除”。排除文件仍然是应用系统的一部分，但这些文件不会在应用程序的文件中编译，用户可以随时更新它们。

作为通用的准则，可执行文件诸如程序、表单、菜单、报表、查询等应该在项目中标记为“包含”，而数据文件则默认标记为“排除”。但是，可以根据应用系统的需要灵活设置。例如，一个表的内容在系统运行时不允许修改，就可以把其标记为“包含”。相反，如果一个报表文件在系统运行需要用户对内容格式重新设置，也可以将其标记为“排除”。

设置操作如下。

1）在默认情况下，“数据库”和“自由表”分支下的组件标记为“排除”，该组件之前会出现一个“⊘”标志；其他分支下的组件默认为“包含”，组件之前没有任何标志。

2）要将现为“排除”状态的组件更改为“包含”，选择该组件，选择菜单栏中的“项目”中的“包含”选项，或者右击，在弹出的快捷菜单中，选择“包含”命令项，如图 9.1 所示。

3）要将现为“包含”状态的组件更改为“排除”，选择该组件，选择菜单栏中的“项目”中的“排除”选项，或者右击，在弹出的快捷菜单中，选择“排除”命令项，如图 9.2 所示。

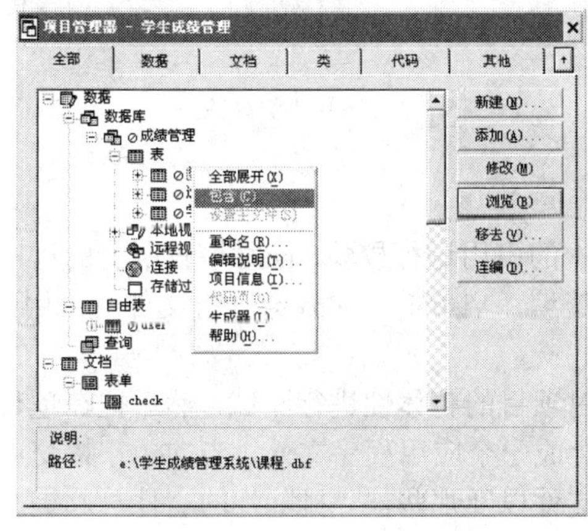

图 9.1　设置为“包含”

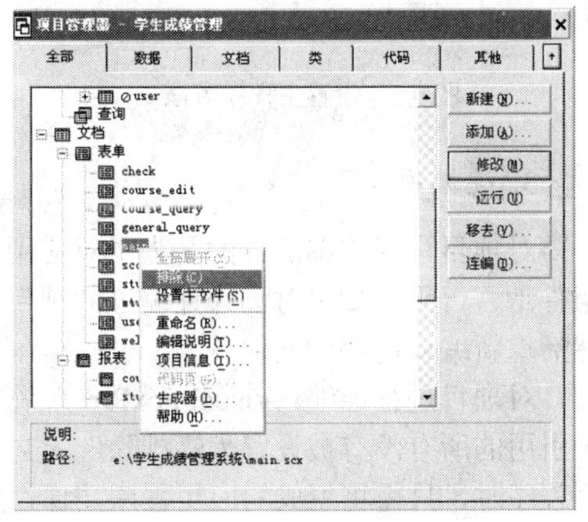

图 9.2　设置为“排除”

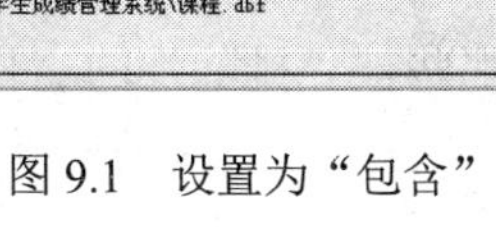

设置为主程序的组件，只能标记为“包含”，不能更改。

2. 设置主程序

在 Visual FoxPro 中，程序文件、表单、菜单或查询都可以作为主程序，通过项目管理器建立各种组件或者把已经建立好的组件添加到项目器时，系统会自动指定一个可运行组件为主文件。被指定为主文件的组件名称将以黑体字显示。

由于一个应用系统只有一个起始点，系统的主文件只能有一个，可以根据系统的需要更改主文件设置，当重新设置主文件时，原来的主文件设置将自动解除。

更改主文件组件的操作有以下两种方法。

方法一：在项目管理器中选中要设置为主程序的文件，从主菜单的“项目”菜单或从快捷菜单中选择“设置主文件”选项，如图 9.3 所示。项目管理器将应用系统的主文件自动设置为“包含”，在编译完成后，该文件作为只读文件处理。

方法二：从主菜单的“项目”菜单或从快捷菜单中选择“项目信息”选项，在其中的“文件”选项卡中选中要设置的主程序文件，右击鼠标，在弹出的快捷菜单中选择“设置主文件”，如图 9.4 所示。在这种情况下，只有把文件设置为“包含”之后才能激活“设置主文件”选项。

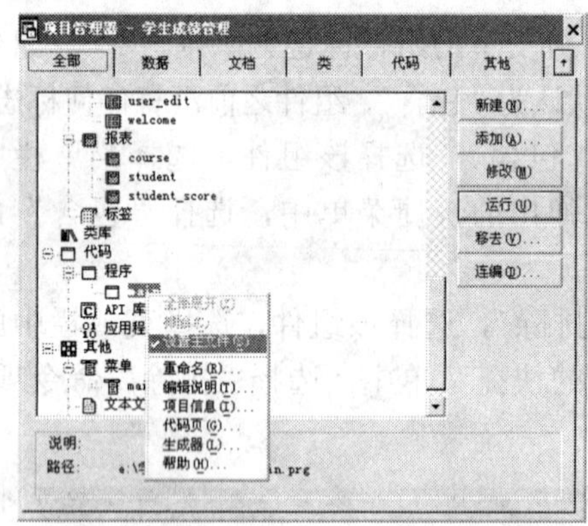

图 9.3　设置主程序方法一

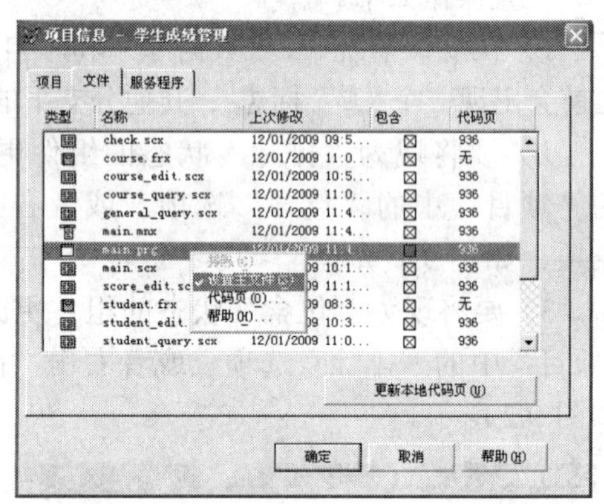

图 9.4　设置主程序方法二

3. 连编项目

对项目进行连编的目的是为了对应用系统中的引用进行校验，同时检查所有的程序组件是否可用。如果对已经连编过的项目重新连编，Visual FoxPro 会分析文件的引用，然后重新编译过期的文件。

对项目进行连编，Visual FoxPro 系统首先对项目的整体性进行测试，然后把在项目中引用的所有没有被设置为“排除”的文件，合成一个应用程序文件。当向用户提交应用程序时，只需将生成的应用程序文件、数据文件以及那些被“排除”的文件一起提交即可。

（1）重新连编项目

对已经连编过的项目如果做了某些修改，可以重新连编项目，步骤如下。

1）单击“连编”按钮，弹出如图 9.5 所示的“连编选项”对话框。

2）在“连编选项”对话框中，选择“重新连编项目”单选项。

3）如果选择了“显示错误”复选框，可以立刻查看错误文件。这些错误集中收集在当前目录的一个“<项目名>.err”文件中。编译错误的数量显示在状态栏中。

4）如果没有选择“重新编译全部文件”复选框，只会重新编译在上次连编之后修改过的文件。

5）选择了所需的选项后，单击“确定”按钮。

如果在项目连编过程发生了错误，必须排除错误，反复进行“重新连编项目”操作，直到连编成功。

（2）连编应用程序

应用程序是指把项目连编成一个.app 文件，其中包含了项目中所有的“包含”文件。.app 文件需要在 Visual FoxPro 中运行。在 Visual FoxPro 中从“程序”菜单中选择“运行”，可以选择.app 文件运行，或者在命令窗口中用 DO××××.APP 的形式直接运行。例如，在项目管理器“学生成绩管理”中，选择连编应用程序，则会生成文件学生成绩管理.app。

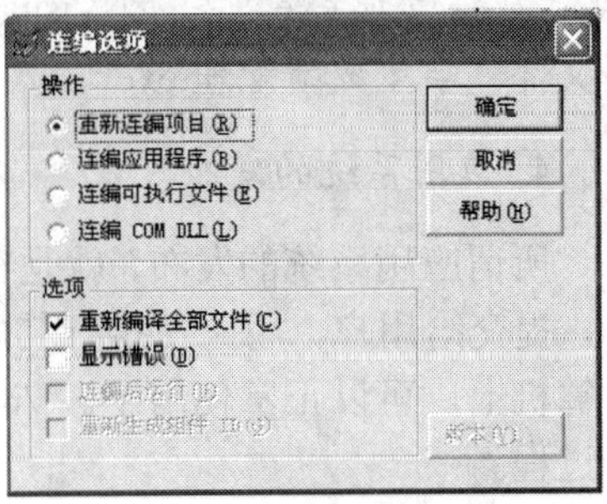

连编应用程序的步骤如下。

1）单击“连编”按钮，弹出如图 9.5 所示的“连编选项”对话框。

2）在“连编选项”对话框中，选择“连编应用程序”单选项。

图 9.5　“连编选项”对话框

3）选择其他所需的选项，单击“确定”按钮。

（3）连编可执行文件

可执行文件是指把项目连编成一个.exe 文件，其中包含了项目中所有的“包含”文件。可执行文件可以直接在 windows 操作系统下双击运行。可执行文件在 windows 下运行时需要和两个 Visual FoxPro 动态链接库（Vfp6r.dll 和 Vfp6enu.dll）连接。例如，在项目管理器“学生成绩管理”中，选择连编应用程序，则会生成文件“学生成绩管理.exe”。

连编可执行文件的步骤如下。

1）单击“连编”按钮，弹出如图 9.5 所示的“连编选项”对话框。

2）在“连编选项”对话框中，选择“连编可执行文件”单选项。

3）选择其他所需的选项，单击“确定”按钮。

（4）连编 COM DLL

COM DLL 是指把项目连编成一个.dll 文件，它使用项目文件中的类信息，创建一个动态链接库。连编 COM DLL 的步骤如下。

1）单击“连编”按钮，弹出如图 9.5 所示的“连编选项”对话框。

2）在“连编选项”对话框中，选择“连编 COM DLL”单选项。

3）选择其他所需的选项，单击“确定”按钮。

【例 9.1】 实例学生成绩管理系统：连编应用程序与可执行文件。

1）打开例 1.6 中建立的项目“学生成绩管理”。

2）将学生成绩管理系统所用到的数据库、表单、报表、菜单等添加至项目管理器中。

3）打开“代码”选项卡，选择“程序”，单击“新建”按钮，输入 9.2.1 节的主程序，命名为 main.prg，并将其设置为主文件。

4）设置学生成绩管理系统所用到的表单属性。如 welcome.scx，check.scx，main.scx 的 ShowWindow 属性设置为“2 - 作为顶层表单”，其他表单的 ShowWindow 属性设置为“1 - 在顶层表单中”。

5）连编成应用程序。单击“连编”按钮，选择“连编应用程序”，生成文件“学生成绩管理.app”在命令窗口中键入：do 学生成绩管理.app，验证应用程序的运行过程。

6）连编成可执行文件。单击“连编“按钮”，选择“连编可执行文件”，生成文件“学生成绩管理.exe”。关闭 Visual FoxPro 窗口，在文件夹“e:\学生成绩管理系统”中选择文件“学生成绩管理.exe”，双击验证其运行过程。

4. *应用系统的发布*

所谓应用系统的发布，就是在应用系统连编成可执行文件后生成应用系统的安装程序，提交给用户。用户在执行其中的安装程序（SETUP）后，应用系统就安装在本地的计算机上，可以正常使用了。Visual FoxPro 提供的“安装向导”，可以很容易地完成这一过程。

在发布应用程序前，需要将所有应用程序和支持文件复制到一个目录下面，这个目录就称之为发布树，如“学生成绩管理系统”发布树为：E:\学生成绩管理系统。

应用系统的发布的具体步骤如下。

（1）建立发布树

将存放用户运行时需要的全部文件，拷贝到该目录中。文件包括：

1）项目连编以后的.EXE 程序。

2）连编时标记为“排除”的文件以及附属文件，诸如表文件（.DBF 和.FPT）、数据库文件（.DBC 和.DCT）、索引文件（.IDX 和.CDX）。

3）两个 Visual FoxPro 动态链接库（Vfp6r.dll 和 Vfp6rchs.dll），这两个文件在安装了 Visual FoxPro 的计算机上可以找到，一般在 windows 安装目录下的 system32 目录中。

（2）进入安装向导

单击“工具”菜单中的“向导”，再选择“向导”菜单选项，进入“安装”向导，如图 9.6 所示。

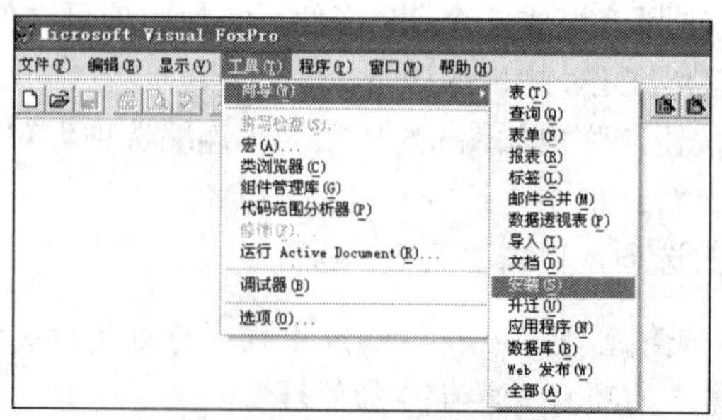

图 9.6 安装向导

（3）定位文件

安装向导步骤 1 是“定位文件”。单击“发布树”右边的“...”按钮，在“选择目

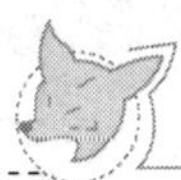

录”对话框中选择“E:\学生成绩管理系统”目录，单击“下一步”按钮，如图 9.7 所示。

（4）指定组件

安装向导步骤 2 为“指定组件”，要求指定必须包含的系统文件。这里选定“Visual FoxPro 运行时刻组件”复选框。单击“下一步”按钮，如图 9.8 所示。

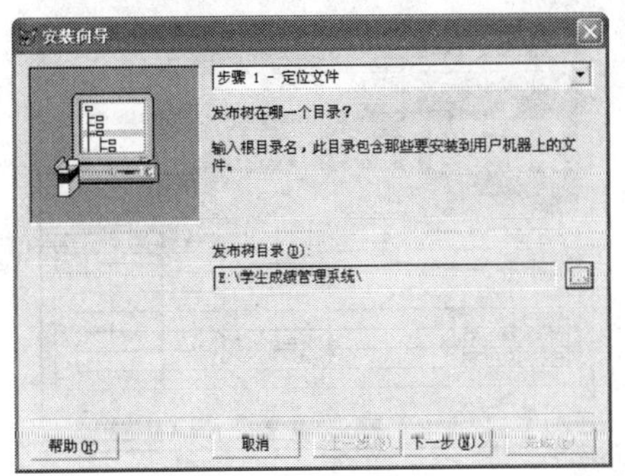

图 9.7　安装向导步骤 1

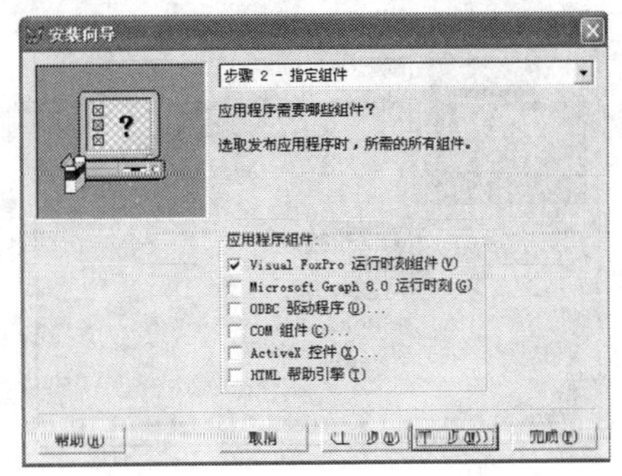

图 9.8　安装向导步骤 2

（5）磁盘映像

安装向导步骤 3 为“磁盘映像”，即决定在哪个目录下建立磁盘映像，同时选择磁盘映像类型，向导建立一个发布子目录，其中包含每种指定类型磁盘的映像。磁盘映像有三种类型：1.44MB 3.5in（1in=2.54cm)（软盘）、Web 安装和网络安装。如果选择“1.44MB，3.5in”，则按此尺寸建立映像磁盘；如果选择 Web 安装，向导将进行压缩 Web 安装；如果选择网络安装，向导将建立唯一的子目录包含所有文件，进行非压缩安装。三种类型可以选多个，这里仅选 Web 安装。如图 9.9 所示。完成选择后，单击“下一步”按钮。

（6）安装选项

安装向导步骤 4 为“安装选项”。安装对话框标题内容将作为系统安装时安装对话框的标题。版权信息对话框中可以填写版权信息。执行程序是可选项，可以指定安装应用系统后立即执行的程序，如图 9.10 所示。填写完成后，单击“下一步”按钮。

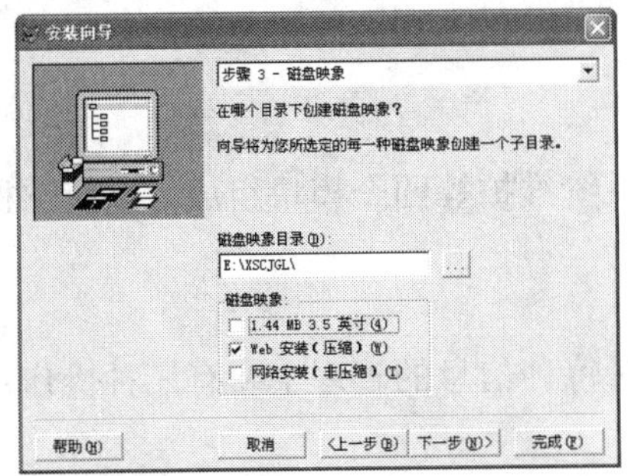

图 9.9　安装向导步骤 3

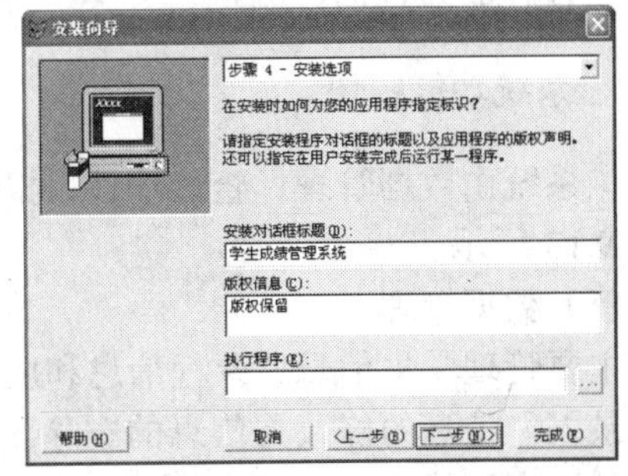

图 9.10　安装向导步骤 4

（7）指定默认目标目录

安装向导步骤 5 为“默认目标目录”。指定应用系统的安装目录和在开始菜单中生

成的程序组的名字，如图 9.11 所示。

（8）改变文件位置

安装向导步骤 6 为“改变文件设置”。选择“是否需要把一些文件安装到其他目录中”，如图 9.12 所示。

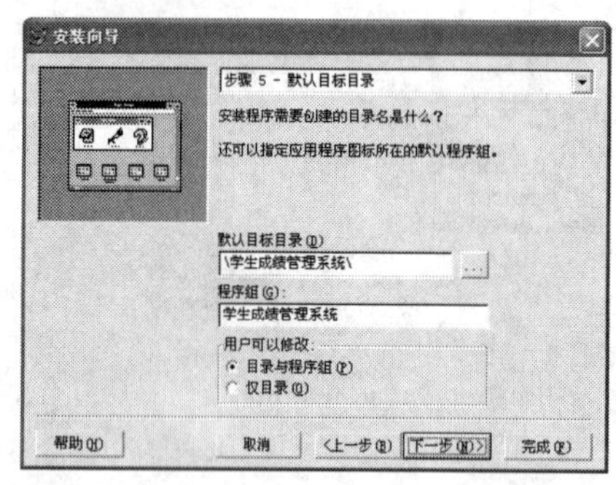

图 9.11　安装向导步骤 5

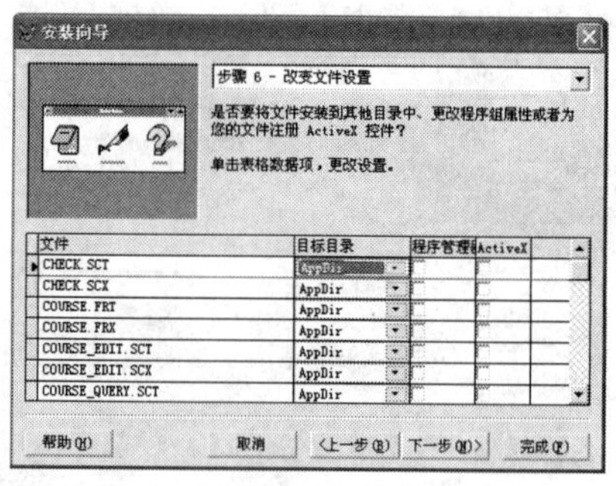

图 9.12　安装向导步骤 6

（9）保存

完成以上步骤后，就可以保存系统。选择“是否需要把一些文件安装到其他目录中”，单击“完成”按钮，就开始创建应用系统的磁盘映像。映像创建后，用户可以根据映像的类型将文件复制到软盘、U 盘或刻录到光盘中。只要运行其中的 SETUP.EXE，就可以在 Windows 中进行应用程序的安装了。

9.3　学生成绩管理系统的设计

9.3.1　系统概述

学生成绩管理系统实例是一个简单的数据库应用系统，用于学生各门功课成绩的管理与查询。该系统实现了学生信息、课程信息、成绩信息的数据录入、修改、删除，以及多种方式成绩查询、浏览、分类统计、报表打印等功能。

9.3.2　系统功能模块

该系统由数据管理、查询统计、报表打印、系统维护等四个模块组成，系统结构图如图 9.13 所示。

（1）数据管理

主要管理学生信息、课程信息和成绩信息，对每种信息的管理主要有三种操作：信息的录入，信息的修改与信息的删除。

（2）查询统计

建立三类查询：按学生信息查询每个学生各门课程的成绩信息；按课程信息查询每门课程学生的成绩信息；自定义查询：按设定条件，既可根据学生的学号或姓名查询具体学生的一门或多门课程的成绩信息（包括统计信息），也可以根据性别或院系查询某

类学生的一门或多门课程的成绩信息（包括统计信息），又可根据课程编号或课程名称查询相关学生的成绩信息（包括统计信息）。

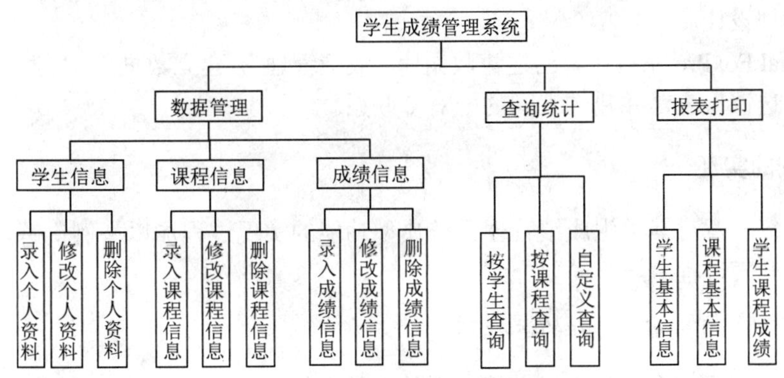

图 9.13　学生管理系统结构图

（3）报表打印

建立三个报表：学生基本信息表，课程基本信息表，学生课程信息表。

9.3.3　系统菜单设计

系统模块结构图如图 9.13 所示。该图清楚地反映出整个学生成绩管理系统有四个基本模块组成，每个基本模块又分解成更简单、功能更单一的子模块，这里每个子模块都比较容易用一个表单予以实现，后面有关于每个表单的设计说明。有了图 9.13 的模块图后，系统主菜单的设计就很容易了，具体的设计过程可参照第 8 章。

9.3.4　数据库设计

数据库设计包括需求分析、概念设计、逻辑设计和物理设计四部分，简介如下。

（1）需求分析

在学生成绩管理数据库系统中，用户可以查询学生、课程的基本信息和学生选课的情况，特殊权限的用户可以录入、修改学生信息、课程信息与选课信息。

（2）概念设计

学生成绩管理系统中涉及的实体有：

1）学生（学号，姓名，性别，出生日期，院系）。

2）课程（课程号，课程名称，学时）。

3）这些实体之间的联系：一个学生可以选多门课程，而每门课程可以被多个学生选，因此课程和学生之间是多对多的联系，联系名为选课。

（3）逻辑设计

学生成绩管理管理系统 E-R 图（见第 1 章图 1.10）中的学生和课程三个实体分别转换为三个关系模式：

1）学生（学号，姓名，性别，出生日期，院系），该关系的码为“学号”。

2）课程（课程号，课程名称，学时），该关系的码为“课程号”。

3）E-R 图中的多对多联系“选课”单独转换为一个关系模式，名为“选课”，表示为：选课（学号，课程号，成绩），该关系的码由“学号”和“课程号”组成。

（4）物理设计

在 Visual FoxPro 系统中，创建建数据库“成绩管理”，建立数据库 “学生”表、“课程”表和“选课”表，并建立表间的一对多联系。

9.3.5 系统的实现

本书在每一章对其学生成绩管理系统典型功能的实现过程加以举例讲解，本节再对整个系统的开发过程做一下简要介绍。

1. 配置 Visual FoxPro 6.0 的运行环境

在 E 盘上建立一个“学生成绩管理系统”的文件夹，并在 Visual FoxPro 6.0 系统中对运行环境进行配置，将该目录设置为缺省目录，具体步骤见第 1 章 1.4.1 节。

2. 创建项目

在 Visual FoxPro 6.0 创建一个空项目，命名为“学生成绩管理”（学生成绩管理.pjx），具体见第 1 章 1.4.2 节。

3. 创建数据库、数据库表与索引、数据库表的联系及相关自由表

“成绩管理”数据库（成绩管理.dbc）创建的具体步骤见第 3 章 3.1.2 节；三个数据库表“学生”表（学生.dbf），“课程”表（课程.dbf）与“选课”表（选课.dbf）的创建过程见第 3 章 3.2.2 节；分别为“学生”表，“课程”表与“选课”表三个数据库表建立索引，具体见第 3 章 3.4.3 节，三个数据库表建立的索引如下所列。

1）“学生”表索引：

索引名：学号，类型：主索引，表达式：学号。

2）“课程”表索引：

索引名：课程号，类型：主索引，表达式：课程号。

3）“选课”表索引：

索引名：xhkch，类型：主索引，表达式：学号+课程号。

索引名：学号，类型：普通索引，表达式：学号。

索引名：课程号，类型：普通索引，表达式：课程号。

索引创建后，可建立三个数据库表之间的永久联系，具体实现方法见第 3 章 3.5.3 节。

由于在学生成绩管理系统中，教师在各种信息的管理中起着重要的作用，因此我们还需一张教师信息表。建立自由表“教师”（教师.dbf），结构为教师（职工号 C（8），姓名 C（10），职称 C（6），是否党员 L，工资 N（10, 2），简历（M））。

4. 表单建立与设置

表单是与用户交互操作的主要界面，我们把系统主要的表单、其属性设置及代码列

出，具体的设计步骤可参照第 6 章。

（1）欢迎表单（welcome.scx）

欢迎表单是用户进入系统的欢迎界面，具体的设计过程见第 6 章例 6.3。

（2）验证表单（check.scx）

验证表单是检验用户合法性的登录界面，具体的设计过程见第 6 章例 6.4。

（3）主表单（main.scx）

主表单是用户登录系统后的主界面，该表单为顶层表单，包含系统主菜单。主表单的简要设计可参考第 8 章 8.2.2 节。主表单的详尽功能设置如下所示。

1）数据环境：学生.dbf，课程.dbf，选课.dbf。

2）属性设置如表 9.1 所示，其中 main_Form 为表单（Form）对象名称，Dataenvironment 为数据环境，Cursor1，Cursor2，Cursor3 为数据环境三个表对象名称。

表 9.1 学生成绩管理系统主表单的属性设置

对象	属性	属性值	说明
main_Form	Caption	学生成绩管理系统	指定表单标题栏文字
	AutoCenter	.T.- 真	居中显示
	ShowWindow	2-作为顶层表单	设为顶层表单
	WindowState	2-最大化	指定运行时最大化
Dataenvironment	AutoOpenTables	.T.- 真	指定打开表单时，自动打开表
	AutoCloseTables	.T.- 真	指定释放表单时，自动关闭表
Cursor1	ControlSource	学生	指定与临时表相关的表名
	Alias	学生	为表指定别名
	Exlusive	T.- 真	指定表的打开方式
Cursor2	ControlSource	选课	指定与临时表相关的表名
	Alias	选课	为表指定别名
	Exlusive	T.- 真	指定表的打开方式
Cursor3	ControlSource	课程	指定与临时表相关的表名
	Alias	课程	为表指定别名
	Exlusive	T.- 真	指定表的打开方式

3）事件方法代码如下所示。

main_Form 的 Load 事件代码如下。

```
**在“主表单”的 Load 事件方法中调用“主菜单”
**此处 this 指当前表单，“main_menu”是为菜单指定的别名，指系统主菜单
do main.mpr with this, "main_menu"
```

main_Form 的 Destroy 事件代码：

```
**释放菜单，此处 main_menu 为别名
**参数 extended 表示条形菜单下的子菜单一并释放
release menu main_menu extended
clear events      &&清除事件循环
```

（4）学生信息编辑表单（student_edit.scx）

学生信息编辑表单是编辑学生基本信息的界面，具体的设计过程可参照第 6 章例 6.1。

（5）课程信息编辑表单（course_edit.scx）

1）属性设置如表 9.2 所示，其中 course_edit 为 EditBox 对象名称，grd 课程为 Grid 对象名称，Column1、Column2 为“grd 课程”对象的两个列（Column）对象名称。

表 9.2　学生成绩管理系统课程信息编辑表单的属性设置

对　　象	属　　性	属性值	说　　明
course_edit	Caption	课程信息	指定表单标题栏文字
	AutoCenter	.T.- 真	居中显示
	ShowWindow	2-作为顶层表单	设为子表单
grd 课程	RecordSourceType	2-别名	指定表格控件记录源类型
	RecordSource	课程	指定表格控件记录源
Column1	ControlSource	课程.课程号	指定与该列相关联的字段
	Width	100	指定列的宽度
Column2	ControlSource	课程.课程名称	指定与该列相关联的字段
	Width	100	指定列的宽度

2）表单上按钮控件的 Click 事件代码如表 9.3 所示。

表 9.3　学生成绩管理系统课程信息编辑表单的 Click 事件代码

对　　象	Caption	代　　码
Command1	增加新记录	select 课程　　　　&&选择课程表所在的工作区
		go bottom　　　　&&记录指针移到最后一条
		**首先插入一条空记录，课程号不能为空，先赋值为"C"
		insert into 课程 value("C ","")
		**光标插入点定位在新插入记录的课程号
		thisform.grd 课程.column1.text1.setfocus
		thisform.refresh　　　　&&表单刷新显示
Command2	删除记录	select　课程　　　　&&选择课程表所在的工作区
		delete　　　　&&删除当前记录
		thisform.refresh　　　　&&表单刷新显示
Command3	保存	select　课程　　　　&&选择课程表所在的工作区
		pack　　　　&&彻底删除加了删除标记的记录
		**重新为表格控件指定记录源
		thisform.grd 课程.recordsource="课程"
		**重新为表格控件指定列的宽度
		thisform.grd 课程.column1.width =100
		thisform.grd 课程.column2.width =100
Command4	退出	thisform.release　　　　&&关闭表单

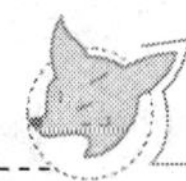

（6）选课信息编辑表单（score_edit.scx）

选课信息编辑表单是编辑学生选课信息的界面，具体的设计过程可参照第 6 章例 6.2。

（7）学生信息查询表单（student_query.scx）

学生信息查询表单是实现按学号查询学生选课信息的界面，具体的设计过程可参照第 6 章例 6.8。

（8）课程信息查询表单（course_query.scx）

1）属性设置如表 9.4 所示，其中 course_query 为表单（Form）对象名称，Label1、Label2 为 Label 对象名称，Text1、Text2 为 TextBox 对象名称，Grid1 为 Grid 对象名称，Command1、Command2 为两个 CommandButton 对象名称。

表 9.4 学生成绩管理系统课程信息查询表单的属性设置

对 象	属 性	属性值	说 明
course_query	Caption	按课程号查询	指定表单标题栏文字
	AutoCenter	.T.- 真	居中显示
	ShowWindow	1-在顶层表单中	设为子表单
Label1	Caption	课程号	
Label2	Caption	课程名称	
Text1	ReadOnly	.F.- 假（默认值）	
Text2	ReadOnly	.T.- 真	只读
Grid1	RecordSourceType	4-SQL 说明	指定表格控件记录源类型
	RecordSource	（无）	指定表格控件记录源
Command1	Caption	查询	按钮上文字
Command2	Caption	退出	按钮上文字

2）事件方法代码如下。

“查询”（Command1）按钮 Click 事件代码：

```
**根据用户输入的学号，查出基本信息显示在相应文本框中
**根据用户输入的课程号，查出课程名称显示在相应文本框中
**查出选修该课程的学生的学号、姓名、成绩信息显示在表格中
kch=alltrim(thisform.text1.value)  &&取得课程号
**查询课程名称保存到数组 kc 中
select 课程名称 from 课程 where 课程号 = kch into array kc
**数组中内容显示在文本框中
thisform.text2.value=kc
**指定表格的 Rcordsource
**查询相关学生的成绩信息，输出到临时表
thisform.grid1.recordsource=";
select 学生.学号, 姓名, 成绩 from 学生 inner join 选课;
    on 学生.学号 = 选课.学号;
 where 选课.课程号 = kch ;
 into cursor lsb"
```

“退出”（Command2）按钮 Click 事件代码：

```
thisform.release  &&关闭表单
```

（9）自定义信息查询表单（general_query.scx）

1）属性设置如表 9.5 所示，其中 general_query 为表单（Form）名称，Label1~Label12 为 12 个 Label 对象名称，Combo1~Combo6 为 6 个 Combo 对象名称，Check1~Check3 为 3 个 CheckBox 对象名称，Text1~Text3 为 3 个 TextBox 对象名称，Grid1 为 Grid 对象名称，Command1~Command3 为 3 个 CommandButton 对象名称。

表 9.5　学生成绩管理系统自定义信息查询表单的属性设置

对　　象	属　　性	属性值	说　　明
general_query	Caption	自定义查询	指定表单标题栏文字
	AutoCenter	.T. - 真	居中显示
	ShowWindow	1-在顶层表单中	设为子表单
Label1	Caption	查询条件:	
Label2	Caption	学号	
Label3	Caption	姓名	
Label4	Caption	性别	
Label5	Caption	院系	
Label6	Caption	课程号	
Label7	Caption	课程名称	
Label8	Caption	结果包含:	
Label9	Caption	查询结果:	
Label10	Caption	平均分	
Label11	Caption	最高分	
Label12	Caption	最低分	
Combo1	RowSource	学生.学号	指定数据值的源
	RowSourceType	6 - 字段	指定数据值的源类型
Combo2	RowSource	学生. 姓名	指定数据值的源
	RowSourceType	6 - 字段	指定数据值的源类型
Combo3	RowSource	学生. 性别	指定数据值的源
	RowSourceType	6 - 字段	指定数据值的源类型
Combo4	RowSource	学生. 院系	指定数据值的源
	RowSourceType	6 - 字段	指定数据值的源类型
Combo5	RowSource	课程. 课程号	指定数据值的源
	RowSourceType	6 - 字段	指定数据值的源类型
Combo6	RowSource	课程. 课程名称	指定数据值的源
	RowSourceType	6 - 字段	指定数据值的源类型
Check1	Caption	最高分	复选框标题文本
Check2	Caption	最低分	复选框标题文本
Check3	Caption	平均分	复选框标题文本
Text1	ReadOnly	.T. - 真	只读
Text2	ReadOnly	.T. - 真	只读

续表

对　象	属　性	属性值	说　明
Text3	ReadOnly	.T. - 真	只读
Grid1	RecordSourceType	4-SQL 说明	指定表格控件记录源类型
	RecordSource	（无）	指定表格控件记录源
Command1	Caption	重选	按钮上文字
Command2	Caption	查询	按钮上文字
Command3	Caption	退出	按钮上文字

2）事件方法代码如下。

表单（general_query）初始化事件代码：

```
**重置表单各选择控件
thisform.combo1.enabled=.t.          &&设置学号选项可用
thisform.combo1.value=""             &&设置学号选项当期值为""
thisform.combo2.enabled=.t.          &&设置姓名选项可用
thisform.combo2.value=""             &&设置姓名选项当期值为""
thisform.combo3.enabled=.t.          &&设置性别选项可用
thisform.combo3.value=""             &&设置性别选项当期值为""
thisform.combo4.enabled=.t.          &&设置院系选项可用
thisform.combo4.value=""             &&设置院系选项当期值为""
thisform.combo5.enabled=.t.          &&设置课程号选项可用
thisform.combo5.value=""             &&设置课程号选项当期值为""
thisform.combo6.enabled=.t.          &&设置课程名称选项可用
thisform.combo6.value=""             &&设置课程名称选项当期值为""
thisform.grid1.recordsource=""       &&设置表格的记录源为空
thisform.label10.visible=.f.         &&设置最高分标签不可见
thisform.label11.visible=.f.         &&设置最低分标签不可见
thisform.label12.visible=.f.         &&设置平均分标签不可见
thisform.text1.visible=.f.           &&设置最高分文本框不可见
thisform.text2.visible=.f.           &&设置最低分文本框不可见
thisform.text3.visible=.f.           &&设置平均分文本框不可见
thisform.check1.value=0              &&设置最高分选项当期值为 0
thisform.check2.value=0              &&设置最低分选项当期值为 0
thisform.check3.value=0              &&设置平均分选项当期值为 0
```

“学号”组合框（Combo1）的 InteractiveChange 事件代码：

```
**选择了学号，设置姓名、性别、院系不可选
thisform.combo2.enabled=.f.
thisform.combo3.enabled=.f.
thisform.combo4.enabled=.f.
```

“姓名”组合框（Combo2）的 InteractiveChange 事件代码：

```
**选择了姓名，设置学号、性别、院系不可选
thisform.combo1.enabled=.f.
thisform.combo3.enabled=.f.
thisform.combo4.enabled=.f.
```

“性别”组合框（Combo3）的 InteractiveChange 事件代码：

```
**选择了性别，设置学号、姓名不可选
thisform.combo1.enabled=.f.
thisform.combo2.enabled=.f.
```

“院系”组合框（Combo4）的 InteractiveChange 事件代码：

```
**选择了院系，设置学号、姓名不可选
thisform.combo1.enabled=.f.
thisform.combo2.enabled=.f.
```

“课程号”组合框（Combo5）的 InteractiveChange 事件代码：

```
**选择了课程号，设置课程名称不可选
thisform.combo6.enabled=.f.
```

“课程名称”组合框（Combo6）的 InteractiveChange 事件代码：

```
**选择了课程名称，设置课程号不可选
thisform.combo5.enabled=.f.
```

“重选”（command1）按钮 Click 事件代码：

```
**调用表单初始化方法，重置表单各选择控件
thisform.init
```

“查询”（command2）按钮 Click 事件代码：

```
**根据选择的条件查询，主要结果显示在表格中
**如果选择了最高分、最低分、平均分，则相应信息单独显示在文本框中
**首先生成查询条件
tj=""                              &&条件置空
**如果选择了学号，加入学号条件
if thisform.combo1.value!=""
tj="学生.学号='"+alltrim(thisform.combo1.value)+"'"
endif
**如果选择了姓名，加入姓名条件
if thisform.combo2.value!=""
tj="姓名='"+alltrim(thisform.combo2.value)+"'"
endif
**如果选择了性别，加入性别条件
if thisform.combo3.value!=""
   if tj!=""
       tj=tj+" and "+"性别='"+alltrim(thisform.combo3.value)+"'"
     else
       tj="性别='"+alltrim(thisform.combo3.value)+"'"
    endif
endif
```

```
**如果选择了院系，加入院系条件
if thisform.combo4.value!=""
   if tj!=""
       tj=tj+" and "+"院系='"+alltrim(thisform.combo4.value)+"'"
   else
       tj="院系='"+alltrim(thisform.combo4.value)+"'"
     endif
endif
**如果选择了课程号，加入课程号条件
if thisform.combo5.value!=""
   if tj!=""
       tj=tj+" and "+"课程.课程号='"+alltrim(thisform.combo5.value)
+"'"
   else
       tj="课程.课程号='"+alltrim(thisform.combo5.value)+"'"
     endif
endif
**如果选择了课程名称，加入课程名称条件
if thisform.combo6.value!=""
   if tj!=""
       tj=tj+" and "+"课程名称='"+alltrim(thisform.combo6.value)+"'"
   else
       tj="课程名称='"+alltrim(thisform.combo6.value)+"'"
   endif
endif
**指定需要查询的字段
jgzd="学生.学号,姓名,课程.课程号,课程名称,成绩"
**给表格的recordsource属性赋值，完成主要查询，结果显示在表格中
thisform.grid1.recordsource=";
select &jgzd  from 学生 inner join 选课 inner join 课程;
on  选课.课程号 == 课程.课程号;
on  学生.学号 = 选课.学号;
 where &tj into cursor lsb"
**如果选择了最高分，设置最高分标签和文本框可用，显示最高分
if thisform.check1.value=1
   select max(成绩)  from 学生 inner join 选课 inner join 课程;
   on  选课.课程号 == 课程.课程号;
   on  学生.学号 = 选课.学号;
   where &tj into array tmp
   if _tally!=0
       thisform.label10.visible=.t.
       thisform.text1.visible=.t.
       thisform.text1.value=tmp
   endif
```

```
endif
**如果选择了最低分，设置最低分标签和文本框可用，显示最低分
if thisform.check2.value=1
  select min(成绩)  from 学生 inner join 选课 inner join 课程 ;
  on  选课.课程号 == 课程.课程号 ;
  on  学生.学号 = 选课.学号;
  where &tj into array tmp
  if _tally!=0
    thisform.label11.visible=.t.
    thisform.text2.visible=.t.
    thisform.text2.value=tmp
  endif
endif
**如果选择了平均分，设置平均分标签和文本框可用，显示平均分
if thisform.check3.value=1
   select avg(成绩)  from 学生 inner join 选课 inner join 课程 ;
   on  选课.课程号 == 课程.课程号 ;
   on  学生.学号 = 选课.学号;
   where &tj into array tmp
   if _tally!=0
     thisform.label12.visible=.t.
     thisform.text3.visible=.t.
     thisform.text3.value=tmp
   endif
endif
```

"退出"（Command3）按钮 Click 事件代码：

```
thisform.release  &&关闭表单
```

5. 创建报表

设计三个报表：学生基本信息表、课程基本信息表与学生课程成绩表。其中，学生基本信息表的设计过程可参照第 7 章例 7.3，此处设计过程略；课程基本信息表参考第 7 章例 7.1，学生课程成绩表的设计过程参考第 7 章例 7.2，此处设计过程略。

6. 建立菜单

1）主菜单（main.mnx）各菜单项的设置如表 9.6 所示。

"退出"过程代码如下：

```
set sysmenu to default          &&回复系统菜单
release windows                 &&释放窗口
clear events                    &&清除事件循环
```

表 9.6　学生成绩管理系统主菜单各菜单项的设置

菜单名称	结　果	选　　项	说　　明
数据管理（D）	子菜单		热键：D
查询统计（Q）	子菜单		热键：Q
报表打印（R）	子菜单		热键：R
退出（U）	过程		热键：U

2）“数据管理”子菜单各菜单项的设置如表 9.7 所示。

表 9.7　学生成绩管理系统“数据管理”子菜单各菜单项的设置

菜单名称	结　果	命 令 代 码	快 捷 键
学生信息	命令	do form student_edit.scx	Alt+S
课程信息	命令	do form course_edit.scx	Alt+O
成绩信息	命令	do form score_edit.scx	Alt+C

3）“查询统计”子菜单各菜单项的设置如表 9.8 所示。

表 9.8　学生成绩管理系统“查询统计”子菜单各菜单项的设置

菜单名称	结　果	命 令 代 码
按学生查询	命令	do form student_query.scx
按课程查询	命令	do form course_query.scx
自定义查询	命令	do form general_query.scx

4）“报表打印”子菜单各菜单项的设置如表 9.9 所示。

表 9.9　学生成绩管理系统“报表打印”子菜单各菜单项的设置

菜单名称	结　果	命 令 代 码
学生基本信息表	命令	report form student_report.frx preview
课程基本信息表	命令	report form course_report.frx preview
学生课程成绩表	命令	report form student_score_report.frx preview

7. 建立主程序

在项目管理器“学生成绩管理”中建立程序文件 main.prg，具体代码如 9.2.1 节所示。

8. 生成应用程序

在保证所有相关文件在项目管理器中的情况下，在项目管理器“学生成绩管理”中按下面步骤生成应用程序：

1）设置主文件：将 main.prg 设置为主文件。

2）连编可执行文件：将系统连编成可执行文件。

小　结

应用程序的生成与发布是应用系统开发的最后阶段。本章介绍了如何将设计好的数据库、表单、报表、菜单等分离的应用系统组件在项目管理器中连编成一个完整的应用程序，并将应用程序发布。

作为本书实例“学生成绩管理系统”而言，本章完成了在项目管理器中连编成可执行文件，并建立发布树，将该应用程序发布为安装文件等工作。

习　题

1．向一个项目中添加一个数据库，应该使用项目管理器的（　　）。

A．“代码”选项卡　　B．“类”选项卡

C．“文档”选项卡　　D．“数据”选项卡

2．项目管理器的“文档”选项卡用于显示和管理（　　）。

A．表单、报表和查询　　B．数据库、表单和报表

C．查询、报表和视图　　D．表单、报表和标签

3．项目管理器中，选择一个文件并单击“移去”按钮，在弹出的对话框中单击“删除”按钮后，该文件将（　　）。

A．仅仅从该项目中移出

B．从项目中移出，并从磁盘上删除该文件

C．保留在项目中，但删除磁盘上的文件

D．从项目中移出，但可添加到另一个项目中

4．项目管理器可以有效地管理表、表单、数据库、菜单、类、程序和其他文件，连编应用程序时不能生成的文件是（　　）。

A．APP 文件　　B．EXE 文件　　C．COM DLL 文件　D．PRG 文件

5．一个项目编译成一个应用程序时，下面的叙述正确的是（　　）。

A．所有的项目文件将组合成一个单一的应用程序文件

B．所有项目的包含文件将组合成一个单一的应用程序文件

C．所有项目“排除”的文件将组合成一个单一的应用程序文件

D．有用户选定的项目文件将组合成一个单一的应用程序文件

6．下面关于运行应用程序的说法正确的是（　　）。

A．APP 应用程序可以在 Visual FoxPro 和 Windows 环境下运行

B．EXE 程序只能在 Windows 环境下运行

C．EXE 程序可以在 Visual FoxPro 和 Windows 环境下运行

D．APP 应用程序只能在 Windows 环境下运行

7．对项目进行连编测试的目的是（　　）。

A．对项目中各种程序的引用进行校验

B．对项目中的 PRG 文件进行校验，检查发现其中的错误

C．对项目中各种程序的引用进行校验，检查所有的程序组件是否可用

D．对项目中各种程序的引用进行校验，检查所有的程序组件是否可用，并重新编译过期的文件

8．作为整个应用程序入口点的主程序至少应具有以下功能（　　）。

A．初始化环境

B．初始化环境、显示初始用户界面

C．初始化环境、显示初始用户界面、控制事件循环

D．初始化环境、显示初始用户界面、控制事件循环、退出时恢复环境

9．如果将一个数据表设置为“排除”状态，那么系统连编后，该数据表将（　　）。

A．成为自由表　　　　B．被删除

C．不能编辑修改　　　　D．可以随时编辑修改

附录一 Visual FoxPro 常用文件类型一览表

扩展名	文件类型	扩展名	文件类型
.act	向导操作图的文档	.app	生成的应用程序或 Active Document
.cdx	复合索引	.chm	编译的 HTML 超文本语言帮助
.dbc	数据库文件	.dbf	表文件
.dbg	调试器配置	.dct	数据库备注（与.dbc 文件配对）
.dcx	数据库索引	.dep	相关文件（由“安装向导”创建）
.dll	Windows 动态链接库	.err	编译错误
.esl	Visual FoxPro 支持的库	.exe	可执行程序
.fky	宏	.fll	FoxPro 动态链接库
.fmt	格式文件	.fpt	表备注（与.dbf 文件配对）
.frt	报表备注（与.frx 文件配对）	.frx	报表文件
.fxp	编译后的程序	.h	头文件（FoxPro 或 C 程序）
.hlp	WinHelp	.htm	HTML 超文本语言的脚本
.idx	索引，压缩索引	.lbt	标签备注（与.lbx 文件配对）
.lbx	标签文件	.log	代码范围日志
.lst	向导列表的文档	.mem	内存变量保存
.mnt	菜单备注（与.mnx 文件配对）	.mnx	菜单文件
.mpr	生成的菜单程序	.mpx	编译后的菜单程序
.ocx	ActiveX 控件	.pjt	项目备注
.pjx	项目文件	.prg	程序
.qpr	生成的查询程序	.qpx	编译后的查询程序
.sct	表单备注（与.scx 文件配对）	.scx	表单文件
.spr	生成的屏幕程序	.spx	编译后的屏幕程序
.tbk	备注备份（是 FPT 文件的备份）	.txt	文本文件
.vct	可视类库备注（与.vcx 文件配对）	.vcx	可视类库文件
.vue	FoxPro2.x 视图	.win	窗口文件

附录二　全国计算机等级考试二级 Visual FoxPro 数据库程序设计 考试大纲（2013 年版）

基本要求

1．具有数据库系统的基础知识。

2．基本了解面向对象的概念。

3．掌握关系数据库的基本原理。

4．掌握数据库程序设计方法。

5．Visual FoxPro 建立一个小型数据库应用系统。

考试内容

一、Visual FoxPro基础知识

1．基本概念

数据库，数据模型，数据库管理系统，类和对象，事件，方法。

2．关系数据库

（1）关系数据库：关系模型，关系模式，关系，元组，属性，域，主关键字和外部关键字。

（2）关系运算：选择，投影，连接。

（3）数据的一致性和完整性：实体完整性，域完整性，参照完整性。

3．Visual FoxPro 系统特点与工作方式

（1）Windows 版本数据库的特点。

（2）数据类型和主要文件类型。

（3）各种设计器和向导。

（4）工作方式：交互方式（命令方式，可视化操作）和程序运行方式。

4．Visual FoxPro 的基本数据元素

（1）常量，变量，表达式。

（2）常用函数：字符处理函数，数值计算函数，日期时间函数，数据类型转换函数，测试函数。

二、Visual FoxPro 数据库的基本操作

1．数据库和表的建立、修改与有效性检验

（1）表结构的建立与修改。

（2）表记录的浏览、增加、删除与修改。

（3）创建数据库，向数据库添加或移出表。

（4）设定字段级规则和记录级规则。

（5）表的索引：主索引，候选索引，普通索引，唯一索引。

2．多表操作

（1）选择工作区。

（2）建立表之间的关联，一对一的关联，一对多的关联。

（3）设置参照完整性。

（4）建立表间临时关联。

3．建立视图与数据查询

（1）查询文件的建立、执行与修改。

（2）视图文件的建立、查看与修改。

（3）建立多表查询。

（4）建立多表视图。

三、关系数据库标准语言SQL

1．SQL 的数据定义功能

（1）CREATE TABLE-SQL。

（2）ALTER TABLE-SQL。

2．SQL 的数据修改功能

（1）DELETE-SQL。

（2）INSERT-SQL。

（3）UPDATE-SQL。

3．SQL 的数据查询功能

（1）简单查询。

（2）嵌套查询。

（3）连接查询。

内连接；

外连接：左连接，右连接，完全连接。

（4）分组与计算查询。

（5）集合的并运算。

四、项目管理器、设计器和向导的使用

1．使用项目管理器

（1）使用“数据”选项卡。

（2）使用“文档”选项卡。

2．使用表单设计器

（1）在表单中加入和修改控件对象。

（2）设定数据环境。

3．使用菜单设计器

（1）建立主选项。

（2）设计子菜单。

（3）设定菜单选项程序代码。

4．使用报表设计器

（1）生成快速报表。

（2）修改报表布局。

（3）设计分组报表。

（4）设计多栏报表。

5．使用应用程序向导

6．应用程序生成器与连编应用程序

五、Visual FoxPro程序设计

1．命令文件的建立与运行

（1）程序文件的建立。

（2）简单的交互式输入、输出命令。

（3）应用程序的调试与执行。

2．结构化程序设计

（1）顺序结构程序设计。

（2）选择结构程序设计。

（3）循环结构程序设计。

3．过程与过程调用

（1）子程序设计与调用。

（2）过程与过程文件。

（3）局部变量和全局变量,过程调用中的参数传递。

4．用户定义对话框（MESSAGEBOX）的使用

考 试 方 式

上机考试，考试时长 120 分钟，满分 100 分。

1．题型及分值

单项选择题 40 分（含公共基础知识部分 10 分）、操作题 60 分（包括基本操作题、简单应用题及综合应用题）。

2．考试环境

Visual FoxPro 6. 0。

主要参考文献

郭显娥，杨泽民. 2005. Visual FoxPro 程序设计教程[M]. 北京：电子工业出版社.

教育部考试中心. 2003. 全国计算机等级考试二级考试参考书：Visual FoxPro 程序设计[M]. 北京：高等教育出版社.

教育部考试中心. 2008. 全国计算机等级考试二级教程：Visual FoxPro 数据库程序设计[M]. 2008 年版. 北京：高等教育出版社.

邝硕，张清辉，方树昌. 1988. 数据库原理及应用[M]. 广州：华南理工大学出版社.

李经纬，程伟渊. 2003. Visual FoxPro 程序设计及其应用系统开发[M]. 北京：中国水利水电出版社.

刘瑞新，汪远征，曹欢欢，等. 2008. Visual FoxPro 程序设计教程[M]. 2 版. 北京：机械工业出版社.

刘卫国. 2005. Visual FoxPro 程序设计教程[M]. 北京：北京邮电大学出版社.

彭春年，姚翠友. 2001. Visual FoxPro 程序设计[M]. 北京：中国水利水电出版社.

山东教育厅. 2005. Visual FoxPro 实用教程[M]. 2 版. 东营：石油大学出版社.